普通高等教育艺术设计类“十三五”规划教材

环境艺术设计专业

SHINEI ZHUANGSHI CAILIAO YU GOUZAO

室内装饰材料与构造

主　编　郭洪武　刘　毅
副主编　林　琳　张仲凤
　　　　李延峰

中国水利水电出版社
www.waterpub.com.cn

内 容 提 要

室内装饰材料与构造是一门技术性和实践性很强的课程。本书引入单元式教学，将室内装饰划分为顶棚、墙（柱）面、楼梯、门窗、隔墙与隔断、地面等六个教学单元，内容以各界面装饰方法、形态以及内部空间构造技术为主，以装饰装修材料的相关介绍为辅，重点突出构造技术、细部处理和装饰装修材料的联系，强调将材料、构造、工艺融为一体，最终形成统一完整的装饰效果。本书还列举了部分工程实例，便于帮助读者理解该门课程的知识要点，并达到熟练运用的目的。

本书应用性突出、可操作性强，适合室内设计、环境艺术设计、建筑装饰设计以及相关专业的师生作为教材或教辅使用，也可供室内装修施工技术人员参考。本书还配套提供了相关教学辅助材料，可在 http：//www. waterpub. com. cn/softdown 免费下载。

图书在版编目（CIP）数据

室内装饰材料与构造 / 郭洪武，刘毅主编. -- 北京：中国水利水电出版社，2016.11（2024.7重印）
普通高等教育艺术设计类“十三五”规划教材. 环境艺术设计专业
ISBN 978-7-5170-3788-0

Ⅰ. ①室… Ⅱ. ①郭… ②刘… Ⅲ. ①室内装饰－建筑材料－装饰材料－高等学校－教材②室内装饰－构造－高等学校－教材 Ⅳ. ①TU56②TU767

中国版本图书馆CIP数据核字(2015)第259009号

书 名	普通高等教育艺术设计类“十三五”规划教材·环境艺术设计专业 **室内装饰材料与构造**
作 者	主 编 郭洪武 刘 毅 副主编 林 琳 张仲凤 李延峰
出版发行	中国水利水电出版社 （北京市海淀区玉渊潭南路 1 号 D 座 100038） 网址：www. waterpub. com. cn E－mail：sales@waterpub. com. cn 电话：（010）68545888（营销中心）
经 售	北京科水图书销售中心（零售） 电话：（010）63202643、68545874 全国各地新华书店和相关出版物销售网点
排 版	中国水利水电出版社微机排版中心
印 刷	清淞永业（天津）印刷有限公司
规 格	210mm×285mm 16 开本 12.25 印张 379 千字
版 次	2015 年 11 月第 1 版 2024 年 7 月第 4 次印刷
印 数	9001—10000 册
定 价	**48.00** 元

前言

室内装饰材料与构造是普通高等教育室内设计、环境艺术设计专业的必修课程。该课程着重讲解建筑内部各界面的装饰装修方法、构造原理和施工工艺，介绍室内各界面装饰装修常用材料的基本性能、质量标准及选用原则，以及材料与空间环境各组成部分的相互关系。

室内装饰材料与构造是一门技术性和实践性很强的课程。本书引入单元式教学，将室内装饰划分为顶棚、墙（柱）面、楼梯、门窗、隔墙与隔断、地面等六个教学单元，内容以各界面装饰方法、形态以及内部空间构造技术为主，以装饰装修材料的相关介绍为辅，重点突出构造技术、细部处理和装饰装修材料的联系，强调将材料、构造、工艺融为一体，最终形成统一完整的装饰效果。本书还列举了部分工程实例，便于帮助读者理解该门课程的知识要点，并达到熟练运用的目的。

全书共8章，由北京林业大学郭洪武、刘毅担任主编，北京林业大学林琳、中南林业科技大学张仲凤、中国建筑标准设计研究院李延峰担任副主编。具体分工如下：第1～2章，由郭洪武、任学勇、张仲凤、李延峰编写；第3～5章，由郭洪武编写；第6～8章，由郭洪武、刘毅、林琳编写。晏安然、高欣、杨颖旎、吴静、左静等参与了资料的收集与整理工作，方琦、郭小欢、周海滨提供了部分资料和数据。全书由郭洪武统稿。

本书应用性突出、可操作性强，适合高等院校、高职高专、成人教育、函授、网络教育、自学考试、专业培训等教育形式的室内设计、环境艺术设计、建筑装饰设计以及相关专业的师生作为教材或教辅使用，也可供室内装修施工技术人员参考。

本书编写过程中参考了大量书籍和资料，引用了许多文献和图片，在此表示衷心感谢。由于作者水平有限、时间仓促，书中遗漏、不妥之处在所难免，敬请各位专家、同行和广大读者不吝批评指正。

编　者

2015年5月于北京

目　　录

第1章

绪　论

【教学目标】

✧ 室内装饰材料与构造的概念

✧ 装饰材料的性质及应用原则

✧ 装饰构造的设计原则与思路

室内装饰是在已有的建筑主体上覆盖新的装饰表面，是对建筑空间进行弥补和改造的再设计，是使室内空间满足使用要求、更具个性的一种手段。室内装饰能够满足人们的视觉、触觉感受，能够改善建筑物理性能，进一步提高建筑空间的质量。建筑物按照不同的使用要求经过二次装饰后，都被赋予了各自鲜明的性格特征，因此室内装饰已成为现代建筑工程中不可缺少的重要组成部分。室内装饰是一门综合性的工程技术学科，是材料、构造、工艺三者的有机结合体，其中材料是室内装饰的物质基础，构造是室内装饰的表达方式，工艺是室内装饰的实现手段。因此，材料与构造的应用是室内设计中最为重要的环节，直接影响着室内设计风格的表现。

随着人类社会生产力、科学技术的进步以及人们生活水平和审美情趣的提高，现代室内装饰不仅要满足人们的安全性、私密性、耐久性、环保性、舒适性和美观性需求，改善人们的工作和生活环境，还要营造出良好的室内艺术氛围，使人们得到自然与美的享受。同时，还兼有绝热保温、防火防潮、隔音、吸声等多种功能，并起着保护建筑物主体结构、延长其使用寿命以及满足某些特殊要求的作用。因此，新型室内装饰材料和装饰构造的研发与推广应用，不但有利于室内环境的现代化设计，也有利于节约国家能源，保护生态环境，有益居民的身心健康。与此同时，也大大方便了人们的工作和生活。

1.1　室内装饰材料与构造概述

材料与构造作为室内装饰的重要组成部分，有着密切的联系。室内装饰构造是装饰材料的表达方式，是将室内装饰设计落实到实处的具体细化；室内装饰材料是装饰构造的物质基础，材料的特性决定着构造的方式。

1.1.1　装饰材料的定义及作用

广义的装饰材料是指直接或间接用于装饰设计、施工、维修中的实体物质成分，通过这些物质的搭配、组合能够创造出适宜实用的环境空间。狭义上的装饰材料是指用于建筑物内部顶棚、墙（柱）面、地面等界面工程的装饰装修材料，是集材性、艺术、色彩、美学为一体的材料，也是品种门类繁多、更新周期最快、发展过程最为活跃、发展潜力最大的一类材料。在室内装饰工程中，装饰材料起着极其重要的作用，主要体现在以下三个方面。

1. 功能作用

装饰材料除了具有装饰与保护作用外，还应根据装饰部位的具体情况，具有一定的使用功能，改善空间环境，给人以舒适感。不同的装饰部位与场所使用的装饰材料及构造方式均应满足相应的功能需求。例如，吊顶使用纸面石膏板，地面铺设木质地板，均可起到保温、隔声、隔热的作用，保证楼层间杂音互不干扰，提高生活质量；庭院地面铺设粗糙的天然石板与鹅卵石有助于行走时按摩足底，同时具备防滑、排水的作用；外墙挂贴磨光石材能有效地保持墙面的净洁。

2. 保护作用

建筑在长期使用过程中会受到日晒、雨淋、风吹、撞击等自然气候或人为因素的影响，会造成建筑的墙体、梁柱等结构出现腐蚀、粉化、裂缝等现象，影响了室内空间的使用寿命。这就要求装饰材料应该具备较好的强度、耐久性、透气性等持久性能。选择适当的装饰材料对空间表面进行装饰，能够有效地提高建筑的耐久性，降低维护费用。例如，在卫浴地面铺贴地砖，可减少卫生间高温潮气对基体的侵蚀；墙面涂饰涂料可以有效地保护基体不被腐蚀。

3. 装饰作用

在室内装饰中，室内外各基层都是通过装饰材料的颜色、质感与线型来表现其装饰美感。设计师通过对材料的巧妙运用和处理来改善空间环境，弥补原有建筑设计的不足，营造出理想的空间与意境，美化人们的生活。例如，镜面石材表面光滑的锐利感；火烧花岗岩板表面粗糙的质朴感；不锈钢与玻璃结合的城市工业感；天然木材、竹材、藤材给人以乡村式的休闲感，这些材料均给人以不同的艺术感受。

1.1.2 装饰构造的定义及重要性

装饰构造是一门综合性的工程技术学科，它应该与建筑、艺术、结构、材料、设备、施工、经济等方面密切配合，形式合理的装饰构造方案，作为室内装饰设计中综合技术方面的依据和实施室内装饰设计的重要手段，也是室内装饰设计的重要组成部分。所以，装饰构造就是使用装饰材料、装饰制品对建筑物内外与人接触部分以及可见部分进行装潢和修饰的构造做法。室内装饰构造具体来说是指室内装饰材料在应用过程中，为了达到设计效果所采用的表达方法，通过建筑与基材、基材与饰面、构件与构件之间的连接方式和装配形式，使其安全稳定地依附在建筑基体上，达到使用功能与审美功能的要求。但是，不同的材料由于自身的特性差别，会有不同的施工要求和安装方法。同时相同材料也会因为不同造型，产生不同的构造做法。另外，随着装饰材料的推陈出新，新工艺、新做法不断涌现，也大大提高装修的速度和质量。为此，了解一定的装饰装修构造知识，有助于设计师加深对室内装修设计的认识。

1.1.3 装饰材料与构造的关系

装饰构造设计是室内装饰设计落到实处的具体细化处理，是构思转化为实物的技术手段。没有良好的、切合实际的装饰构造方案设计，即使有最好的构思、最佳的装饰材料，也不可能构成完美的空间。理想的装饰构造设计应充分利用各种装饰材料的特性，结合现有的施工技术，用最少的成本、最有效的手法，达到构思所要表达的效果。因此，装饰材料是装饰构造的物质基础，装饰构造是装饰设计的实现手段，是装饰材料的表达方式，两者密不可分。

装饰材料是装饰构造的物质基础，材料的性质、质感、色彩、造型、图案等因素决定了装饰构造的形式。例如，由于实木地板具有干缩湿涨和各向异性，易翘曲变形，所以常采用木龙骨铺设法的构造形式铺装；而复合地板的尺寸稳定性较好，所以常采用悬浮铺设法的构造形式铺装。同时，装饰构造是装饰材料的表达方式，对同一种材料通过不同的构造方法会直接影响到室内空间的使用功能、表现形式、装饰效果和耐久性等各个方面。例如在顶棚装饰中，将木方作为龙骨加以饰面材料作为吊顶装饰会展现出柔和高雅的效果；而将木方直接作为木格栅装饰顶棚，会给人自然粗犷的感觉。

1.1.4 本书内容的总体设置

本书主要阐述装饰材料基本知识，包括材料的性能、使用部位、规格、颜色、材质等知识；各种材料在装饰工程中的不同构造方法；装饰造型的本质特征。重点让学生掌握材料、构造、施工等不同专业的知识，通过构造图了解材料之间的安装原理与结合形式，为将来能全面地设计、完成施工，做好合理的工程预算打下基础。因此，针对环境艺术设计、家具与室内设计专业以及相关专业的特点，进行了教材内容的总体设计。具体内容，如图 1.1 和图 1.2 所示。

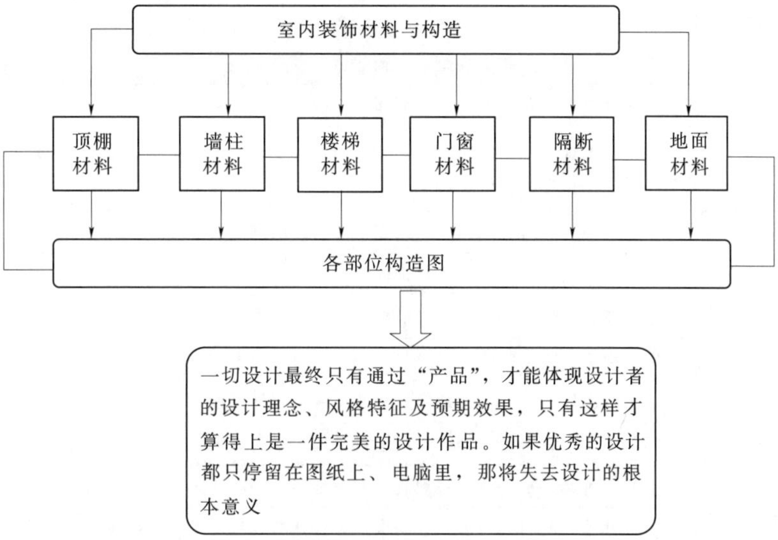

图 1.1　本书内容

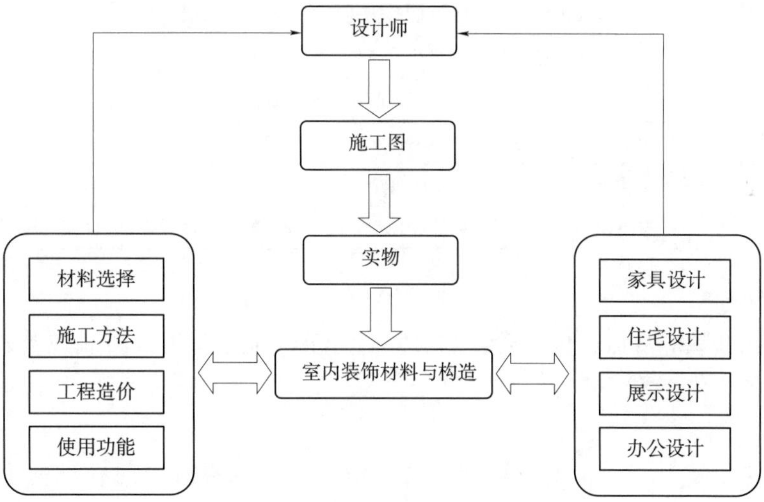

图 1.2　本书作用

1.2　装饰材料的基本知识

近几年，装饰行业的繁荣带动了装饰材料行业的快速发展，新材料的研发和使用也促进了装饰行业的进步。由于房地产、室内装饰业的飞速发展，我国室内装饰材料的生产消费也得到了快速发展。目前，中国已经成为世界上装饰材料生产、消费和出口大国。但是，面对琳琅满目的装饰材料如何合理地划分材料种类，如何体现材料自身的功能和地位，使其在室内装饰装修中发挥应有的价值，是室内设计师要考虑的首要问题。

1.2.1　室内装饰材料分类

室内装饰装修材料的类型、品种繁多，从化学成分的不同可分为有机装饰装修材料和无机装饰装修材料以及复合式装饰装修材料。无机装饰装修材料又分为金属装饰装修材料和非金属装饰装修材料两大类型。更多的分类方法是按建筑室内的装修部位来划分，这种分类方法，见表 1.1。

表 1.1　　装饰装修材料分类

装饰材料	品　种	装饰装修材料
内墙装饰材料	墙面涂料	面漆、有机涂料、无机涂料、复合涂料
	墙纸	纸面纸基壁纸、纺织物壁纸、天然材料壁纸、塑料壁纸
	墙布	玻璃纤维贴墙布、麻纤无纺墙布、化纤墙布
	装饰板	木质装饰板、重组装饰材、树脂浸渍纸高压层积板、塑料板、金属板、矿物板、陶瓷壁画、穿孔吸音板、植绒吸音板
	墙面砖	陶瓷釉面砖、陶瓷墙面砖、陶瓷锦砖、玻璃马赛克
	石饰面板	天然石材饰面板、人造石材饰面板
地面装饰材料	地面涂料	地板漆、水性地面涂料、乳液型地面涂料、溶剂型地面涂料
	木、竹地板	实木地板、实木复合地板、强化地板、竹木地板、拼花地板、集成地板
	聚合物地坪	聚醋酸乙烯地坪、环氧地坪、聚酯地坪、聚氨酯地坪
	塑料地板	印花压花塑料地板、碎粒花纹地板、发泡塑料地板、塑胶地板
	地面砖	水泥花阶砖、水磨石预制地砖、陶瓷地砖、马赛克地砖、清水砖
	地毯	纯毛地毯、混纺地毯、合成纤维地毯、塑料地毯、植物纤维地毯
吊顶装饰材料	木质装饰板	木丝板、软质穿孔吸声纤维板、硬质穿孔吸声纤维板
	塑料吊顶板	钙塑板、PS 装饰板、玻璃钢板、有机玻璃板、PVC 扣板、塑钢板、木塑板
	矿物吸声板	珍珠岩吸声板、矿棉吸声板、玻璃棉吸声板、石膏吸声板
	金属吊顶板	铝合金吊顶板、金属微穿孔吸声吊顶板、金属箔贴面吊顶板
门窗材料		木质门窗、铝合金门窗、塑钢门窗、断桥铝门窗、铝包木门窗、彩板门窗以及不锈钢门
管材		上、下水管、热水管、地下排水管、电线管
五金		结构五金、门窗五金、水暖五金、家具五金
胶黏剂		壁纸及墙布胶黏剂、瓷砖胶黏剂、地板胶黏剂、大理石板材和花岗石板材胶黏剂、管道胶黏剂

1.2.2　材料的装饰性

设计师对材料的认识应从形、色、质、肌四方面入手，充分利用材料肌理美感的不同组合形式，体现材料本身的价值，使建筑形式更有意义。

1. *颜色*

材料的颜色取决于三个方面：①材料的反射光谱；②由观看时照射在材料上光线的光谱组成；③观看者眼睛对光谱的敏感性。因此颜色并非是材料本身固有的，它涉及物理学、生理学和心理学等多方面规律。人的心理感官会反映他对颜色的感受，不协调的颜色组合会使人产生强烈的眼部视觉反应。颜色选择恰当、颜色组合协调，能创造出舒适美好的工作、生活环境。装饰材料的颜色丰富多彩，尤其是涂料、壁纸一类的饰面材料。不同的颜色给人不同的感受，进行室内设计时利用这个特点，可以使建筑物表现出质朴或华丽、温暖或凉爽，向后退缩或向前逼近等不同的效果。此外，人对颜色的感受还受使用环境的影响，例如，青灰色调在炎热气候的环境中显得凉爽安静，但若在寒冷地区则会显得阴冷压抑。

2. *光泽*

光泽是材料表面的一种特性，在评定材料的外观时，其重要性仅次于颜色。光线照射到物体上，一部分被反射，一部分被吸收，如果物体是透明的，则还有一部分被透射。如被反射的光线集中在与光线的入射角相对称的角度中，这种反射称为镜面反射。如被反射的光线分散在各个方向中，这种反射称为漫反射。漫反射与材料的颜色及亮度有关，而镜面反射则是材料产生光泽的主要因素。光泽是有方向性的光线反射性质，它对物体形象的清晰程度即反射光线的强弱，起着决定性的作用。同一种颜色可显得鲜明亦可显得晦暗，这与材料表面的光泽度有关。材料表面的光泽可用光电光泽计来测定。

3. 透明性

材料的透明性也是与光线有关的一种性质，既能透光又能透视的物体称透明体，只能透光而不能透视的物体为半透明体，既不能透光又不能透视的物体为不透明体。例如普通门窗玻璃大多是透明的，磨砂玻璃和压花玻璃等则为半透明的，而木材、金属、石材等都不具有透明性。

4. 表面组织

由于装饰材料所用的原材料、配比、生产工艺及加工方法的不同，从而使材料的表面组织具有多种多样的特征：有细致或粗糙的，有坚实或疏松的，有平整或凹凸不平的等。不同的材料会产生不同的质感，不同的质感会引起人们不同的感觉。例如，坚硬而表面光滑的材料如花岗石、大理石表现出严肃、有力量、整洁之感，富有弹性而松软的材料如地毯及纺织品则给人以柔顺、温暖、舒适之感。同种材料不同做法也可以取得不同的质感效果，如粗犷外露的混凝土和光面混凝土墙面会呈现出迥然不同的质感。

饰面的质感效果还与具体建筑物的体型、体量、立面风格等方面密切相关。粗犷质感的饰面材料及做法用于体量小、立面造型比较纤细的建筑物不一定合适，用于体量比较大的建筑物效果就好些。另外，外墙装饰主要看远效果，材料的质感相对粗些无妨。室内装饰多数是在近距离内观察，甚至可能与人的身体直接接触，通常采用细腻质感的材料。较大的空间如公共设施的大厅、影剧院、会堂、会议厅等的内墙适当采用较大线条及质感粗细变化的材料装饰效果好。室内地面通常需要考虑凹凸质感及线型变化，但陶瓷锦砖、水磨石、拼花木地板和其他软地面虽然表面光滑平整，却也可利用颜色及花纹的变化来表现独特的质感。

5. 规格和形状

室内装饰中对砖块、板材和卷材等装饰材料的形状和尺寸都有一定的要求和规格。除卷材的尺寸和形状可在使用时按需要剪裁和切割外，大多数装饰板材和砖块都有一定的形状和规格，如长方、正方、多角等几何形状，以便使用时可拼装成各种图案和花纹。室内设计对于各种装饰材料表面的天然花纹（如天然石材）、纹理（如木材）或人造的花纹与图案（如壁纸）等也有特定的规格要求。

一定的分格缝和凹凸线条也是构成立面装饰效果的因素。抹灰、刷石、天然石材、混凝土条板等设置分块、分格，除了为防止开裂以及满足施工接茬的需要外，也是装饰立面在比例、尺度感上的需要。例如，目前多见的本色水泥砂浆抹面的建筑物，一般均采取划横向凹缝或用其他质地和颜色的材料嵌缝，这种做法不仅克服了光面抹面质感上的缺陷，同时还可减轻大面积抹面颜色欠均匀的感觉。

6. 图案与花纹

室内设计时对于各种装饰材料表面的天然花纹（如天然石材）、纹理（如木材）或人造的花纹与图案（如壁纸）等也有特定的规格要求，以实现良好的装饰效果。

7. 立体造型

装饰材料的立体造型包括压花（如塑料发泡壁纸）、浮雕（如浮雕装饰板）、植绒、雕塑等多种形式，这些装饰形式极大地丰富了材料的质感，提高了装饰效果。预制的装饰花饰和雕塑制品，一般都具有一定的立体造型。

总之，装饰材料除了以上要求外，还应满足强度、耐水性、耐侵蚀性、抗火性、不易沾污、不易褪色等要求，以保证装饰材料在使用过程中能长期保持其原有特性。

1.2.3 装饰材料的组织设计原则

室内环境设计需要对室内空间的各个界面进行有序处理，达到便利、舒适、美观，保护室内空间的承重构架系统的目的，提高保温、隔热、隔声等性能。那么，对不同材质、规格、颜色和纹理的装饰材料，如何选择、组织才能更好地表达室内设计理念，是一项复杂而重要的工作。因此，创造优秀的室内设计作品，就应提高材料组合的整体环境效应意识，主动驾驭材料，让材料的特性真正在室内设计中发挥作用，以此来调整和加强室内空间的整体效果。

1. 整体性原则

自然界的一切事物都处于一个有机整体中，室内环境的材质组织也是如此。室内设计就是将各种材质有机地组织起来构成一个和谐的整体，整体性原则是室内环境设计时必须遵循的根本原则，它包含两方面含义：一是由材质本身所构成的系统所表现出的整体感觉；二是材质与构成室内环境的其他要素（空间、光影、色彩等）之间的相互协调。

室内环境材质所表现出的整体感觉会因材质组织方式而产生不同的情感内涵，如粗犷豪放、温馨细腻、自然朴素、生动活泼等。设计时，无论使用多少种材质进行组织，给人的整体感觉都要明确，并与室内使用功能、气氛相一致。一般采用粗糙材质的组合方式，能给人自然、粗犷、刚毅与豪放的感觉，而采用纹理细腻的材料则使人感到整洁、温馨。

2. 对比性原则

没有质感变化的空间会显得乏味而单调，在一定程度上创造材料质感的变化可使室内空间环境变得丰富有趣。例如，在实木复合地板上铺设一小块地毯，这种材质上的软硬对比可使空间增加一种温馨的气氛，常用于休息区的空间划分。在运用材质的对比组合时，应特别注意色彩和面积的搭配。当室内环境颜色较为丰富时，应减弱材质之间的对比，否则易产生凌乱的感觉。一般来说，若用于对比的材质存在某种共同特征，诸如光泽度、色彩或相似的视觉重力感，那么它们之间就存在一定的和谐性，使得组合的材质容易获得一种整体感。此外，在对比材质的组织设计中，还应注意它们在视觉上的平衡关系及秩序性和序列性。

3. 平衡性原则

视觉环境设计要十分重视形式美，平衡作为形式美的法则之一，在室内环境材料组织设计应用中十分突出。使用具有明显性格差别或对立的材质组合时，就需要运用平衡性原则对其位置关系、面积和形状进行变化以保持它们在视觉上的平衡。一般来说，有一定视觉重量感差异的材质在搭配使用时，上轻下重可取得安稳感，上重下轻则有不安全感。因此，室内地板颜色普遍要重于墙壁、室顶的色彩，灰白色地板只有在室顶颜色为白色时才适合使用。

4. 点睛性原则

点睛原则即利用高反光或折光材料来增强材质组合的表现力，起到画龙点睛的作用。一般来讲，在漫射光的作用下，光亮的表面会出现强烈的反光。若光亮表面是曲面或折面，那么光源位置的微小变动都会在其转折处引起一系列光影变化，表达出一种闪烁、变幻莫测或华丽的感觉。高反光材料（如金属、玻璃、水晶制品）一般只作点缀来使用，加镶边或包柱等。大面积使用容易产生眩光，影响材料的美观和视觉效果。

5. 习惯性原则

在室内空间环境设计中，应充分尊重用户对材料应用的习惯性心理。室内设计中的习惯性原则是人们在长期生活与认知中逐步形成的，具有与自然和传统的亲近性。例如，人们在卧室、书房地面一般铺设木地板，客厅地面铺设地砖，如果吊顶采用较重的板材（如石材）就会让人产生不安全感。所以，在进行材质选择和组合时采用习惯性的材料组合更易于获得用户的认同，从而产生良好的使用效果和安全舒适性。

6. 经济性原则

经济性原则主要体现在精心设计、巧于用材、优材精用、普材新用。一般来说，提高经济性的关键在于巧妙用材，用普通材料来代替昂贵材料并获得相似装饰效果，或以普通材质塑造新颖、独特的视觉形象。通过设计师的高超技巧和先进的技术手段，既可以保证装饰效果在视觉上可以达到预期，同时还降低了资源消耗和经费投入。

1.2.4 装饰材料的选择原则

室内装饰的目的是创造一个自然、和谐、舒适、整洁的居住环境，室内装饰艺术效果主要由材料的颜色、质感及线型三方面因素构成，即通常所说的建筑物饰面三要素。在室内装饰中，各种材料色彩、质感、光泽、搭配等的选择将对室内氛围产生极大影响。一般来说，室内装饰材料的选用应根据以下几方面进行综合考虑。

1. 建筑类别与装饰部位

建筑物种类繁多，而且建筑物的性质和使用功能也多种多样，对装饰材料的要求各不相同。例如，人民大会堂庄严肃穆，装饰材料常选用质感坚硬而表面光滑的材料，如大理石、花岗石等，色彩用较深色调，不宜五颜六色；医院气氛沉重而宁静，宜用淡色调和花饰较小或素色的装饰材料。另外，装饰部位的不同，材料的选择也不同。卧室墙面宜淡雅明亮，但应避免强烈反光，在壁纸、墙布等装饰上要尤其注意；厨房、卫生间应洁净、清新，通常采用白色瓷砖作为饰面装饰。

2. 地域与气候条件

装饰材料的选用常与地域和气候有关，水磨石、花阶砖散热快，在寒冷地区会使生活在这种地坪上的人感觉冷，从而有不舒适感，故应采用木地板、高分子合成纤维地毯，这些材料的热传导低，使人感觉暖和舒适；在炎热的南方，则应采用有冷感的材料。在夏天的冷饮店，采用绿、蓝、紫等冷色材料使人感到有清凉的感觉，而地下室、冷藏库则要用红、橙、黄等暖色调，从而给人们带来温暖的感觉。

3. 空间与场地条件

不同的场地与空间，要采用与之协调的装饰材料。空间宽大的会堂、影剧院等，装饰材料的表面组织可粗犷而坚硬，并有突出的立体感，可采用大线条的图案。室内宽敞的房间，也可采用深色调和较大图案，不使人有空旷感。但是，对于较小的房间如目前我国大部分城市的居家小户型住宅，其装饰最好选择质感细腻、线型较细和有扩容效应颜色的材料。

4. 标准与功能性

装饰材料的选择还应考虑建筑物的标准与功能要求。例如，不同星级的酒店，要不同程度地显示其内部装修的豪华、高贵、奢侈气氛，采用的装饰材料也不同。

当建筑要求装饰材料有保温绝热功能时，壁饰可采用泡沫型壁纸，玻璃采用绝热或调温玻璃等。在剧院、报告厅等室内装饰中，则需要采用吸声装饰材料如穿孔石膏板、软质纤维板、珍珠岩装饰吸声板等。总之，随着建筑物对声音、保温、防水、防潮、防火等要求的不同，在选择装饰材料时应考虑具备相应的功能特质。

5. 民族与文化性

在选择装饰材料时，要注意运用先进的材料与工艺技术，保留和突出表现民族传统文化和地方装饰特点。例如，金箔、琉璃制品是我国特有的装饰材料，这些材料一般用于古建筑或纪念性建筑装饰；而斗拱、藻井、唐卡等民族和宗教性装饰元素的运用，能体现出我国传统文化的特色。

6. 经济适用性

装饰装修材料的选择还要考虑造价问题，目前我国的总体经济发展水平还不是很高，居民的消费水准较低，不适合大量选用进口高档装饰装修材料，并且国产的装饰装修材料已能满足三、四星级公共建筑的装饰设计要求。普通的装饰装修材料，经过设计师们的精心设计和能工巧匠们的精细施工，同样能产生出乎意料的装饰效果。所以新颖、美观、适用、无污染、耐久、价格适中的装饰装修材料在今后相当长的一段时间内仍然是建筑装饰材料市场的主导产品。

7. 健康环保性

装饰装修材料的选定，尤其要考虑环保要求。2001 年国家出台了《室内装饰装修材料有害物质限量标准》（GB 18580—2001；GB 18588—2001 和 GB 6566—2001）共 10 项，分别规定了 10 种材料中有害物质的限量，而且从 2002 年 7 月 1 日起已强制实施，即人造木质板材、溶剂型木器涂料、内墙涂料、胶粘剂、木制家具、壁纸、PVC 卷材、地毯、地毯用胶粘剂、混凝土防冻剂和装饰装修材料放射性核素限量[1]。这些材料也是装饰装修工程中常用材料，在选用前一定要认真检测，所含有毒物质如甲醛、苯、氡气、氨、γ辐射、醚酯、三氯乙烯、丙烯腈以及总挥发性有机化合物（TVOC）等不准超过国家的规定，以确保环境不被污染和人身安全。

1.2.5 装饰材料的发展趋势

科技的进步和人们审美水平的不断提高，推动了室内装饰材料产业的迅猛发展。除了材料的多品种、多规格、多花色等特性外，随着新技术、新工艺、新设备的不断涌现，近年来装饰材料产业还呈现出如下一些发展特点。

1. 智能化、复合型、功能多样化

将材料和产品的加工制造同以微电子技术为主体的高科技嫁接，从而实现对材料及产品的功能自动控制与调节，将成为装饰装修材料新的发展方向。

随着人们对家装的品位越来越高，单一材料已不能满足要求，使得复合型材料被大量开发利用。另外，装饰材料的功能也越来越多。比如，近年来发展极快的镀膜玻璃、中空玻璃、夹层玻璃、热反射玻璃，不仅能调节室内光线，也能配合室内的空气调节，节约能源；以往常用作吊顶的软质吸声装饰纤维板，已逐渐被矿棉吸声板所代替，原因是后者的耐火性更强。对于现代高层建筑，防火性已是装饰材料不可少的指标之一。

2. 质量轻、强度高、大规格、高精度

现代办公及住宅建筑向高层、超高层发展，对材料的容重也有了更高要求，像铝合金这样强重比高的材料将得到越来越多的应用。在工艺方面，主要是采取中空、夹层、蜂窝等形式来制造轻质高强的装饰材料。此外，采用高强度纤维或聚合物与普通材料复合，也是提高装饰材料强度而降低其重量的方法，例如近些年应用的铝合金型材、镁铝合金覆面纤维板、人造大理石、中空玻化砖等。玻璃幕墙、陶瓷墙地砖等饰面材料，以往的幅面均较小，今后的发展趋势是大规格、高精度和薄型。

3. 产品规范化、系列化、高端化

室内装饰材料种类繁多，涉及的专业面广，具有跨行业、跨部门、跨地区的特点，在产品的规范化、系列化方面有一定难度。但是，随着人工费的急剧增加、装饰工程量的加大和对装饰工程质量的要求不断提高，为保证装饰工程的工作效率，装饰材料必然将向着成品化、安装标准化方向发展。此外，随着人们经济收入和生活水平的不断提高，人们对室内环境的使用标准也越来越高。民用住宅的装饰已经不满足于传统涂料，大量性能优异的中高档装饰材料，如实木、石材、陶瓷等已逐步走入普通家庭的装饰中。

4. 家装工厂化、集成化

将原来在客户家里现场制作的木制品，改为在工厂里生产制作，以机械作业代替人工的加工，只将工厂化工序完成后的成品与半成品搬到工地进行简单的组装或安装，这就是家装工厂化。工厂化家装标准度高，精细度好，质量有保证，且可以按照业主的要求定做。家居装饰工厂化生产、装配式施工，省时高效，节能环保，减少了大量的现场油漆、湿作业粘贴工作，施工现场干净、整洁、噪声少、建筑垃圾少，减少家装对室内空气环境的污染，同时也减轻了对周边环境和邻里的影响。图1.3为集成式整体卫浴空间，用一体化防水底盘组合和壁板、顶板构成的整体框架，配上各种功能洁具形

---

[1] 《室内装饰装修材料人造板及其制品中甲醛释放限量》（GB 18680—2001）
《室内装饰装修材料溶剂型木器涂料中有害物质限量》（GB 18681—2001）
《室内装饰装修材料内墙涂料中有害物质限量》（GB 1862—2001）
《室内装饰装修材料胶粘剂中有害物质限量》（GB 18683—2001）
《室内装饰装修材料木家具中有害物质限量》（GB 18684—2001）
《室内装饰装修材料壁纸中有害物质限量》（GB 18685—2001）
《室内装饰装修材料聚氯乙烯卷材地板中有害物质限量》（GB 18686—2001）
《室内装饰装修材料地毯衬垫及地毯用胶粘剂中有害物质释放限量》（GB 18687—2001）
《混凝土外加剂中释放氨限量》（GB 18580—2001）
《建筑材料放射性核素限量》（GB 6566—2010）

成的独立卫生单元，具有淋浴、盆浴、洗漱、便溺四种功能。

5. 绿色、节能、低碳、环保

节能、环保已成为当今室内装饰业的主流，人们追求健康安全的生活环境，无毒无害低碳环保的装饰材料受到市场的青睐，特别是低甲醛和VOC释放的涂料和油漆类材料。一般装修完后需待室内气味散发后再投入使用，并且保持通风状态来稀释室内的有害物质；另外也可在室内摆放一些阔叶类植物，某些植物本身具有吸收甲醛、苯、一氧化碳等有害气体的功能，这样既美化环境又能吸收有害气体，一举两得。市场上也有一些诸如空气净化器、活性炭、甲醛吸附器等设备可以放入室内净化环境。

图 1.3　集成式整体卫浴

1.3　装饰构造的基本知识

室内装饰工程涉及室内各个部位，包括建筑构件在空间所形成的各个界面，如地面、墙面、顶棚以及一些独立构件如柱子、楼梯等。因此装饰构造的部位包括楼地面、内外墙面、顶棚、门窗、隔墙隔断、花格、柱面等部分。

1.3.1　装饰构造分类

室内装饰构造可以划分为两大类：一类是通过覆盖材料，在室内界面上起到保护和美化的作用，称为饰面构造；另一类是通过组装，构成各种制品或设备，兼有使用功能和装饰品作用，称为配件构造或装配式构造。

1.3.1.1　饰面构造

饰面构造主要是处理好面层与基层的连接构造方法，在装饰构造中占有相当大的比重。例如在墙体表面做木护壁板、在钢筋混凝土楼板下做吊顶、在钢筋混凝土楼板上做地板砖均属饰面构造。其中，木护壁板与砖墙之间的连接、吊顶棚与楼板结构层之间的连接、地板砖与楼板结构层之间的连接等均属处理两个面结合的构造。

1. 饰面构造与位置的关系

饰面总是附着于建筑主体结构构件的外表面，饰面构造与位置的关系密切。一方面，由于构件位置不同，外表面的方向不同，使得饰面具有不同的方向性，构造处理措施也就相应不同：顶棚处在楼盖或屋盖的下部，墙的饰面位于墙的内外两侧，因此顶棚和墙面的饰面构造应防止脱落伤人。各饰面部位的构造要求和特性见表1.2。另一方面，由于饰面所处部位不同，虽然选用相同的材料，构造处理也会不同。

表 1.2　饰面部位及构造要求

饰面部位	主要构造要求	饰面作用
顶棚	防止剥落	顶棚对室内声音有反射或吸收的作用，对室内照明起反射作用，对屋顶有保温隔热及隔声的作用，此外，吊顶棚内可隐藏设备管线等
墙（柱）面		内墙面对声音有吸收或反射的作用，对光线有反射作用；要求不挂灰、易清洁、有良好的接触感，室内温湿度大时应考虑防潮
地面	耐磨损	楼地面是直接接触最频繁的面，要求有一定蓄热性能和行走舒适，有良好的消声、隔声性能，且耐冲击、耐磨损，不起尘，易清洁。特殊用途地面还要求具有防水、耐酸、耐碱等性能

2. 饰面构造的基本要求

连接牢靠：饰面层附着于结构层，如果构造措施处理不当，面层材料与基层材料膨胀系数不一，黏结材料的选择有误或老化，都将会使面层剥落。饰面的剥落不仅影响美观和使用，还有可能伤人。

因此，饰面构造首先要求装饰材料在结构层上必须附着牢固、可靠，严防开裂、剥落。大面积现场施工抹面，如各种砂浆、水刷石、水磨石及剁假石等，往往会由于材料的干缩或冷缩出现开裂；手工操作，也容易形成色彩不匀、表面不平等缺陷。因此，在进行构造处理时，往往要设缝或加分隔条，既便于施工、维修，又避免因收缩开裂而剥落。

厚度与分层合理：在设计和使用合理的情况下，饰面层的厚度与材料的耐久性、坚固性成正比，在构造设计时必须保证饰面层具有相应的厚度；但厚度的增加又会带来构造方法与施工技术的复杂化，因此饰面构造通常分为若干个层次，进行分层施工或采取其他构造加固措施。例如在标准较高的抹灰类墙面装饰中，一般抹灰层的总厚度如下：内抹灰平均为15～20mm；室内顶棚抹灰平均为12～15mm。施工时，将总厚度一般按底层、中层和面层三层来进行，以保证抹灰牢固、表面平整，避免裂缝、脱落，便于操作。

均匀与平整：饰面的质量标准，除了要求附着牢固外还必须做到均匀平整、色泽一致，从选料到施工都要严把质量关，严格遵循现行的施工规范，以保证获得理想的装饰效果。

3. 饰面构造的分类

根据建筑装饰材料的加工性能和饰面部位的特点，饰面构造可以分为涂刷类饰面构造、贴面类饰面构造和钩挂类饰面构造三大类。

(1) 涂刷类（罩面类）饰面。涂刷类饰面又分为涂料饰面和刷浆饰面。涂料饰面是指将建筑涂料涂敷于建筑构（配）件表面，并能与基层材料很好地黏结而形成完整的保护膜（又称“涂层”或“涂膜”）。目前，建筑涂料品种繁多，根据自然状态的不同可分为溶剂型涂料、乳液型涂料、水溶性涂料及粉末涂料等几类，在建筑装饰工程中，经常需要根据使用部位、基层材质、使用要求、施工周期及涂料特点等因素来分别选用。刷浆类饰面是用水质涂料涂刷到建筑物抹灰层或基层表面所形成的饰面。

(2) 贴面类饰面。分为铺贴、粘贴、嵌钉等构造方法。铺贴，常用的各种贴面材料有瓷砖、面砖及陶瓷锦砖等。为加强黏结力，常在其背面开槽用水泥砂浆粘贴在墙上。地面可用20mm×20mm的小砖或600mm见方的大型石板，用水泥砂浆铺贴。粘贴，饰面材料呈薄片或卷材状，如粘贴于墙面的塑料壁纸、复合壁纸、墙布及绸缎等。嵌钉，自重轻或厚度小、面积大的板材，如木制品、石棉板、金属板、石膏、矿棉及玻璃等，可直接钉固于基层，或借助于压条、嵌条及钉头等固定。

(3) 钩挂类饰面构造。钩挂的方法有系挂（扎结）、钩挂（钩结），见表1.3。

表1.3　　钩挂类型特点

类型	示意图	构造特点
系挂	 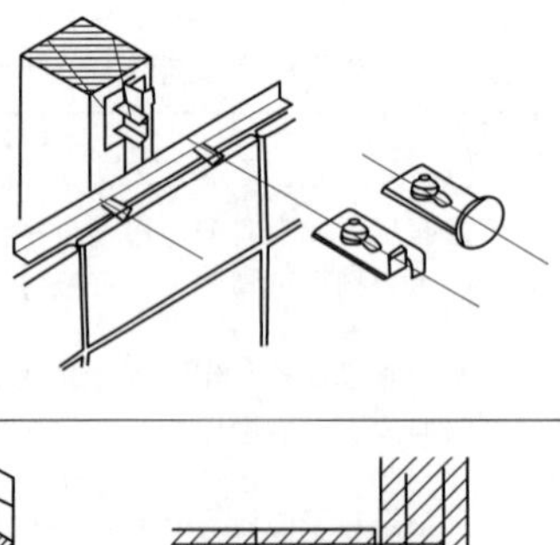	用于饰面厚度为20～30mm面积约$1m^2$的石料或人造石等，可在板材上方两侧钻小孔，用铜丝或镀锌铁丝将板材与结构层上的预埋铁件联系，板与结构间灌砂浆固定
钩挂		饰面材料厚40～150mm，常在结构层包砌。饰面块材上口可留槽口，用与结构固定的铁钩在槽内搭住。用于花岗石、空心砖等饰面

1.3.1.2　装配式构造

根据材料的加工性能，可将装配式构造的配件成型方法分为以下三类。

1. **塑造与浇铸**

塑造是指对在常温常压下呈可塑状态的液态资料（如水泥、石膏等），经过一定的物理和化学变化的处理，制成具有一定强度的构件，如水泥花格、石膏花饰及石膏线脚等。

浇铸是指生铁、铜及铝等可熔金属，经融化后铸造成型，在工厂制成各种花饰和零件，然后进行现场安装。

2. **加工与拼装**

木材与木制品具有可锯、刨、削和凿等加工性能，还可以通过粘、钉及开榫等方法，拼装成各种配件；一些人造材料，如石膏板、珍珠岩板等具有与木材相类似的加工性能和拼装性能。金属薄板具有剪、切、割的加工性能，并具有焊、钉、卷、铆的拼装性能。此外，断桥铝、铝包木门窗等，也属于加工拼装的构件。加工与拼装的构造在装饰工程中应用广泛，常见的拼装构造方法见表1.4。

表1.4　　配件拼装构造方法

类别	名称	图形	备注
钉合	钉	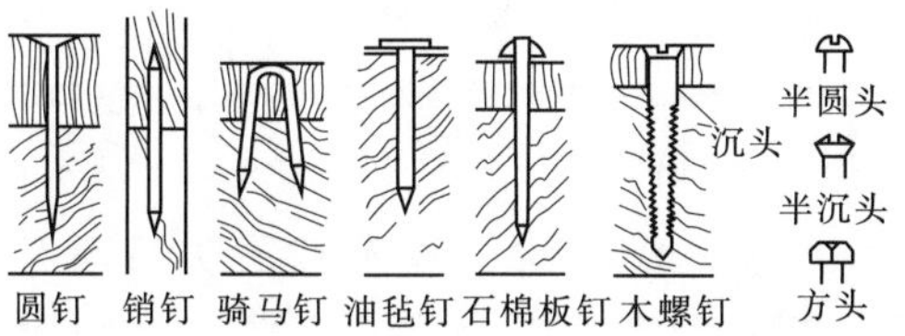	多用于木制品、金属薄板等，以及石棉制品
	螺栓	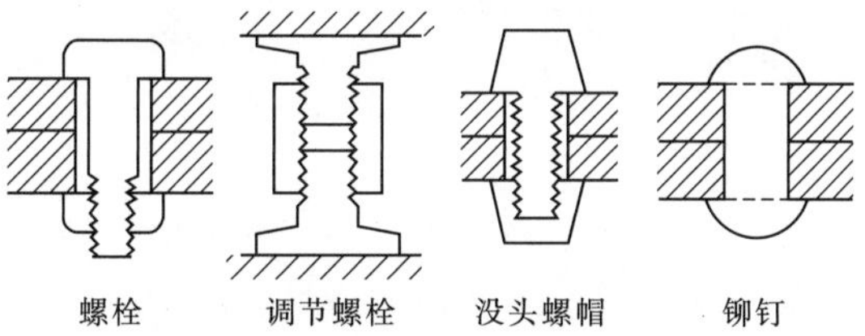	常用于结构及建筑构造，可用来固定，调节距离、松紧。其形式、规格、品种繁多
	膨胀螺栓	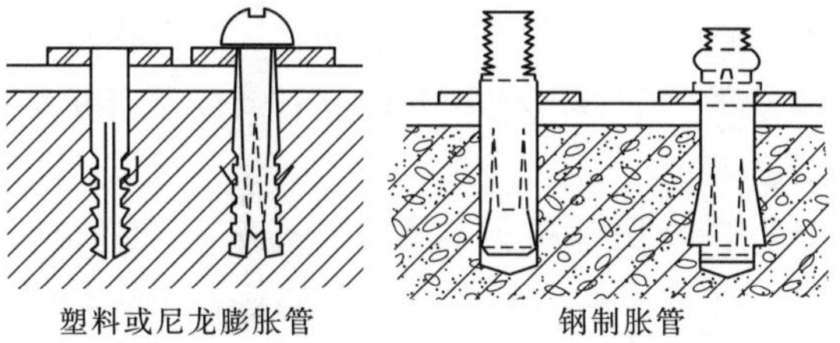	可用来代替预埋件。构件上先打孔，放入膨胀螺栓，旋紧时膨胀固定
榫接	平对接	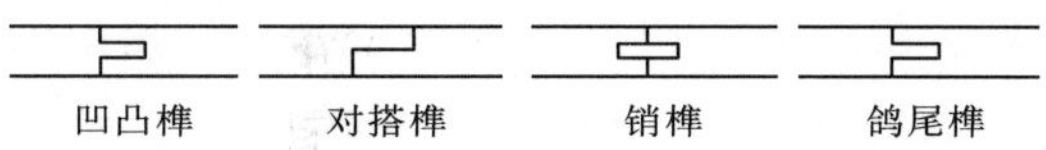	多用于木制品。但装修材料如塑料、碳化板、石膏板等也具有木材般的可凿、可削、可锯、可钉性能，也可适当采用
	转角顶接	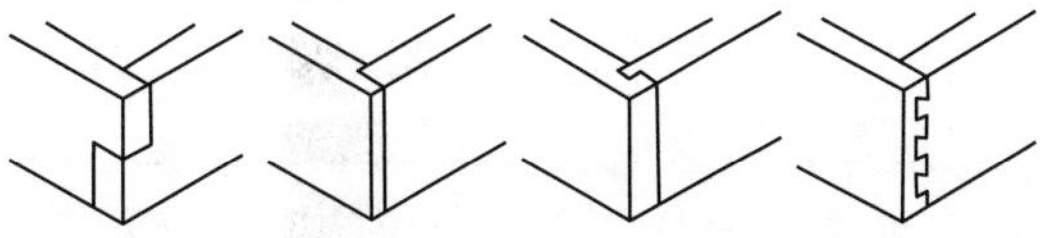	
其他	焊接	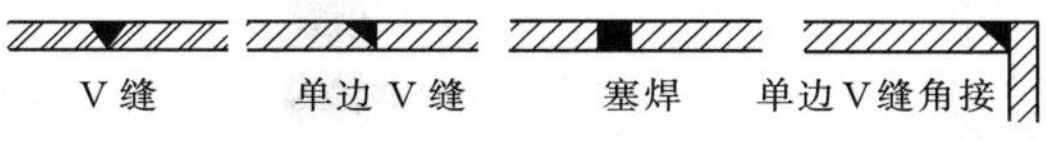	用于金属、塑料等可熔材料的结合
	卷口	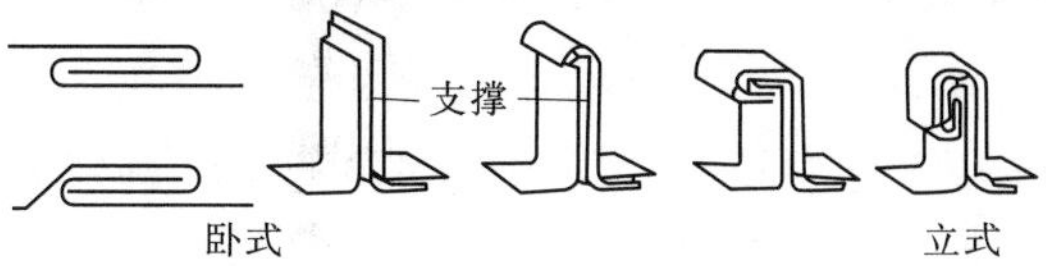	用于薄钢板、铝皮、铜皮等的结合

3. 搁置与砌筑

水泥制品、陶瓷制品及玻璃制品等，往往通过一些黏结材料，将这些分散的块材，相互搁置垒砌，可胶结成完整的砌体。各种块材可组合成不同的图案，还可以组织成镂空的花格。如玻璃空心砖隔断是用玻璃制品胶结而成的一种富有特殊装饰效果的装配式构造。

1.3.2 构造设计的原则与要点

室内装修构造设计需综合考虑各种因素，通过分析比较选择适合特定室内空间环境的最佳构造方案。

1. 构造设计原则

(1) 安全要求。首先考虑装修构造的安全性，装修不得破坏建筑物的主体结构，要充分考虑建筑结构体系的承载能力。选择的材料要安全可靠，应避免脱落而造成人员伤害和财产损失。设计要满足防火安全设计要求，根据防火规范等级做材料的选择与构造设计。

(2) 功能要求。建筑物是供人使用的。因此，室内装修构造设计要最大限度地满足人们的使用功能要求。要考虑具体地区特点，一座建筑物的室内装修，它所处的地域与装修构造之间有着密切的联系。例如，该地区的气候条件、温度、湿度变化或霉变气候等都对材料构造设计的选择有很大的影响。另外，该地区的建筑特点和风俗习惯，也是选择装饰材料和构造的主要依据。

(3) 结构要求。建筑物主体结构是装修构造的基础和依托，是装修构造的支撑骨架。在构造设计时，注意不要破坏建筑物主体结构和配件，尤其是建筑物的基础、墙体、模板、梁柱、门窗、屋面等承重的六大构件。在室内装修施工中，通常利用防锈油漆、抹灰等维护装修结构的构件，来保护原有建筑物体，可以提高建筑的自身防火、防潮、防侵蚀能力，还可以保护建筑的构件免受外力的碰撞和磨损。另外，如墙面、踢脚、墙裙、窗台、门窗套等，为防止磕碰损坏、便于清洁而有必要做保护性装修构件处理。装修构造除修补外，一般的使用周期年限为5～8年。

(4) 生理要求。装修构造设计的主要目的之一就是满足人们各种生理需求。室内装修构造设计不仅可以使室内环境清洁卫生，不易污染，还可以改善室内的声学、光学、热工等物理方面条件。从而给人们的生理适应过程创造良好的环境，如视觉、触觉、人体尺度的构造合理性、功效性、协调性等。对有特殊构造要求的应对其做相应的构造设计措施，例如，影剧院内墙、顶棚通常要做好声学及光学反射等构造设计处理。对综合布线的智能办公建筑要做好管线隐蔽与接线处理。对残疾人群的生理特殊需求，要做好恰当的构造设计等。

(5) 美感要求。在装修构造设计中，要从材料、质感、色彩等美学角度合理选择材料构造设计。这样可以使空间环境营造出特殊气氛，体现风格、意境，表达室内空间装修设计的精神功能需要。通过装修构造设计的整体与局部、尺度与细节、质感与肌理、光照与色彩等整体的把握，将工程技术与艺术美感加以融合，改善室内空间环境。不同性质和功能的装修空间，通过不同构造的处理、完善能形成不同的环境气氛，给人带来不一样的感受。

(6) 施工工艺要求。构造设计应便于施工和施工操作，便于各工种之间的配合、协调，以及施工机械化程度的提高。构造设计还应考虑维修和检修方便，例如，吊顶里层如有设备，应考虑布置在装饰面内部的空间，预留检修孔、出入口位置和通道等。室内装修施工工艺是整体工程的最后一道重要工序，一系列施工使装修构造设计变为现实。一般装修工程的施工工期约占整个工期30%的时间，高级建筑装修工程的施工工期占50%的时间或更长一些。

(7) 经济合理要求。室内装修设计工程预算一般占整个建筑工程总造价的40%左右，重点装修工程要占50%甚至更多。所以，按国家规定的公共建筑的性质和用途确定装修标准，选择装修材料和构造设计方案，以此来控制工程预算造价。这对于实现经济上的合理性具有非常重要的意义。室内装修并不是花钱越多越好，用材越贵越好，节约造价也并不是单纯地降低标准。关键是在相同的合理经济条件下，通过巧妙的构造设计，创造出既舒适又美观的室内空间环境。

2. 构造设计的要点

(1) 楼（地）面的构造设计要点。楼（地）面构造设计是指楼层地面和底层地面。它是在建筑物室内使用最频繁的部位，通常在水泥地面、混凝土地面以及在灰土垫层等各种地层上添加的装修装饰面层，楼（地）面装修设计在室内整体设计中占有十分重要的地位。由于楼面与地面在使用要求上基本相同，因此在基本构造上有很多共同之处。但楼面与地面的承载结构力不同，它们又有各自的特点，如楼面板需防水、隔音；楼板弹性变形小，地面板防潮、防陷、承重层变形大等。

1) 维护结构：楼（地）面板的装修层可以起到耐磨、防撞击、防水等对混凝土板内钢筋的保护作用，从而提高建筑物的耐久性。

2) 隔声吸声：一般来讲，表面细致光滑刚性较大的地面，如大理石地面等，对声波的反射能力较小，而各种软质地面，如化纤地毯等，有较大的吸声作用。因此，对于标准要求较高、室内噪声控制严格的室内空间，应选择布置具有吸声能力较强的地面材料。

3) 防水防潮：对于配套空间，如卫生间、浴室等，要处理好防水防潮装修层，需经过 24h 防水隐蔽工程试验合格后，才能做装修面层。

4) 热工要求：大理石、地砖等材料的热传导性能较高，而木地板、塑料等材料的地面热传导性能较低。从满足人们卫生和舒适度的角度出发，对起居室、卧室等地面不宜采用蓄热系数能力过小的材料，避免冬季使人感觉不适。

5) 弹性要求：弹性材料的变形具有吸能作用，冲力很大的物体接触到弹性材料后，其所受到的反冲力会小一些。因此，在具有一定弹性的地面上行走，会感到舒适。所以对要求较高的室内地面，应尽可能地采用具有一定弹性能力的材料，用来装修楼（地）面层。

6) 美观要求：楼（地）面是人们最常使用的部位之一，因此，进行楼（地）面构造设计时要结合室内空间形态，呼应整体空间，结合使用功能、交通导向处理，巧妙地处理各具体层面关系，或协调或对比需综合考虑。

(2) 墙面的构造设计要点。内墙面装修构造和装饰效果最常用的有抹灰类，包括一般抹灰和装饰抹灰；贴面类，内墙装修包括石材板、陶瓷制品和规格成品板材等；涂料类，内墙装修中有各种各样的涂料，如水性涂料、氟碳漆涂料等；卷材类，内墙装修饰面包括壁纸、壁布、软包等饰面。墙面构造设计涉及精装修的墙体主要有以下几点。

1) 保护墙体：建筑室内空间与外部空间墙面一样，都有保护墙体的作用。在人流较多的走廊、门厅等处，可在适当的位置做墙裙、阴阳角等处理。也可以做内墙装修装饰，如在大堂和其他一些要求相对较高的室内空间里。

2) 保温要求：室内墙面装修后平整、光滑，不仅便于清扫卫生，而且还可以增加光线反射，提高室内照度，并根据热工要求在内墙做保温隔热处理，提高墙的保温隔热能力，保证人们在室内的正常工作、生活。

3) 声学要求：辅助墙体的声学功能如反射声波、吸声等。这一点对于大型公共建筑，如影剧院、音乐厅、播音室等很重要。通过顶棚、墙体和地面不同角度的吸声饰面材料达到吸声的能力，控制混响时间，改善音质质量和减轻噪声程度。

4) 美化室内环境：室内装修墙面在不同程度上起到装饰与美化环境的作用，这种美化装饰应与地面、顶面等装饰效果相协调、呼应，甚至与家具及其他陈设装饰结合。由于内墙面是人们的正视位置，且属于人们的视觉中心，应重点装修装饰，以达到装饰美化环境的目标。

(3) 顶棚的构造设计要点。顶棚位于承重结构楼面板的下部，而且房间上方要布置照明灯光、空调风管及其他管线。因此，顶棚的结构构造与楼板的连接要牢固、安全、稳定。顶棚的构造设计涉及声学、热工、光学、空气调节、防火等许多方面，顶棚的装修装饰技术要求相对较高且复杂。所以，应结合装修规格要求、经济条件、功能和技术来综合设计，它与设备安装应同步进行。

顶棚主要有以下两种类型。一类是直接式无吊筋顶棚，另一类是悬挂式有吊筋顶棚。根据装修细部构造造型的不同又可分为平滑式顶棚、井字格式顶棚、分层式顶棚等。按装修材料的分类则有木质顶棚、各种金属薄板顶棚、玻璃顶棚等，所以在装修构造设计上要掌握好构造要点。

1）使用功能：顶棚是在符合使用功能的基础上进行设计的，如顶棚的人工采光灯具照明，空调风管的送风口、回风口等。各种管线的隐蔽都要处理得安全、完备。尤其是电路管线，要做防火、防潮处理，应设管线桥架以免发生火灾隐患等，它关系到整个室内空间及建筑物的安全。

2）构造的安全：顶棚构造是室内装修的一个重要组成部分，它是除楼地面、墙面以外，用以围合室内空间的一个重要界面。所以在构造节点上，应规范设计吊点、吊筋和吊板材料。遇有大型灯具安装时需单独埋设吊点、吊筋，而且要符合重量承载要求。一般超过 5kg 的灯具灯饰等要单设吊筋、吊点。

3）隐蔽设备：现代建筑的各种设备管线越来越多，如照明灯具、空调设备、消防设备等。这些物体一般要充分利用顶棚内的空间，对各种管线进行隐蔽处理，保证各类设备管线的正常使用。

4）造型美观：顶棚除了使用功能、构造安全和设备要求之外，就是造型美感上的处理了。顶棚的造型要根据功能设备的固定点要求，顺势造型，这样既能保证使用上的舒适功能，又能使其在造型美观上多些思路，遇到大型重点工程时，要审视整体风格，必要时多与其他专业工程师沟通交流，达到既实用又美观的装修装饰效果。

1.3.3 装饰构造设计思路

装饰构造设计的任务就是完成可供指导施工过程的装饰施工图，施工图应有明确的细部尺寸、材料种类要求、做法说明、正确的连接关系等。构造设计一般是在整个装饰设计要求已经确定，装饰设计方案基本确定的前提下开始的，是一个从整体统筹设计到局部细部处理，再到整体构造设计，不断修改完善的设计过程，主要设计思路如下：

1. 确定设计基调

确定设计基调就是确定建筑空间环境整体的构造设计风格，做到统一、和谐。例如有的环境需要沉稳厚重，有的环境需要轻飘灵透；有的环境需要粗拙古朴的厚重，有的环境需要精巧典雅的厚重等。设计基调不仅应与建筑空间的使用功能和特色一致，而且还应与城市规划和地方特色相协调，基调环境的确定是构造设计的前提和关键。

2. 确定装饰材料

确定装饰材料的构造尺寸和规格进一步确定材料的档次和材质加工方案。不同档次的材料通过处理可以达到相似的效果，例如在装饰效果图中看到的清水木纹，可以采用不同树种的木材来实现；对一些价格低廉的材料进行精工仿造或对一些材料表面进行改性加工，在外观或实用上均能取得良好效果。不同的方案其造价显然不同。

（1）确定装饰材料的类型和规格。有的材料供货尺寸就是它的构造尺寸，可直接拼贴；有的材料则需要裁割。确定材料的尺寸规格主要应考虑整体效果对分块的尺度要求，避免用边角料拼接，尽可能充分利用材料；考虑龙骨间距与面板规格尺寸的协调，减少面板下料损耗；考虑要为设备管线的隐蔽和后期检修留出足够尺寸。

（2）进一步考虑材料的供货、施工机具、技术力量等因素，如季节因素、地域因素、一次性投资和日常维护等。综合考虑，确定选用的装饰材料的品种、类型和规格。

3. 确定细部构造处理方案

细部构造处理是否合理直接影响到整个空间的装饰效果。应从安全、美观、经济及个性等方面进一步校核推敲各个部位的细部构造方案，预计完工后的装饰效果。主要考虑以下几方面：

（1）配件连接固定的方法、装饰面层的边缘和边角处理、不同材质和不同界面的衔接构造。

（2）构造上要求的设缝分块的处理方案及设缝分块后对建筑物尺度比例的影响。

（3）用料质地和纹理感受、主要色彩与配件的配色、配件对整体造型影响等。

（4）确定构造设计方案，绘制装饰构造施工图。

装饰构造设计内容繁杂，要求细致、准确、完整，构造设计是一个反复修改、不断完善的过程。当确定了各个细部节点的构造方案后，应先绘制构造方案设计草图；然后，从建筑空间的整体角度来审视构造设计方案，进一步考虑是否符合装饰设计的要求，各个节点的设计处理是否协调、合理，并进行必要的局部调整；最后，按照有关规范要求，绘制装饰构造施工图。

【本章重点】 室内装饰材料与构造的基本概念，装饰材料与构造的关系；材料的装饰性、组织设计原则、选择原则；装饰构造的分类、构造设计的原则与思路。

思考题

1. 简述室内装饰材料与构造的关系。
2. 室内装饰材料的组织设计原则是什么？
3. 室内装饰构造如何分类？
4. 简述装饰构造的设计原则与思路。

第2章

顶棚装饰材料与构造

【教学目标】

◇ 顶棚装饰的分类、设计原则及要求

◇ 顶棚装饰常用材料与构造形式

◇ 特殊顶棚与顶棚特殊部位的构造

顶棚是构成室内主要的三大界面之一，在室内设计中占据十分显要的位置。顶棚是屋顶下或楼板层外表面的装饰构件，称为吊顶或天花板。顶棚的装修主要是为了达到人们对室内空间的功能需求以及美观的目的，使人们在心理、生理和精神方面得到满足。

2.1 顶棚装饰概述

室内吊顶是室内装饰处理的重要部位，通过对室内吊顶的处理，可以表现出空间的形状，获得不同的空间感觉，同时可以延伸和扩大空间，给人们的视觉起导向作用。此外，室内吊顶具有保温、隔热、隔声和吸音的作用。

2.1.1 顶棚的作用

1. 装饰室内空间

顶棚是室内装饰的一个重要组成部分，它从空间、光影及材质等诸方面，渲染环境，烘托气氛。不同功能的建筑和建筑空间对顶棚装饰的要求不尽一致，不同的处理方法有不同的空间效果。有的可以扩大空间感，有的则给人以亲切、温馨和舒适的感觉。如建筑物大厅的顶棚，多运用高低错落的造型手法进行装饰，使用不同色彩、不同纹理和富于质感的材料，并配以高雅华丽的吊灯，以达到富于变化、豪华大气的装饰效果。

2. 满足使用要求

顶棚的处理既要考虑室内装饰效果和艺术风格，还要考虑使用功能对技术的要求。照明、通风、保温、隔热、吸声或反声、音响及防火等技术性能，将直接影响室内的环境与使用。如剧场的顶棚，需综合考虑光学和声学方面的诸多问题。应以声学为主、结合光学的要求，做成多种形式的造型，以满足声音反射、漫反射、吸收和混响等方面的需要。顶棚装饰是技术要求比较复杂、难度较大的装饰工程项目，必须结合建筑内部的体量、装饰效果的要求、经济条件、设备安装情况、技术要求及安全问题等各方面来综合考虑（图2.1）。

2.1.2 顶棚的分类

因饰面层与主体结构的相对关系不同，可将顶棚分为直接式顶棚和悬吊式顶棚两大类。

图 2.1　不同艺术风格的室内装饰顶棚

1. 直接式顶棚

直接式顶棚是指在结构层底部的表面直接做饰面处理的顶棚。其做法简单、经济可靠，而且几乎不占空间高度，多用于装饰性要求一般的普通住宅、办公楼及其他民用建筑，尤其适用于空间高度受限的建筑顶棚装修。

2. 悬吊式顶棚

悬吊式顶棚又称“吊顶”，其离结构底部表面有一定的距离，用吊杆将悬挂物与主体结构连接在一起。这类顶棚构造相对复杂，常用于装修要求较高或有较多功能要求的建筑（表 2.1）。

表 2.1　　悬吊式顶棚种类

分类方式	种类
顶棚外观	平滑式顶棚、悬浮式顶棚、分层式顶棚等
顶棚结构层	隐蔽式顶棚、开敞式顶棚等
龙骨所用材料	木龙骨吊顶、轻钢龙骨吊顶、铝合金龙骨吊顶等
饰面层与龙骨关系	活动装配式顶棚、固定式顶棚等
饰面层所用的材料	木质顶棚、石膏板顶棚、金属薄板顶棚、玻璃镜面顶棚等
顶棚承受载荷能力	上人顶棚和不上人顶棚

2.1.3　悬吊式顶棚的组成

悬吊式顶棚一般由吊点、吊杆、龙骨和面层四部分组成。

1. 吊点

通常采用木方、角铁作为吊点材料。吊点的布局按 1 个/m^2 设置，但要避开楼板的接缝，吊挂大型设备要单设吊点。

2. 吊杆

吊杆是连接龙骨和承重结构的承重传力构件。其作用主要是承受顶棚的载荷，并将这一载荷传递给屋面板、楼板、屋顶梁及屋架等部位；另一作用是调整、确定悬吊式顶棚的空间高度，以适应不同场合、不同艺术处理的需要。

吊杆分为木吊杆和金属吊杆。木方一般用于木基层顶棚，并采用铁质连接件加固。木骨架吊杆可用 50mm×50mm 的方木。金属吊杆可采用钢筋、型钢、镀锌铅丝等加工制作。钢筋用于一般顶棚，钢筋吊杆一般不小于 $\phi 6$；型钢用于重型顶棚或刚度要求特别高的顶棚。

3. 龙骨

龙骨是顶棚的骨架，分为主龙骨和次龙骨。主龙骨是吊顶的承重结构，次龙骨是横撑龙骨，用于固定面板；主龙骨通过吊筋或吊挂件固定在结构层上，次龙骨用相似的方法固定在主龙骨上。主次龙骨形成纵横交叉的网格骨架体系。

顶棚龙骨主要有木龙骨和金属龙骨两类。金属龙骨以轻钢龙骨和铝合金龙骨最为常见。龙骨断面的大小与其材料的种类、是否上人和面板做法等因素有关。

4. *面层*

面层主要用于装饰室内空间，而且有一些特定的功能，如吸声、反射等。此外，面层的结构设计还要综合考虑灯具、风口布置等。

吊顶饰面层主要有湿抹灰面层和罩面板面层两类。由于吊顶龙骨较高，抹灰施工不便，且施工速度慢，实际工程中利用各种罩面板面层的较多，其既便于施工，又便于管道设备安装和检修（图2.2）。

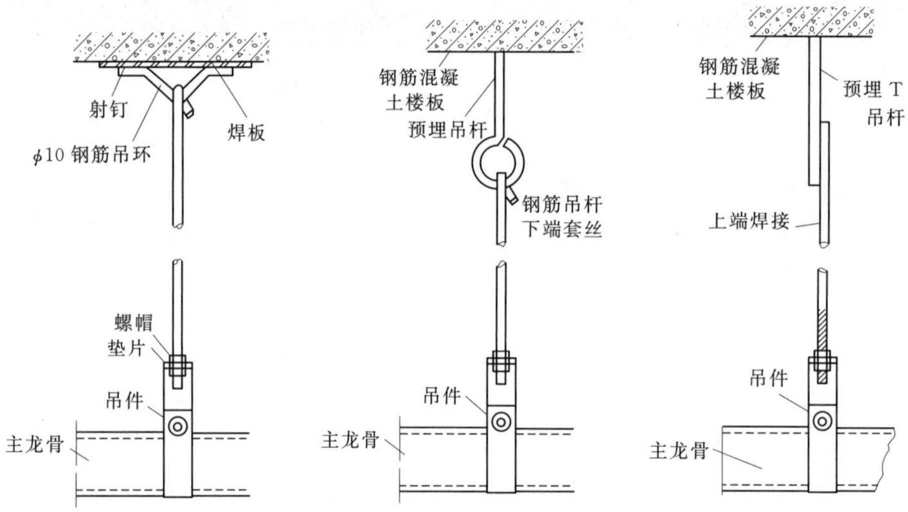

图 2.2　悬吊式顶棚

2.1.4　顶棚装饰的设计要求

（1）空间舒适性：综合考虑室内空间的真实高度与功能，应合理的设置吊顶高度，选择恰当的材料，合理的色彩搭配，以满足人的生理及心理需求。

（2）防火阻燃性：顶棚上有些设备会散热，可能会造成火灾，故顶棚首先应选用防火材料或采取防火措施，且阻燃性能和耐火极限应满足防火规范要求；木质装修要注意刷防火涂料或阻燃材料。

（3）建筑物理条件：顶棚的装修设计和构造应充分考虑对室内光、声、热等环境的综合改善，以营造一个绿色、健康、舒适的室内空间环境。

（4）环保与安全性：由于顶棚位于室内空间的上部，且灯具、通风口、扩音系统是顶棚装修的有机组成部分，有时需上人检修，所以顶棚的装修构造应保证安全、牢固和稳定。同时，装饰材料在选用上还应该满足无毒害、无环境污染的"绿色"环保要求，不能对人体健康与环境造成危害。

（5）卫生条件：顶棚与墙面不同，由于其受清洗条件的限制，在进行顶棚的构造设计时，需注意避免大面积的积尘而导致难以清理的问题。

（6）满足自重轻、干作业、经济性：在进行顶棚设计时，要在满足安全稳固的基础上，降低顶棚自重，以减小其脱落的可能；同时还应经济合理。

2.2　顶棚装饰常用材料

室内装饰材料分为骨架材料和饰面材料。骨架材料起到支撑和连接顶棚设备、灯具和饰面材料的功能。饰面材料安装在龙骨之上或直接安装在顶棚表面，起到保护、装饰的作用。

2.2.1　骨架材料

装饰骨架是指室内界面造型装饰所用的龙骨材料，一般分为金属龙骨和木龙骨两大类。选用时，根据不同性质的建筑室内装饰要求选择不同材质和规格的骨架。

1. 木质龙骨

木龙骨俗称为木方，是室内装饰装修中常用的骨架材料，被广泛地应用于吊顶、隔墙、实木地板骨架的制作。木龙骨用木材的树种、等级、含水率以及防腐、防虫、防火处理必须符合设计要求，按国家标准《木结构工程施工质量验收规范》(GB 50206—2012) 中的有关规定执行 (图 2.3)。

图 2.3　木质龙骨

(1) 吊顶木龙骨的组成。分主龙骨和次龙骨，主次龙骨界面形式一般分方形或矩形。龙骨规格按设计要求，设计无明确规定时，一般按主龙骨为 50mm×70mm 或 50mm×100mm，次龙骨为 50mm×50mm 或 40mm× (40～60) mm 规格加工。

(2) 木龙骨常用树材。常见用材主要有白松和杉木。白松材质轻软，富有弹性，结构细致均匀，干燥性好，耐水、耐腐。杉木材质轻软、细致、纹理直、易加工，弹性好、不易腐蚀，耐得住螺钉，圆钉钉而不裂。

2. 轻钢龙骨

轻钢龙骨一般采用薄钢板或镀锌铁皮卷压成型，分为主龙骨、次龙骨及连接件。在悬吊和连接方法上，又分为上人吊顶与不上人吊顶。上人吊顶一般需考虑龙骨应承受的集中载荷，不上人吊顶一般只考虑龙骨与饰面材料本身的自重。

(1) 轻钢龙骨特点：

强度大、自重轻：轻钢龙骨的承载能力较强，且自重很轻。以吊顶龙骨为骨架，与 9.5mm 厚纸面板组成的吊顶每平方米重量约为 8kg 左右，相当于拌灰吊顶的重量的 1/4，而龙骨用钢约 3kg 左右。

通用性强、安装方便：能使用各类场所的吊顶和隔断的装饰，可按设计需要灵活布置，选用饰面材料，装配化的施工和作业改善了可劳动条件，降低了劳动强度，加快了施工进度。

防锈、防火：轻钢龙骨的防锈、防火性能经试验均达到设计标准。

(2) 轻钢龙骨的分类：

按材质分：有镀锌钢板龙骨和薄壁冷轧退火卷带龙骨。

按用途分：分为主龙骨 (又称大龙骨、承重龙骨) 和次龙骨 (又称覆面龙骨，包括中龙骨、小龙骨)。

按龙骨断面分：有 U 形龙骨 (主龙骨或承载龙骨)、C 形龙骨 (次龙骨或覆面龙骨)、T 形龙骨 (次龙骨或覆面龙骨)、H 形龙骨 (次龙骨或覆面龙骨) 和 L 形龙骨 (边龙骨或收口龙骨)，厚度一般为 0.5～1.5mm。

(3) 吊顶轻钢龙骨的组合。

由于龙骨的品种不同，其龙骨的组合形式也不一样，基本上有下列 2 种常用的组合方式。

UCL 形：良好的综合性能，灵活的应用形式，多样化的吊顶表面，施工简便、快速，能承受较大的载荷，通常称为上人吊顶。其分为 D38、D45、D50、D60 四种系列。此外，未列入国家标准的还有近几年国内厂家生产的 D25 系列（图 2.4）。

TL 或 HL 形：节省材料（T 形龙骨截面形状比 U 形、C 形截面形状更趋合理）；节省工时（吊顶板材只需搭接或嵌装在 T 形龙骨的两翼上，做成明龙骨或暗龙骨吊顶，无须自攻螺钉）（图 2.5）。

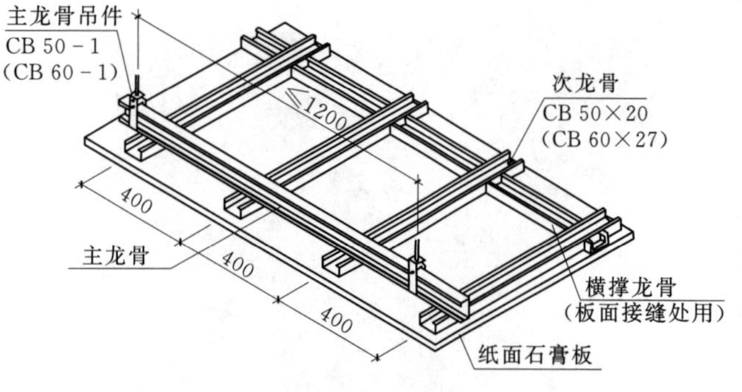

图 2.4　UCL 形组合

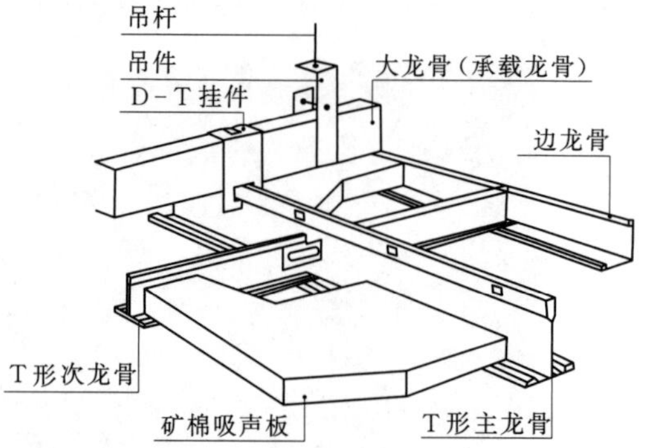

图 2.5　TL 形组合

3. 铝合金龙骨

铝合金龙骨，是室内吊顶装饰中常用的一种材料，可以起到支架、固定和美观作用，具有质轻、不锈、防火、抗震、安装方便等特点。铝合金吊顶龙骨有主龙骨（大龙骨）、次龙骨（中、小龙骨）、边龙骨及吊挂件。主、次龙骨与板材组成 450mm×450mm、500mm×500m 和 600mm×600mm 的方格铝合金龙骨不需要大尺寸的吊顶板材。因此，铝合金龙骨多采用小幅面板材吊顶，小幅面板材插接或搭接在龙骨的两翼上，形成明龙骨和暗龙骨。

（1）铝合金龙骨的分类：

T 形：起组成吊顶龙骨骨架及搭装（或嵌装）吊顶板的作用。

L 形：与四周墙壁相接和搭装（或嵌装）吊顶板的作用。

Y 形：起组装或吊顶龙骨骨架（纵向分布）及搭装（或嵌装）吊顶板的作用。

π 形：起组装成吊顶龙骨骨架（横向分布）及搭装（或嵌装）吊顶板的作用。

Ω 形：起组装成吊顶龙骨骨架及搭装（或嵌装）吊顶板的作用。

（2）铝合金龙骨的组合形式：

TL 或 HL 形：重量轻（仅为轻钢龙骨的 1/3）、尺寸精度高、装配性能好、装饰性好、应用形式灵活。

YπL 形：具有 TL 形吊顶铝合金龙骨的特点外，还具有新颖的装饰效果。因为 Y 形、π 形龙骨本身结构就形成了具有槽状的框架，提高了吊顶表面的装饰性。

ΩL 形：具有 TL 形和 YπL 形的特点外，还具有结构简单、配套材料少的特点。

2.2.2　饰面材料

饰面材料是安装在龙骨之上，起到了保护、装饰的功能。常用的有胶合板、纸面石膏板、装饰石膏板、矿棉吸音板、金属装饰板等。

1. 胶合板

胶合板是原木经过旋切或刨切成单板，再按相邻单板纤维方向互相垂直的原则组成三层或多层板坯，经涂胶热压而制成的人造板。胶合板的最外层单板为表板，其中在正面、材质较好的表板称面板，反面的表板称背板；内层单板称为芯板或中板，其中与表板纤维纹理方向相同的芯板称为长芯板，与表板纤维纹理方向相互垂直的芯板称为短芯板。胶合板常俗称为三夹板、五夹板、七夹板、九夹板等。

胶合板具有幅面大、厚度小、木纹美观、表面平整、板材纵横向强度均匀、尺寸稳定性好、不易翘曲变形、轻巧坚固、强度高、耐久性较好、耐水性好、易于各种加工等优良特性。胶合板的覆面常用尺寸为（长×宽）2440mm×1220mm（图2.6）。

2. 石膏板

装饰石膏板以建筑石膏为主要原料，是室内吊顶装修中应用最广泛的一类材料。石膏板具有良好的装饰效果和吸音性能，价格较其他装修材料低廉，重量轻、强度较高、厚度较薄、加工方便、绝热和防火等性能较好，是当前着重发展的新型轻质板材之一。

石膏板的主要品种有纸面石膏板、装饰石膏板、矿棉吸音板、石膏空心条板、纤维石膏板、石膏吸音板、定位点石膏板等。其中常用于顶棚的为纸面石膏板、装饰石膏板和防水石膏板。

（1）纸面石膏板。以石膏料浆为夹芯，两面用牛皮纸做护面而制成的一种轻质板材，按照使用功能纸面石膏板分为普通型、阻燃型和防潮型三种。纸面石膏板常见规格为长度1800～3300mm，宽度900～1200mm，厚度9～18mm。其中，长度可根据需要而定，纸面石膏板的各项技术性能指标要求，按国家标准《纸面石膏板》（GB/T 9775—2008）规定的执行（图2.7）。

图2.6　胶合板

图2.7　纸面石膏板

（2）装饰石膏板。以建筑石膏为主要原料，掺加少量纤维材料等制成装饰板材。主要分为平板（P）、多孔板（K）、花纹板（H）、浮雕板（D）、嵌装（Q）等，规格为边长300mm、400mm、500mm、900mm的正方形。装饰石膏板的主要特点是花色品种多样、颜色艳丽、造型美观（图2.8）。

（3）防水石膏板。这种石板在根据美国ASTM标准做防水试验时，其吸水率为5%，能够用于温湿度较大的区域，如卫生间、沐浴室和厨房等。该板在石膏芯材里加入了定量的防水剂，使石膏本身具有一定的防水性能。此外，石膏板纸亦做了防水处理，是一种比较好的具有广泛用途的板材。但此板不可直接暴露在潮湿的环境里，也不可直接进水长时间浸泡（图2.9）。

图2.8　装饰石膏板

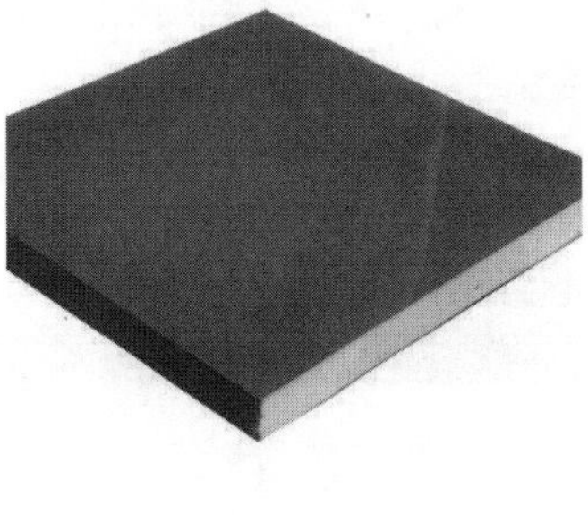

图2.9　防水石膏板

3. 矿棉吸音板

矿棉装饰吸音板以矿棉为主要原料，矿棉是矿渣经高温熔化由高速离心机甩出的絮状物，无害、无污染，是一种变废为宝的绿色建材。矿棉板是一种多孔材料，由纤维组成无数个微孔。声波撞击材

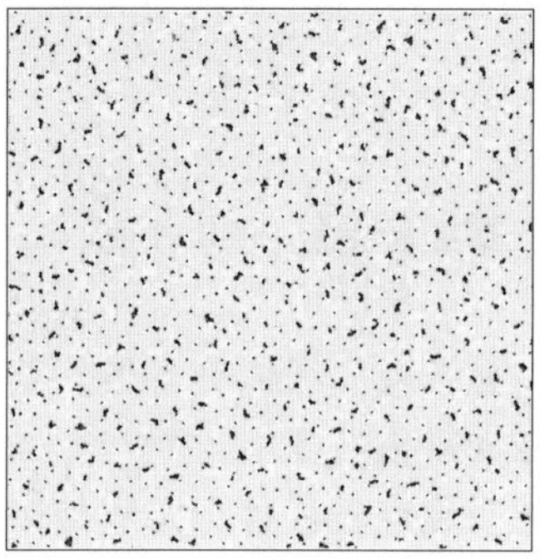

图 2.10　矿棉吸音板

料表面，部分被反射回去，部分被板材吸收，还有一部分穿过板材进入后空腔，大大降低反射声，有效控制和调整室内回响时间，降低噪声。

矿棉吸音板表面处理形式丰富，板材有较强的装饰效果。有多种表面处理方式，如滚花、冲孔、覆膜、撒砂等。还可以经过压模成形制成浮雕型矿棉板，这种矿棉板表面图案精美，有中心花、十字花、核桃纹等造型，是一种很好的装饰用吊顶型材（图 2.10）。

4. 铝合金装饰板

铝合金装饰板又称铝合金压型板或天花扣板，是以铝、铝合金为原料，经辊压冷压加工成各种断面的金属板材，重量轻、强度高、刚度好、耐腐蚀、经久耐用。板表面经阳极氧化或喷漆、喷塑处理后，可形成装饰要求的多种色彩。

（1）穿孔吸声板。

铝合金穿孔吸声板是为满足室内吸声的功能要求，在铝合金板材上用机械加工的方法冲出孔径大小、形状、间距不同的孔洞而制成的功能、装饰性合一的板材。铝合金穿孔吸声板除吸声、降噪的声学功能外，还具有质量轻、强度高、防火、防潮、耐腐蚀、化学稳定性好等特点。使用在建筑中造型美观、色泽幽雅、立体感强，同时组装简便、维修容易。目前已被广泛应用于宾馆、饭店、观演建筑、播音室和中高级民用建筑及各类厂房、机房、人防地下室的吊顶作为降噪、改善音质的材料（图 2.11）。

（2）条形板和方形板。

1）铝合金条形板：以高等级预滚涂铝合金为材料，通过辊压成形加工而成，面板规格多种多样，安装系统变化多端。铝合金条形吊顶线条流畅、层次分明，通过线条在上部空间的延伸，可创造出具有导向感的空间效果，现代感十足。丰富的产品系列为设计师提供广阔的想象空间和多姿多彩的表现手法，广泛应用于公共空间、办公室、民用住宅等领域。

2）铝合金方形板：板面平整、棱线分明、拼缝细密，吊顶系统体现出整齐、大方、富贵高雅、视野开阔的外观效果。铝合金方形板具有阻燃、防腐、防潮的优点，而且装拆方便，每件板均可独立拆装，方便施工和维护。如需调换和清洁面板时，可用磁性吸盘或专用拆板器快速取板，也可在穿孔板背面覆加一层吸音棉纸或黑色阻燃布，能够达到一定的吸音标准。常见规格有：300mm×300mm、300mm×600mm、600mm×600mm、600mm×1200mm 等。厚度为 0.5～1.2mm。铝合金方形板具有良好的耐腐蚀性，能抵御各种油烟、潮湿环境，抗紫外线；环保、无毒无味、抗静电、硬度高、防火、不粘污渍、不吸尘、易清洗；成本低廉，使用寿命长，不易老化下沉、变色变形（图 2.12）。

图 2.11　穿孔吸声板

图 2.12　铝合金装饰板

2.3　直接式顶棚构造

直接式顶棚的饰面特点是直接简单、层次少、厚度小、节省室内空间、施工速度快、造价低、装饰效果普通，没有足够的空间隐藏管线设备（管线设备裸露在外）。如一些普通住宅、学校教室、普通办公室、百货商店、大超市等。其构造做法分直接式抹灰顶棚、直接式搁栅顶棚。

2.3.1 直接式抹灰顶棚

在楼板下和屋面的内表进行直接抹灰的做法：先在楼板或屋面内表面刷一遍墙锢，然后用石膏调制的腻子或成品腻子将底部刮平，表面可以喷涂各种内墙涂料、裱糊各类壁纸、壁布等。

在装饰要求高的房间，需在表面增设一层钢板网后再做抹灰。直接式抹灰顶棚中间层、面层的构造做法与内墙面抹灰构造做法相同（图 2.13）。

2.3.2 直接式格栅顶棚

直接式格栅顶棚是指在楼板底直接固定格栅，这种顶棚与悬吊式顶棚的主要区别是不使用吊筋，然后再安装装饰板材。其基本构造做法类似于罩面板类装饰墙面。将木龙骨（起找平作用）用胀管螺栓或射钉固定在结构层上，龙骨间距与面板规格相协调，搁栅采用断面为 30mm×（40～50）mm 左右的方木，间距 500～600mm 双向布置。然后固定面板（如胶合板、石膏板等）于木龙骨上，最后进行面板修饰，如图 2.14 所示。

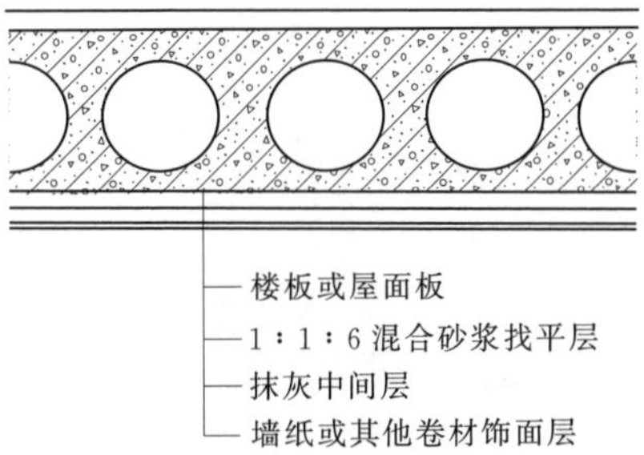

图 2.13 在抹灰顶棚基础上裱糊

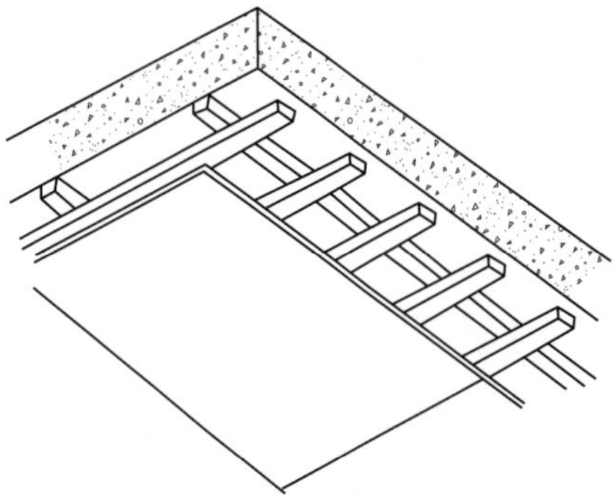

图 2.14 直接式格栅轴测图

直接式顶棚的装饰线脚是安装在顶棚与墙顶交界部位的线材，简称棚线或装饰线。其作用是满足室内的艺术装饰效果和接缝处理的构造要求。直接式顶棚的装饰线可采用粘贴法或直接钉固法与顶棚固定。

2.4 悬吊式顶棚构造

悬吊式顶棚，按材料不同可分为木龙骨架胶合板吊顶、轻钢龙骨纸面石膏板吊顶、铝合金龙骨矿棉吸音板吊顶、铝合金装饰板吊顶等。

2.4.1 木龙骨架胶合板吊顶

木龙骨架胶合板吊顶，是使用较早的一种顶棚装饰装修形式，一般由吊杆、主龙骨、次龙骨及胶合板四部分组成（图 2.15）。

1. 吊点的设置与固定

（1）设置吊点：对于普通平面顶棚的木龙骨吊点，一般是按 1 个/m^2 吊点进行布置，在顶棚上均匀排布。对于有叠级造型的吊顶木龙骨架，应在其高低错落的交界处布置吊点，吊点间距 0.8～0.9m。较大的灯具及其他较重的吊挂设施，必须单独设置吊点进行悬吊。如有上人检修等要求时，其孔洞处要按设计加密增设吊点。

（2）固定吊点：吊点与结构的固定方法采用膨胀螺栓、射钉等紧固件固定，膨胀螺栓或射钉固定数量不少于两个。吊杆通过勾挂、焊接等方式实现吊点处的连接（图 2.16）。

2. 吊杆的选择

木吊杆一般选用截面为 50mm×50mm 或 40mm×40mm；金属吊杆有圆钢、角钢、镀锌铁丝等，对于圆钢吊杆，轻型吊顶选用 $\phi6$，中型、重型吊顶选用 $\phi8$。如果设计有特殊要求，或荷载较大，则

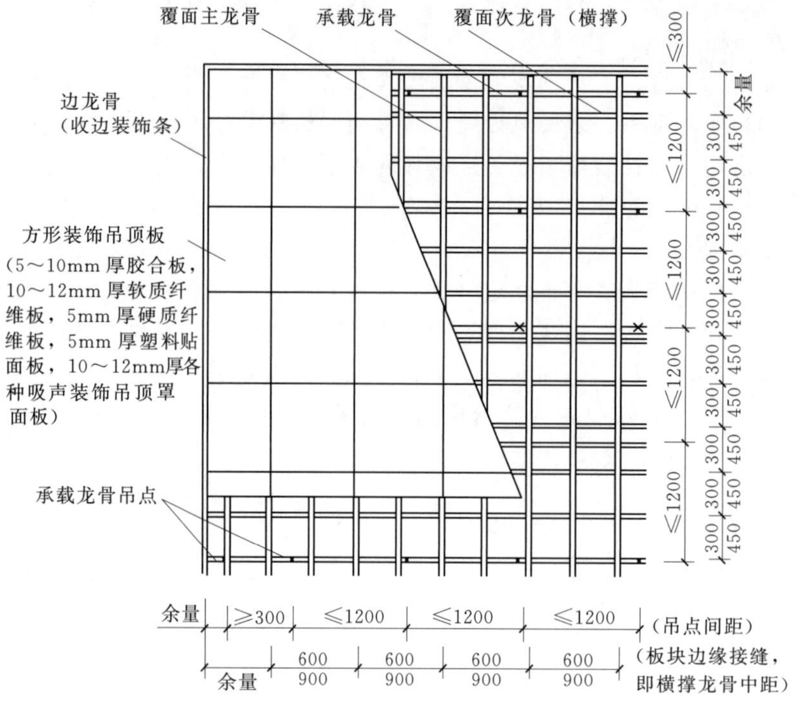

图 2.15　木龙骨架胶合板吊顶组成

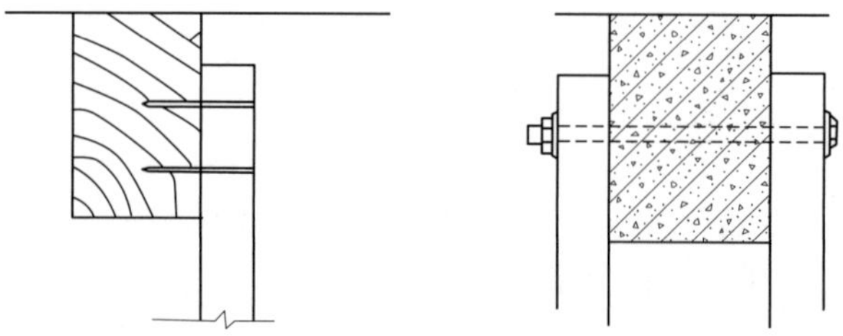

图 2.16　木龙骨吊点的固定方式

需经结构设计与验算确定（图 2.17）。

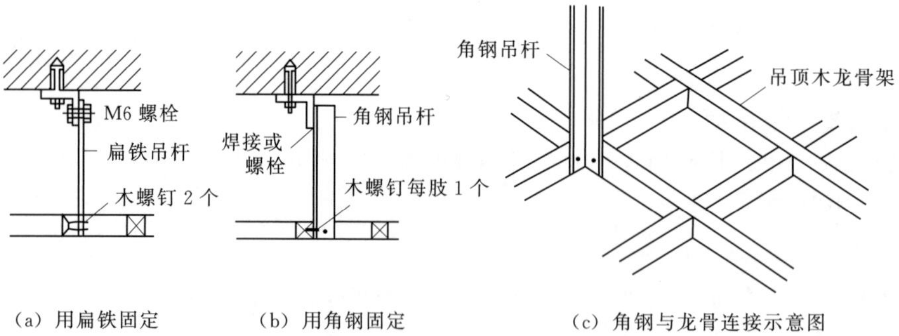

(a) 用扁铁固定　　(b) 用角钢固定　　(c) 角钢与龙骨连接示意图

图 2.17　吊杆与龙骨的连接方式

3. 木龙骨的选择

吊顶木龙骨分主龙骨和次龙骨。主次龙骨截面形式一般分方形或矩形。龙骨规格按设计要求，设计无明确规定时，一般按主龙骨 50mm×70mm 或 50mm×100mm，次龙骨 50mm×50mm 或 40mm×(40～60) mm。其中，主龙骨间距一般为 600～1000mm，次龙骨间距按次龙骨截面尺寸和面板规格而定，一般为 400～600mm，龙骨的连接方式为槽口拼接（图 2.18）。

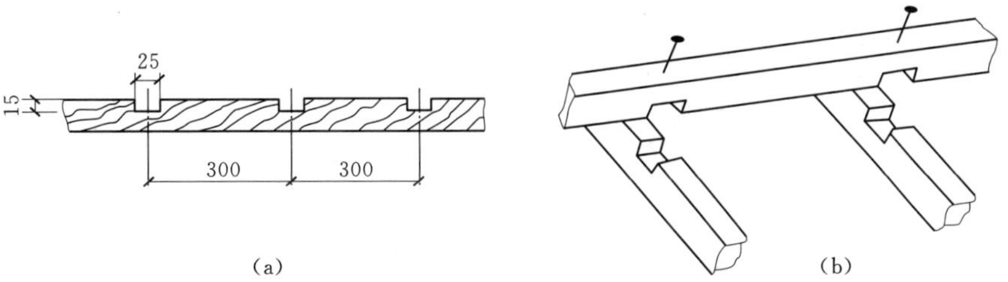

图 2.18　木龙骨利用槽口拼接

4. 面层处理

为了确保木质悬吊式顶棚面层的平整度，它的基层一般都选用 4mm 加厚三层木胶合板或五层木胶合板，主要是考虑减少顶棚吊顶的局部变形量。

(1) 木胶合板的布置与钉接。布置方法有两种：一种是整板居中，分割板布置在两侧；另一种是整板铺大面，分割板归边。使用电动或气动打钉枪，采用长度为 15～20mm 的钉枪钉。

(2) 饰面处理方式。主要有涂料涂饰、裱糊等。

5. 木龙骨吊顶的构造方式

(1) 单层骨架构造。设有边龙骨，与主、次龙骨在同一平面构成吊顶骨架覆面层。边龙骨可通过设在墙内的预埋件加以固定，无预埋件时可采用木楔圆钉法，即按间距 500～800mm 沿标高线打孔塞入木楔，将边龙骨钉固于木楔上（图 2.19）。

(2) 双层骨架构造。与吊杆相连的承载主龙骨在上，由次龙骨拼装的覆面格栅在下，边部不设靠墙龙骨，待罩面板材铺钉后，可安装天花阴角装饰线条作为吊顶面的收边处理（图 2.20）。

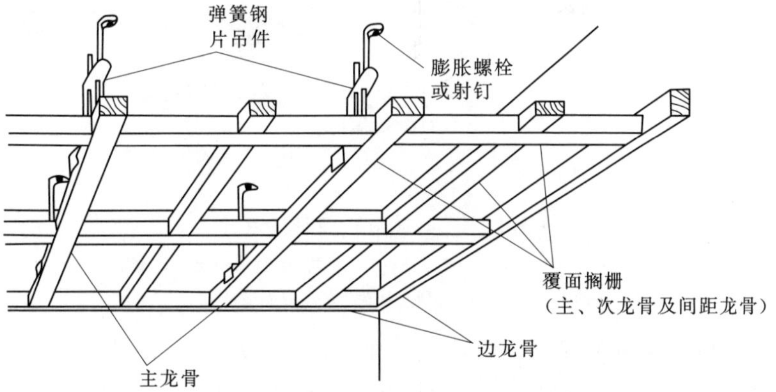

图 2.19　木龙骨单层骨架构造

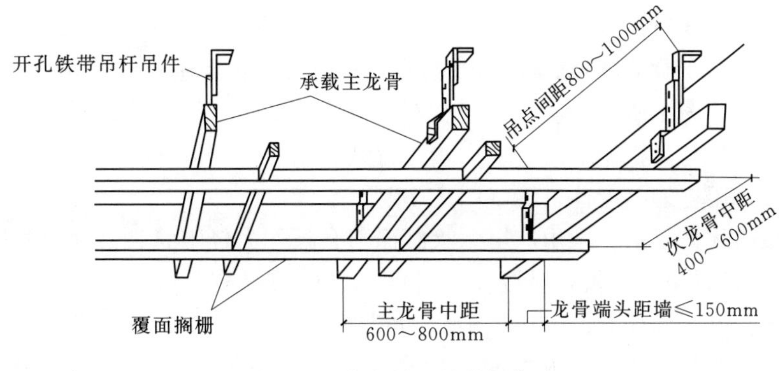

图 2.20　木龙骨双层骨架构造

2.4.2　轻钢龙骨纸面石膏板吊顶

轻钢龙骨纸面石膏板吊顶是以轻钢龙骨主件与配件组成骨架，通常以金属杆件为吊杆，以石膏板等板材为面板所组成的吊顶顶棚。

1. UCL 轻钢龙骨纸面石膏板吊顶

(1) 吊点的固定。吊点（吊筋与顶板的连接）的构造方法。一般采用膨胀螺栓或射钉枪固定固定铁件，吊杆与铁件通过勾挂或焊接连接。

(2) 吊杆的设置。吊顶荷载的大小是决定吊杆截面尺寸的主要因素。不上人吊顶吊杆可选用 $\phi6$ 钢筋，上人吊顶通常选用与龙骨配套的标准配件。如不选用标准配件，可用 $\phi8$ 钢筋。如荷载较大，则需经过结构计算确定吊杆断面。

上人吊顶的吊杆间距为 1000～1200mm，无主龙骨不上人吊顶吊杆间距为 800～1000mm。主龙骨端部距离第一个吊点不超过 300mm，否则应增设吊点，以免主龙骨变形。

(3) 龙骨的组合。轻钢 U 形龙骨为承载龙骨，是吊顶骨架的主要受力构件；C 形龙骨为覆面龙骨，是吊顶龙骨骨架构造中固定罩面层（吊顶饰面板）的构件；L 形龙骨通常被用作吊顶边部固定饰面板的龙骨，故也可作为覆面龙骨（图 2.21）。

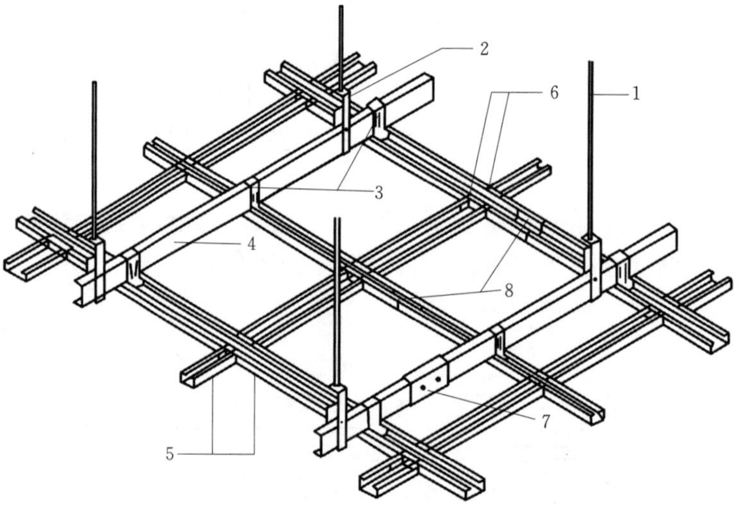

图 2.21 U 形轻钢龙骨吊顶

1—吊杆；2—吊件；3—挂件；4—承载龙骨；5—覆面龙骨；

6—挂插件；7—承载龙骨连接件；8—覆面龙骨连接件造

(4) 龙骨的布置。用主龙骨吊件将主龙骨固定在吊杆上，用次龙骨吊件将次龙骨挂在主龙骨上。固定纸面石膏板的次龙骨间距一般不应大于 600mm，在南方或潮湿的地区，间距以 300mm 为宜。在同一平面内次龙骨与垂直方向横撑之间，用平面连接件连接（图 2.22 和图 2.23）。

(5) 面板安装。吊顶饰面一般采用 9mm 厚的纸面石膏板。纸面石膏板的长边（包封边），应沿纵向次龙骨铺设，用自攻螺钉固定，自攻螺钉距包封边（长边）以 10～15mm 为宜，距切割边（短边）以 15～20mm 为宜。钉距以 150～170mm 为宜，螺钉应与板面垂直。

(6) 面板拼缝处理。为了防止纸面石膏板在对其进行进一步涂饰、裱糊时拼缝处开裂变形，面板拼缝处要进行处理。面板与面板拼缝处应采用端头打坡，刮涂腻子嵌缝，并贴穿孔纸带。如果不进一步处理直接饰面，可采用伸缩缝配件拼缝（图 2.24）。

(7) 双层罩面板的耐火吊顶。采用双层耐火纸面石膏板作为轻钢龙骨吊顶的封闭式罩面，其耐火极限可达 1h 以上。在设置第二层板材时应注意：第一层板采用 M3.5×25 自攻螺钉固定，并用嵌缝石膏腻子将缝隙嵌平。第二层板与第一层板的长边板缝至少错开 300mm，短边与第一层板的短边板缝相互错开的距离至少是相邻两根 C60 覆面龙骨的中距，并采用 M3.5×35 自攻螺钉（图 2.25）。

2. V 形轻钢龙骨纸面石膏板吊顶

V 形龙骨又叫 V 形卡式龙骨吊顶，V 形龙骨构造工艺简单，安装便捷。主龙骨与主龙骨、次龙骨与次龙骨、主龙骨与次龙骨均采用自接式连接方式，无需任何多余附接件。此外 V 形卡式龙骨吊

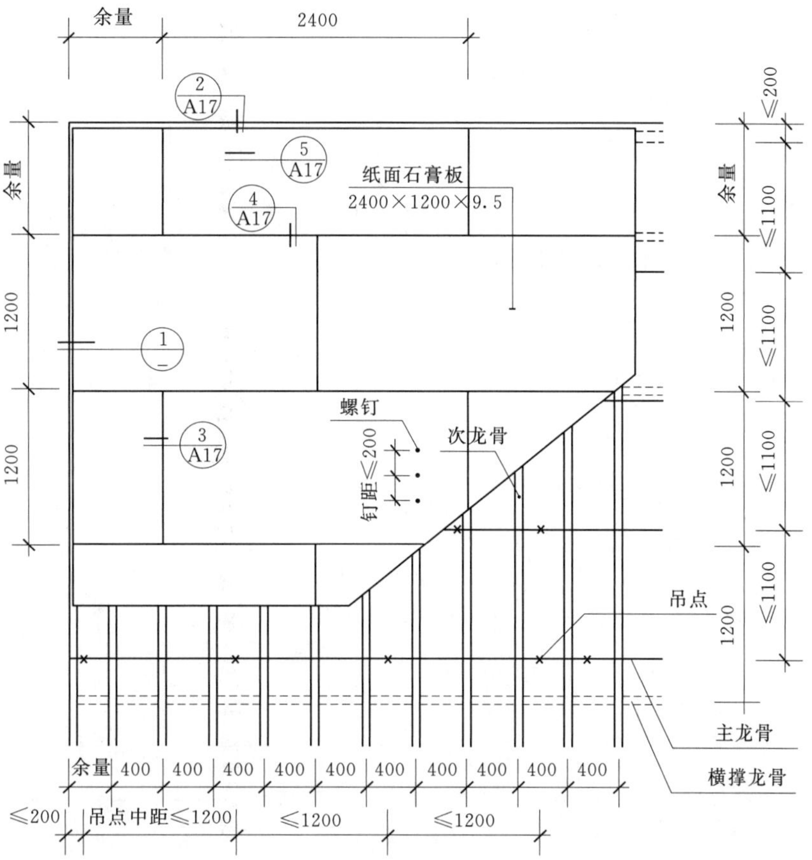

图 2.22　轻钢龙骨吊顶平面图

顶的最大优点是在装配龙骨架的同时就可进行校平并安装纸面石膏板。因而节省施工时间，提高了工作效率（图 2.26）。

2.4.3　铝合金龙骨矿棉吸音板吊顶

铝合金龙骨的基本断面形状为 T 形，由 T 形龙骨变形的产品有 H 形、Y 形、Z 形等，但并未脱离 T 型的基本形状和应用技术，这些略约变形的铝合金龙骨，有利于安装饰面板以及使吊顶面具有多变的线型或立体效果（图 2.27）。

固定吊杆：将膨胀螺栓预埋在楼板结构层内并与吊杆连接，吊杆常为 $\phi 6$～8 的钢筋或镀锌铁丝，间距为 900～1200mm。

安装龙骨：次龙骨安装在主龙骨之间并连接牢固。次龙骨应定位准确，与主龙骨十字交叉，紧贴主龙骨。安装时按设计要求留出灯孔、排风口、冷暖风口的位置，其四周应增加横支撑与吊杆（图 2.28 和图 2.29）。

安装矿棉板：矿棉板根据其边口构造形式，有直接平放法（明架龙骨）、企白嵌装法（暗架龙骨或半暗架龙骨）、粘贴法三种形式（图 2.30～图 2.32）。

（1）直接平放法（明架龙骨）。直接将矿棉板搁置在 T 形龙骨架上，操作简单，拆换方便。在吊顶正面形成整齐的龙骨框架和几何形块状分割。矿棉板搁置安放时，需留有板材安装缝，每边缝隙不宜大于 1mm，缝与缝之间必须十分平直，板缝接头必须一致。安装完成后，吊顶面应十分平整。整个吊顶表面的平整度偏差一股不大于 2mm。

（2）企口嵌装法（暗架龙骨）。将矿棉板四边的企口，对准龙骨架的边缘，逐一插入龙骨架中，板与板之间用龙骨插片连接，在吊顶正面形成整体而统一的花纹图案。

（3）粘贴法。粘贴法是在矿棉板背面涂胶黏剂，再平贴于石膏板上，同时用直钉或门型钉在板面或边口加以固定。

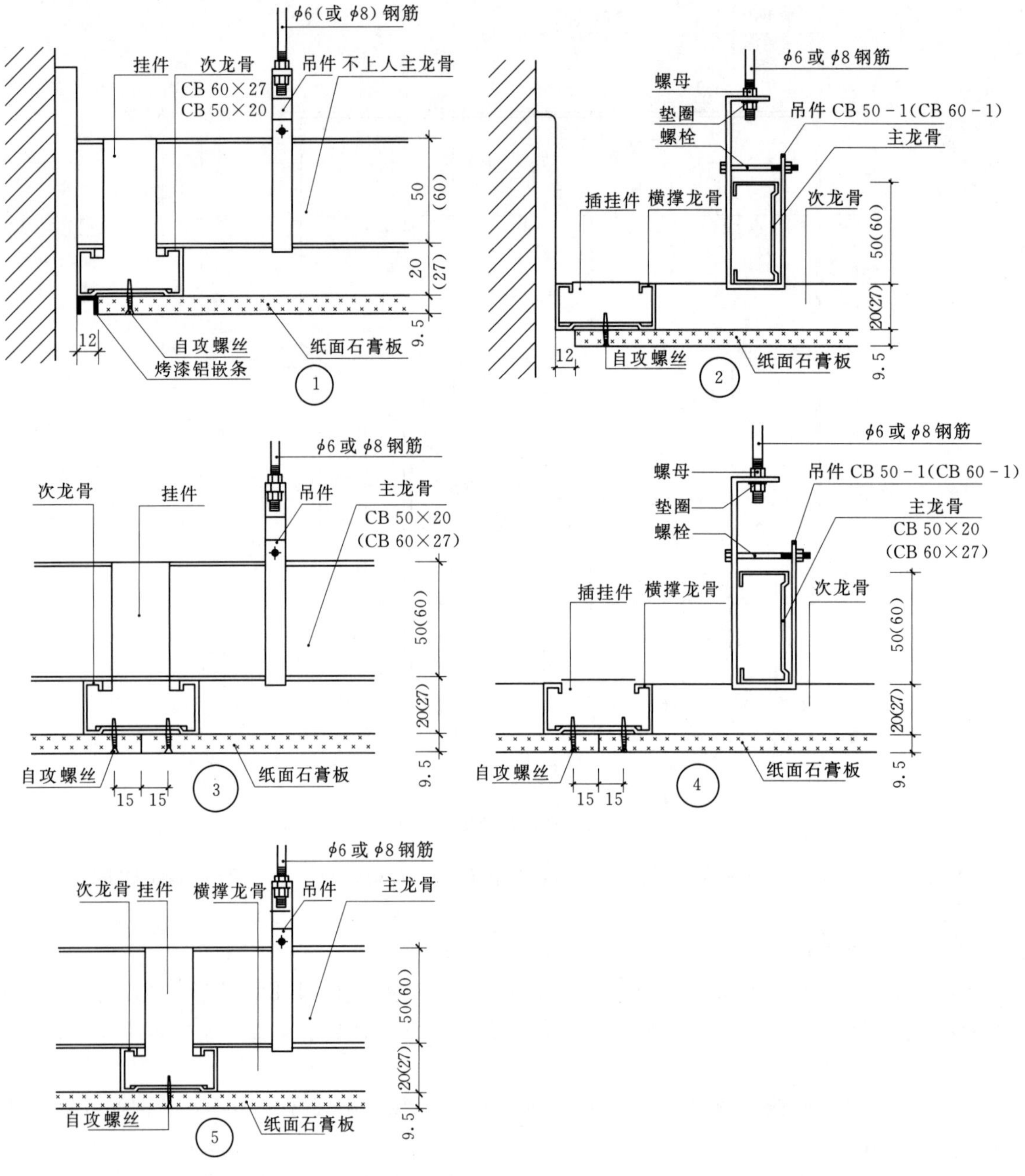

图 2.23　轻钢龙骨吊顶细部图

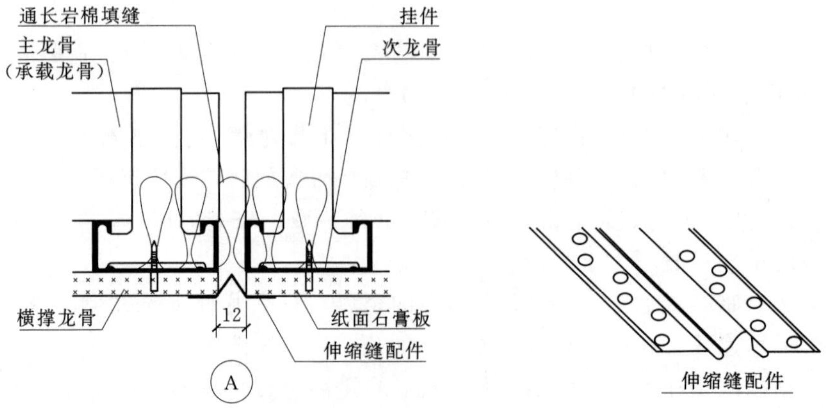

图 2.24　伸缩缝配件

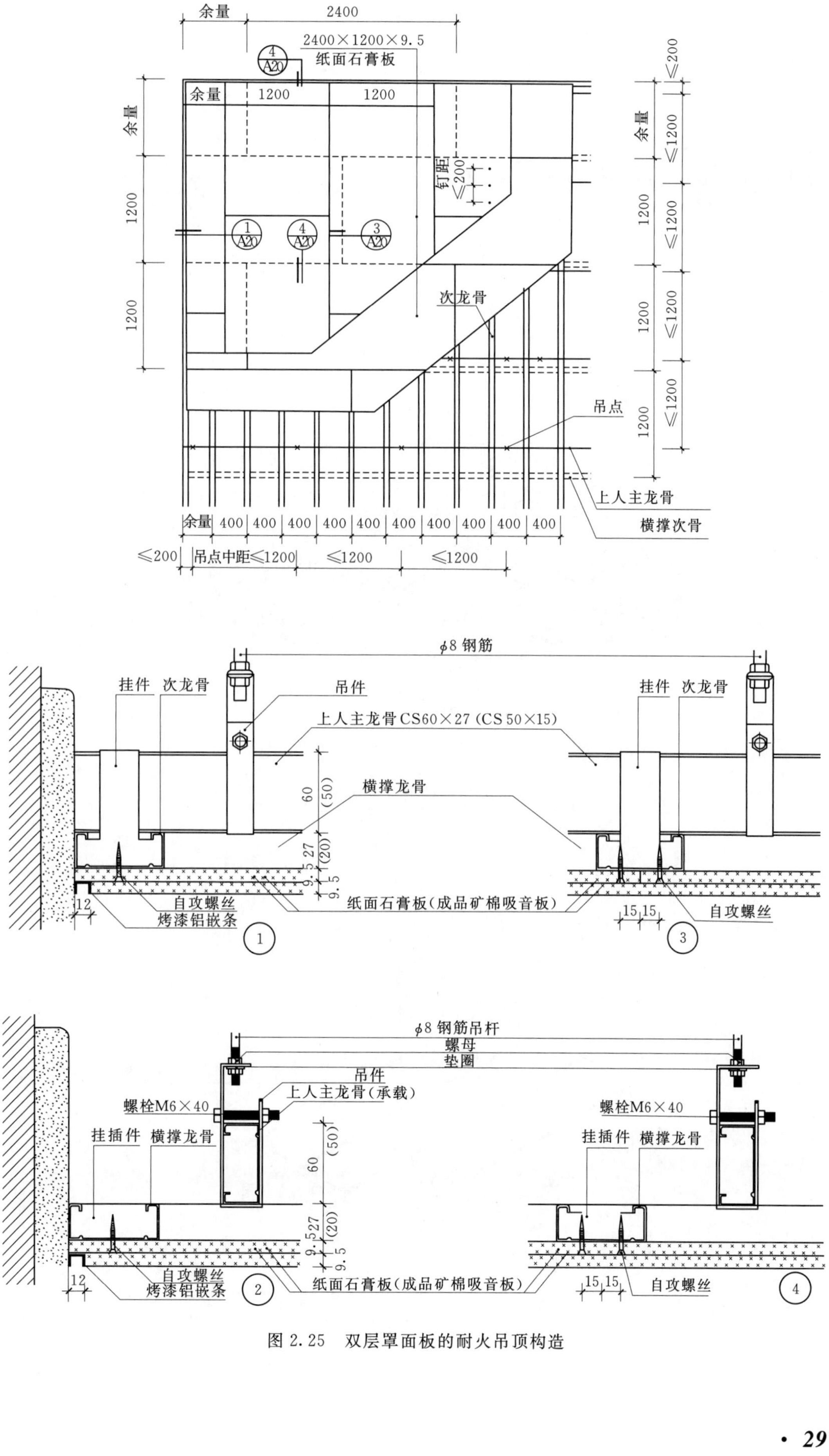

图 2.25　双层罩面板的耐火吊顶构造

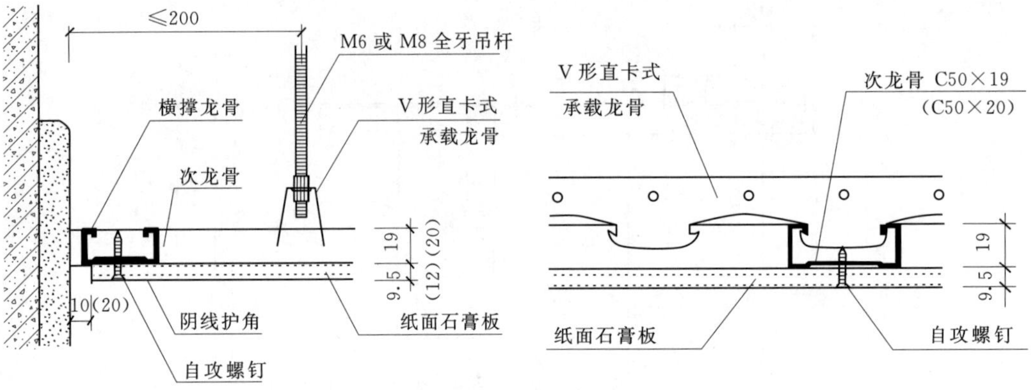

图 2.26　V 形轻钢龙骨纸面石膏板吊顶

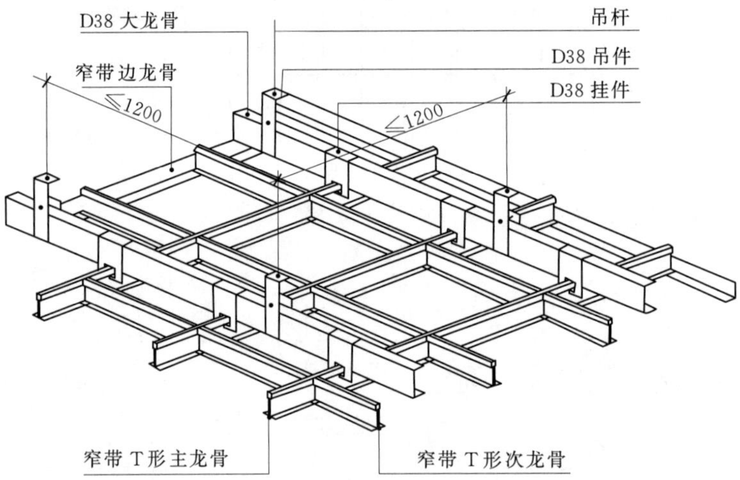

图 2.27　TL 型铝合金龙骨吊顶

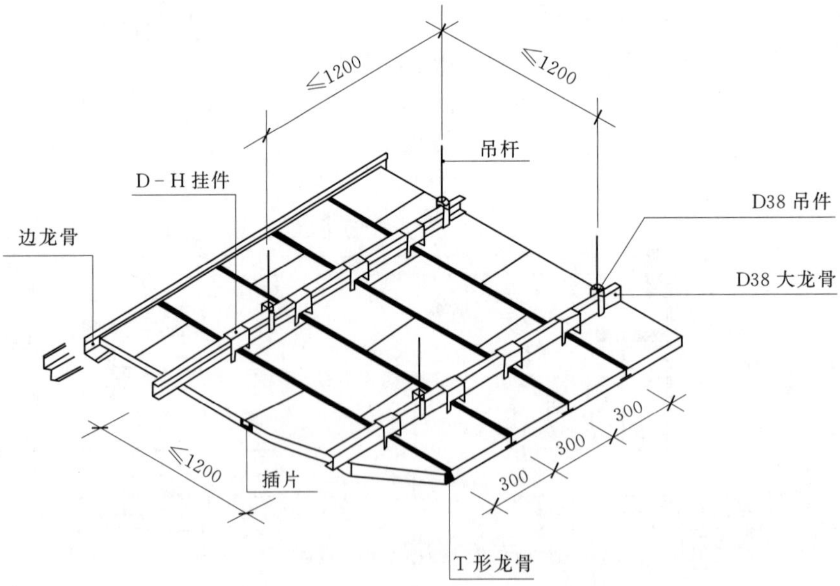

图 2.28　暗架矿棉板 T 形龙骨吊顶透视图

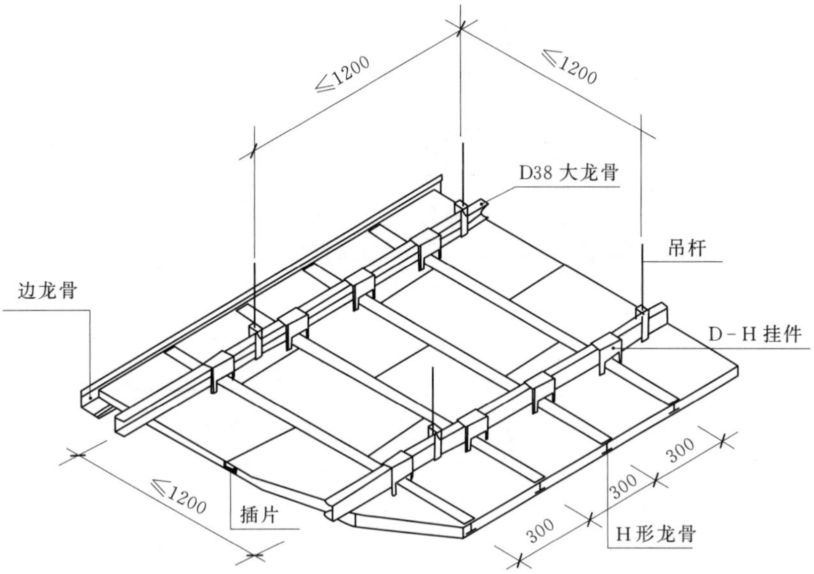

图 2.29　暗架矿棉板 H 形龙骨吊顶透视图

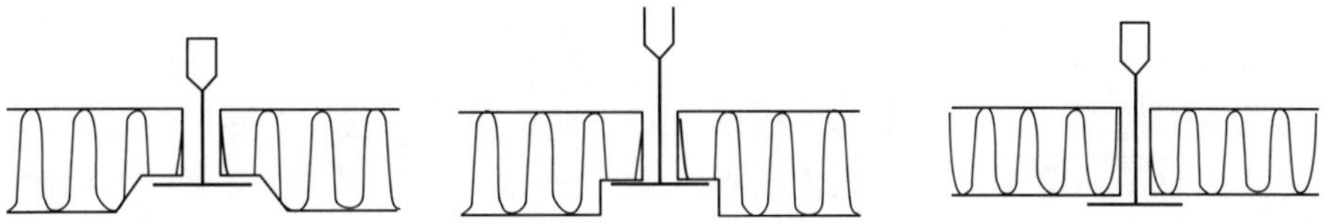

图 2.30　明式粘贴

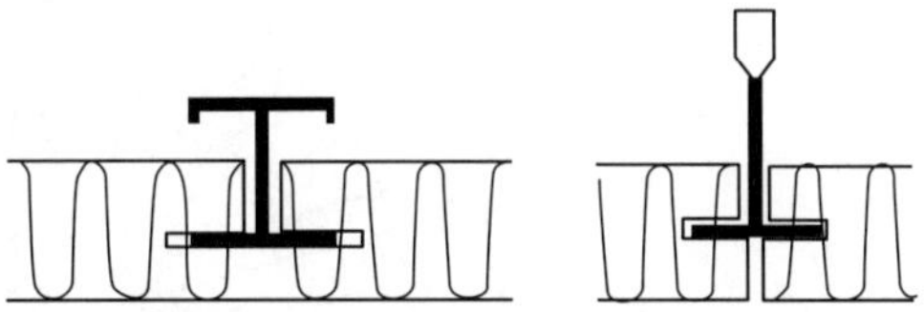

图 2.31　暗式粘贴

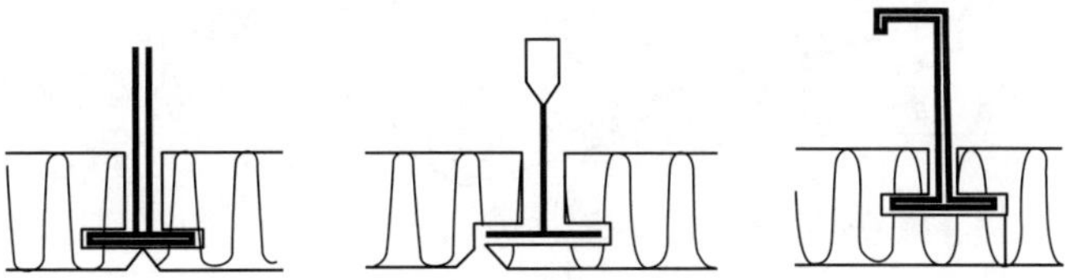

图 2.32　跌级式粘贴

2.4.4　轻钢龙骨铝合金装饰板吊顶

铝合金装饰板吊顶结构紧密牢固，构造技术简单，组装灵活方便，整体平面效果好。铝合金装饰板的规格、型号、尺寸多样，但龙骨的形式和安装方法都大同小异。常见铝合金装饰板及构造做法有以下几种形式。

1. 铝合金条形装饰板吊顶

铝合金条形装饰板又叫铝合金条形扣板，根据条形板的尺寸、类型的多样化和龙骨的布置方法的不同，可以产生各式各样的、变化万千的效果。条形板吊顶按其板缝处理形式不同，分为开缝条形板顶棚和闭缝条形板顶棚。目前开缝顶棚愈来愈少，而闭缝（密缝）顶棚占据了主导地位（图 2.33）。

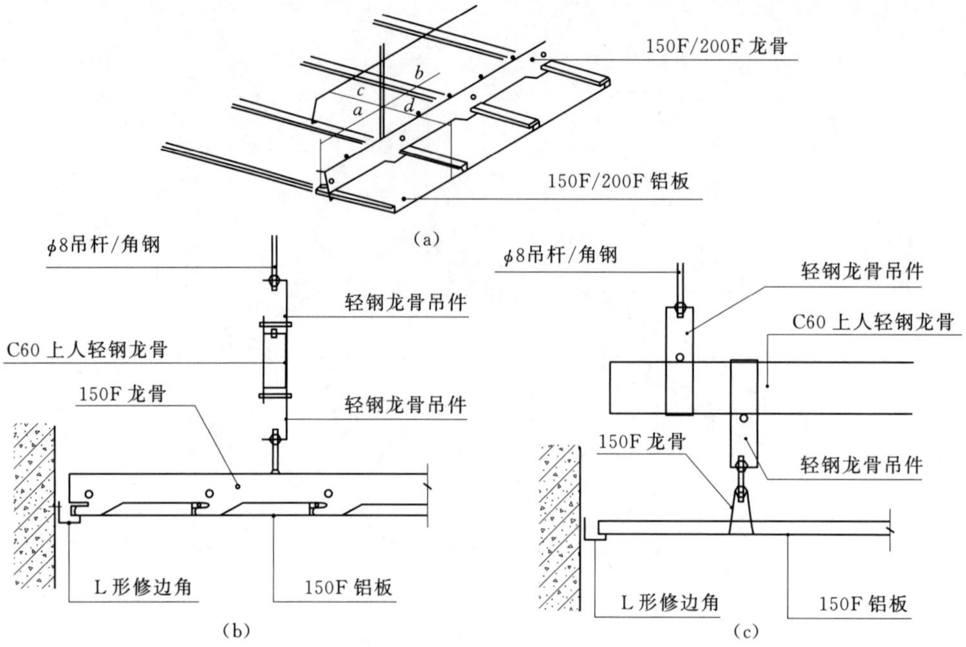

图 2.33 金属条板吊顶

2. 铝合金方形装饰板吊顶

铝合金方形装饰板吊顶，可以是全部顶棚采用同一种造型、花色的方形板装饰而成，也可以是全部顶棚采用两种或多种不同造型、不同花色的板面组合而成。它们可以各自形成不同的艺术效果。同时与顶棚表面的灯具、风口、排风扇等有机组合，协调一致，使整个顶棚在组合结构、使用功能、表面颜色、安装效果等方面均达到完美和谐统一（图 2.34）。

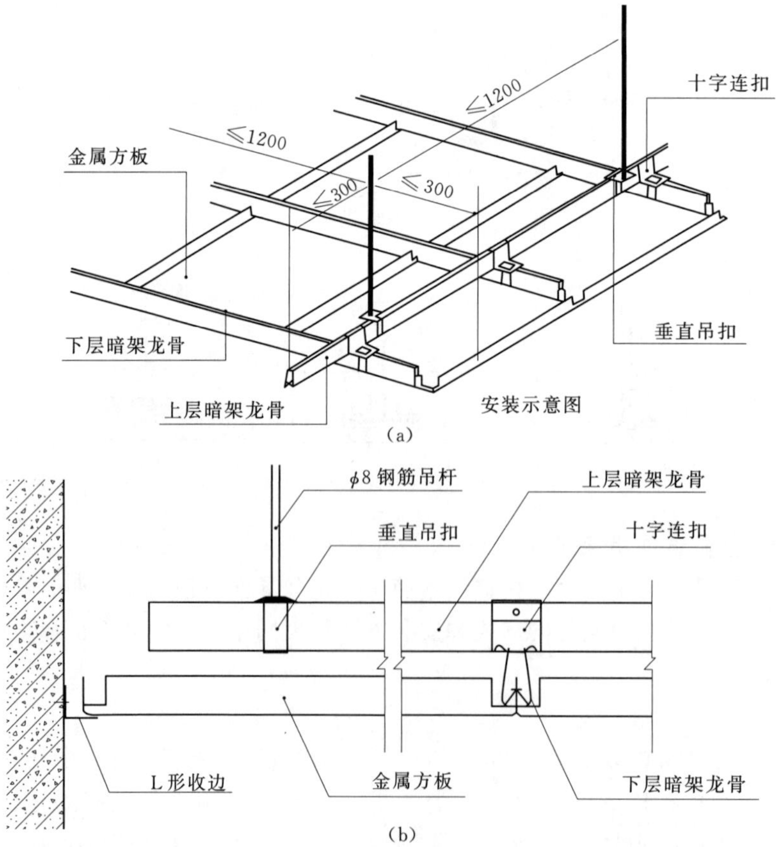

图 2.34 金属方板吊顶

2.5 顶棚特殊部位的装饰构造

顶棚特殊部位的装饰构造处理，也称细部处理或收口处理，处理的好与坏直接影响到顶棚的整体质量和装饰效果。因此，顶棚特殊部位的装饰构造不但具有使用功能，还兼有室内的装饰作用。在室内处于醒目位置，其质量的优劣受人关注。为此，细部装饰应严格选材，精心制作，仔细安装，力求工程质量达到规定标准。

2.5.1 收口处理

顶棚边缘与墙体固定因吊顶形式不同而异，通常采用在墙内预埋铁件或螺栓、预埋木砖、射钉连接、龙骨端部伸入墙体等构造方法。端部造型处理有凹角、直角、斜角等形式（图 2.35～图 2.37）。

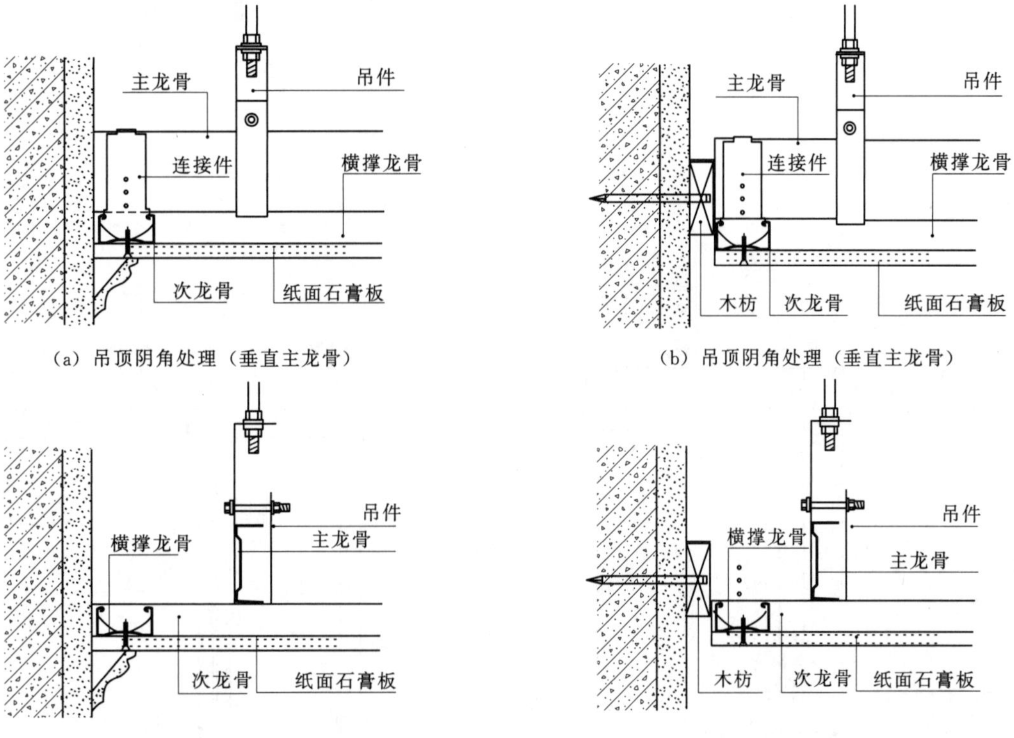

（a）吊顶阴角处理（垂直主龙骨）　（b）吊顶阴角处理（垂直主龙骨）

（c）吊顶阴角处理（平行主龙骨）　（d）吊顶阴角处理（平行主龙骨）

图 2.35　轻钢龙骨收口构造

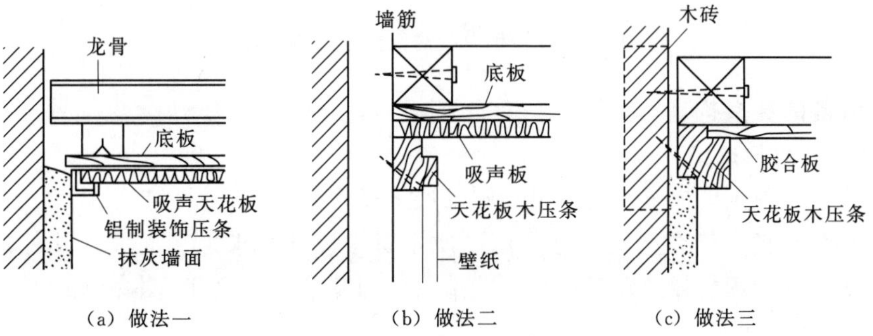

（a）做法一　（b）做法二　（c）做法三

图 2.36　木龙骨收口构造

2.5.2 高低交接构造处理

迭级顶棚的高低交接构造处理主要是高低交接处的构造处理和顶棚的整体刚度处理。其作用是限定空间、丰富造型，设置音响、照明等设备，构造做法为附加龙骨、龙骨搭接、龙骨悬挑等（图 2.38）。

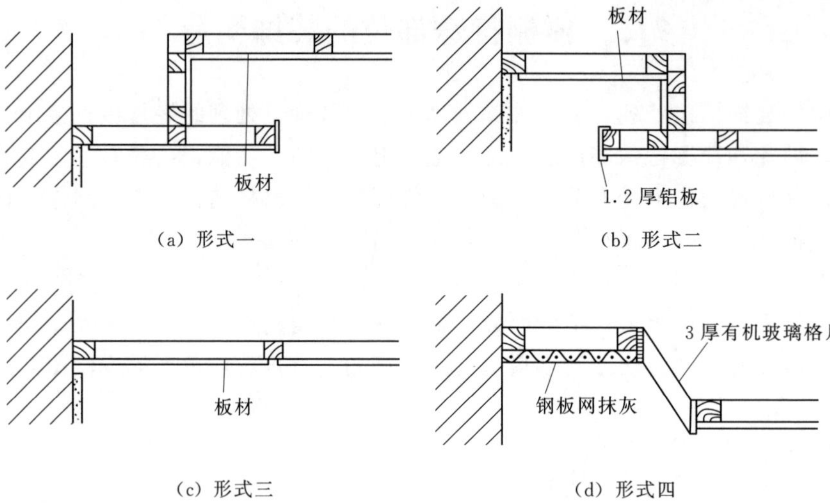

图 2.37　木龙骨墙体交接构造

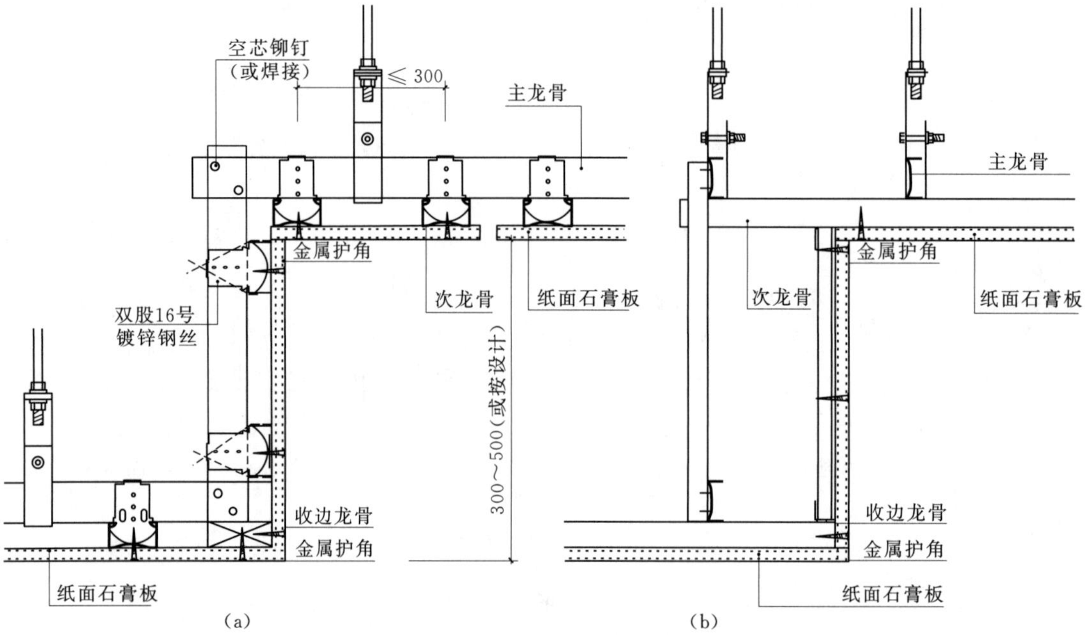

图 2.38　轻钢龙骨高低交接构造处理

2.5.3　顶棚与设备的连接构造

1. 顶棚与通风口的构造

为了满足室内空气卫生的要求，需在吊顶罩面层上设置通风口、回风口。风口由各种材质的单独定型产品构成，如塑料板、铝合金板，也可用硬质木材按设计要求加工而成。其外形有方形、长方形、圆形、矩形等，多为固定或活动格栅状，构造方法与暗装式吸顶灯基本相同（图 2.39）。

2. 顶棚与检修口的构造

为了便于对吊顶内部各种设备、设施的检修、维护，需在顶棚表面设置检修口。一般将检修口设置在顶棚不明显部位，尺寸不宜过大，能上人即可。洞口内壁应用龙骨支撑，增加其面板的强度（图 2.40）。

3. 顶棚与消防设备的构造

消防给水管道在吊顶上的安装，应按照安装位置用膨胀螺栓固定支架，放置消防给水管道，然后

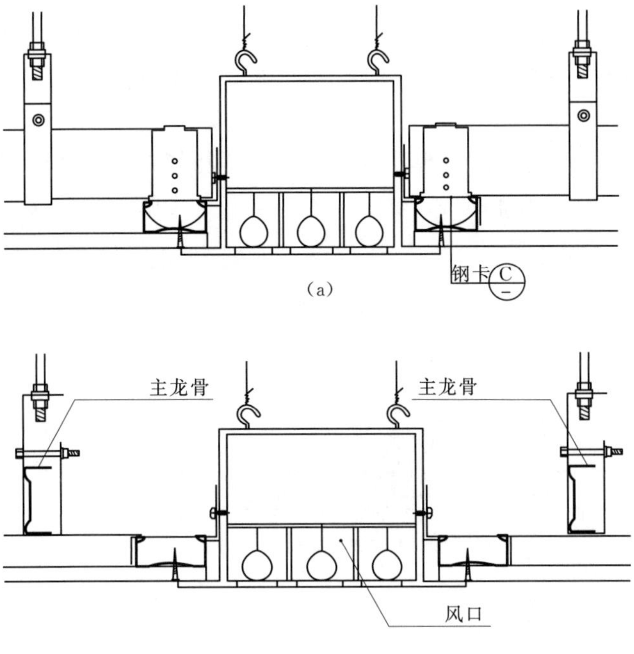

图 2.39　吊顶风口安装

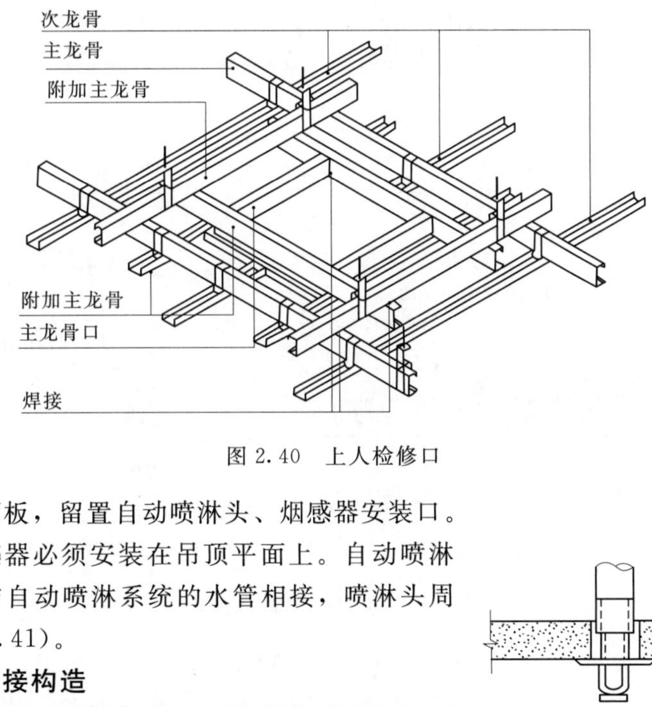

图 2.40　上人检修口

安装顶棚龙骨和顶棚面板，留置自动喷淋头、烟感器安装口。

自动喷淋头和烟感器必须安装在吊顶平面上。自动喷淋头必须通过吊顶平面与自动喷淋系统的水管相接，喷淋头周围不能有遮挡物（图 2.41）。

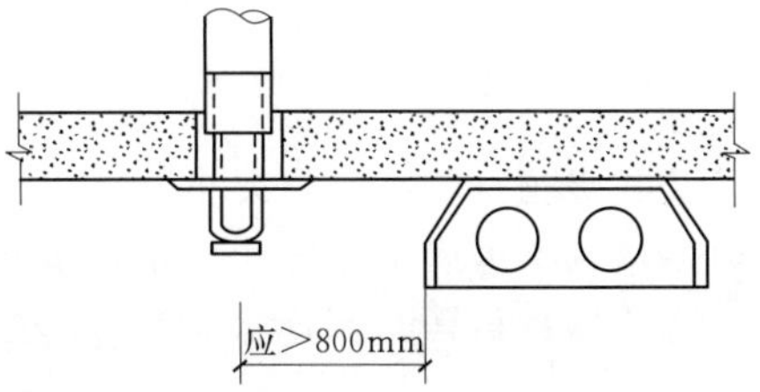

图 2.41　自动喷淋头构造

2.5.4　灯与顶棚的连接构造

顶棚装饰装修需处理好罩面板与灯具的构造关系。灯具安装应遵循美观、安全、耐用的原则，顶棚与灯具的构造方法有吊灯、吸顶灯、反射灯槽等构造做法（图 2.42）。

1. 吊灯安装

吊灯分大型和小型吊灯，小型吊灯可直接安装于龙骨和罩面层上，大型吊灯因体积、质量大，需悬吊在结构层上，如楼板、梁应单独在吊顶内部设置吊杆。

2. 吸顶类安装

装饰装修中最常见的一种构造形式，它的样式、造型、规格、尺寸多种多样。按安装方式分为明装和暗装两种。

（1）明装式吸顶灯：又叫浮凸式，是将灯座、灯罩、灯泡（灯管）全部外露在顶棚表面，多见于直接式顶棚装修中，其优点是构造简单、维修方便、光效高、形式感强，缺点是有眩光、刺眼。

（2）暗装式吸顶灯：又叫嵌入式，常见于悬吊式顶棚吊顶装修中，是将灯具的全部或部分嵌入吊顶基层，灯具与吊顶面层相平或部分凸出于顶棚饰面层。优点是光线柔和、无眩光、形式多样、整体效果佳。

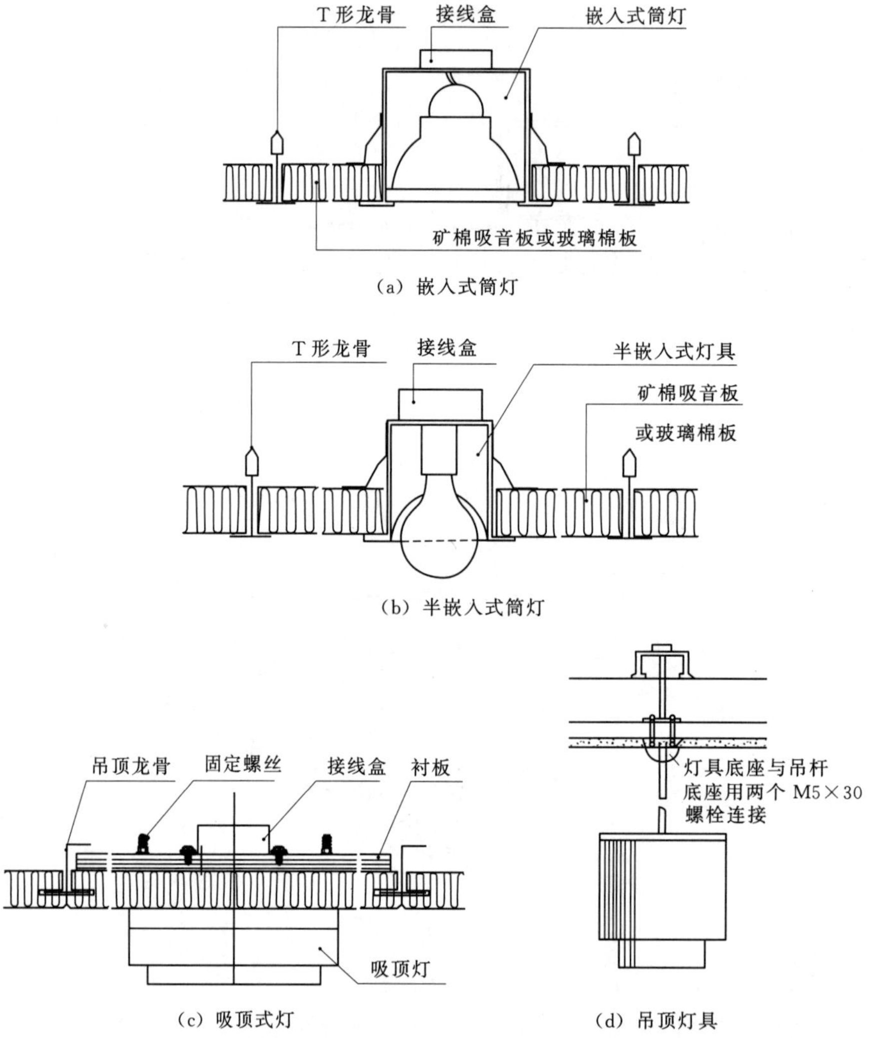

（a）嵌入式筒灯

（b）半嵌入式筒灯

（c）吸顶式灯　　（d）吊顶灯具

图 2.42　灯具与顶棚的连接

暗装吸顶灯根据灯具大小，采用不同构造方法。在顶棚装修时，应根据施工图中灯具的排列位置来协调吊顶主龙骨的位置，尽量避免在开灯洞时破坏主龙骨。小型吸顶灯可直接在基层板（饰面板）上开洞，用螺钉或吊筋与顶棚龙骨连接。大型吸顶灯龙骨承载力不够，需在楼底板上预埋膨胀螺栓，把吊筋与膨胀螺栓连接。洞口内边缘用横撑龙骨围合成边柜，增加基层板的强度，成为吸顶灯的连接点。安装时如遇主龙骨必须开断的情况，可在断头处增设吊杆。

3. 暗藏式反射灯槽构造

暗藏式反射灯槽是顶棚造型时形成的一种独特构造形式。一般在双层或多层吊顶的各层周边或顶棚与墙面相交处做暗藏灯槽，并将灯具放置在暗槽内，借助内壁做反光面，使灯光反射至顶棚或墙面，从而产生柔和的反射光线，营造个性化的环境气氛（图 2.43）。

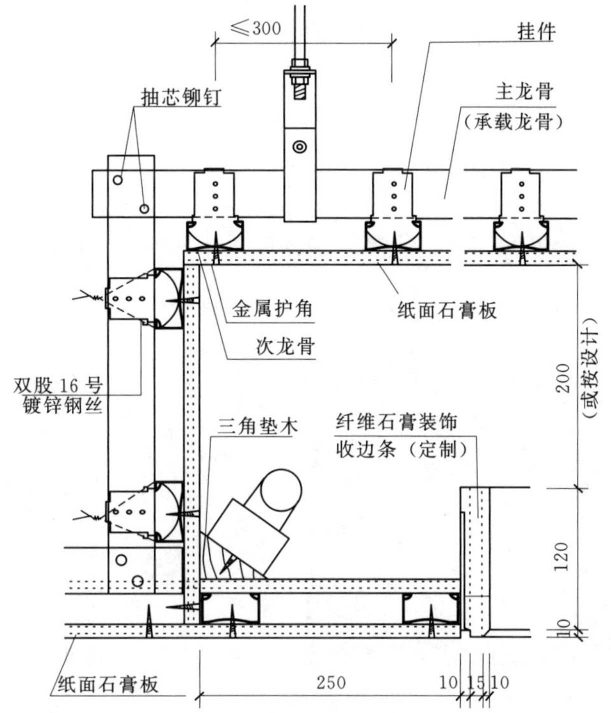

图 2.43　灯槽构造

2.5.5　天棚与窗帘盒的装饰线构造

窗帘盒是为了装饰窗户，遮挡窗帘轨而设置，窗帘盒的尺寸随窗帘轨及窗帘厚度、层数而定。窗帘盒的造型多种多样，其构造方法有明窗帘盒与暗窗帘盒之分。

（1）明窗帘盒：是将窗帘轨道直接固定在楼底板或墙体上，利用纸面石膏板、细木工板或胶合板来遮挡窗帘轨，使轨道隐藏其中。挡板高可根据室内空间大小及高差而定，一般为 200～300mm。挡板与墙面的宽度可根据窗轨及窗帘层数的多少来确定，一般单轨为 100～150mm，双轨为 200～300mm。挡板长以窗口的宽度为准，两端延伸至墙体两侧。另外，也可不用遮挡，将定型窗轨直接安装在顶棚或墙面上，利用自身的纹理、颜色达到装饰、美化的效果（图 2.44）。

（2）暗窗帘盒：是利用吊顶时自然形成的暗槽，槽口下端就是顶棚的表面。暗窗帘盒给人以统一协调的视觉感，其尺寸和明窗帘盒基本相同（图 2.45）。

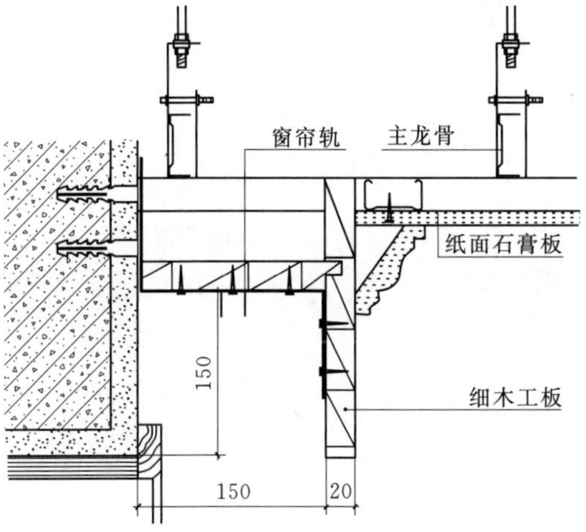

图 2.44　明窗帘盒

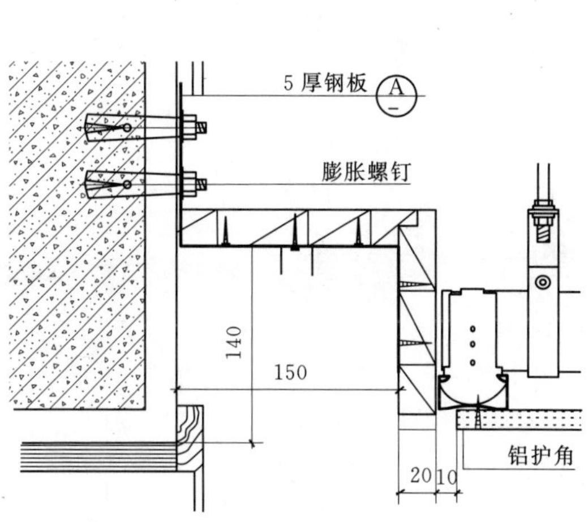

图 2.45　暗窗帘盒

2.6 特殊顶棚装饰构造

2.6.1 软膜顶棚构造

软膜天花吊顶，顾名思义是使用软膜天花作为材料的吊顶，软膜天花是一种质地柔软、具有弹性的一种薄膜。具有造型随意、多样化、安装快捷、颜色多样、不易沾尘、不易结露、可减轻因漏水而造成的损害等特殊性，可造拱形、菱形、波浪形等各种立体形状和扭曲造型（图 2.46）。

图 2.46 软膜吊顶

(1) 在需要安装软膜天花的水平高度位置四周固定一圈 4cm×4cm 支撑龙骨（可以是木方或方钢管）。当有些地方面积比较大时需要分块安装，以达到良好效果。这样就需要中间位置加一根木龙骨。

(2) 在支撑龙骨的底面固定安装软膜天花的铝合金龙骨。

(3) 软膜直接与铝合金龙骨插接。先把软膜打开，用专用的加热风炮充分加热均匀，然后用专用的插刀把软膜张紧插到铝合金龙骨上，最后把四周多出的软膜修剪完整（图 2.47）。

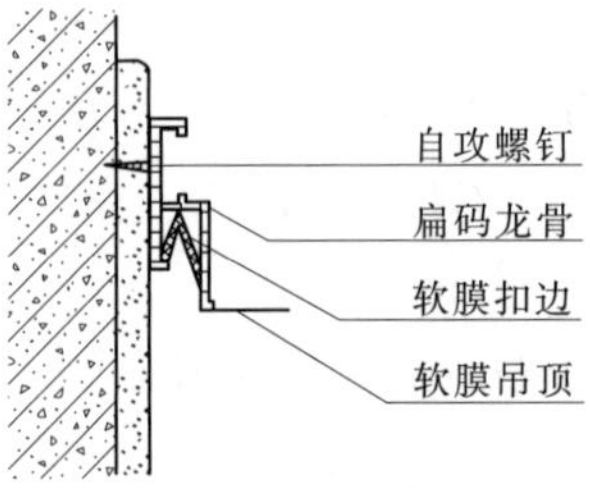

(a) 扁码安装

适合平面造型，沿墙体安装。可以横向弯曲，用于平面圆总形、弧形等造型，适用于燃烧性能等级为 B1 级的膜材。

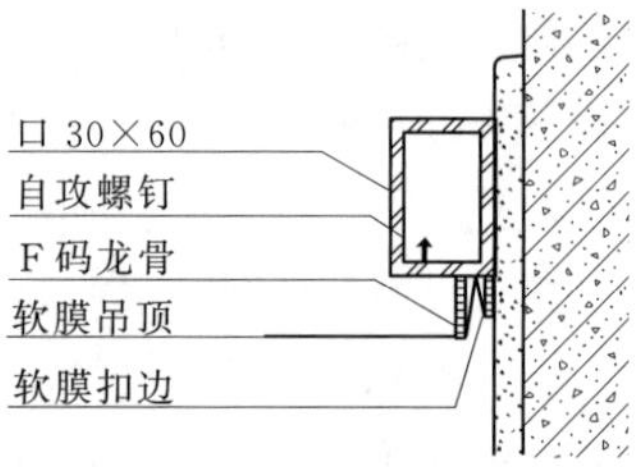

(b) F 码安装

适合立体造形，沿墙体安装。可以做纵向弯曲，用于纵向波浪形、弧形、穹形、喇叭形等造型，并且适用于各种平面、斜面造型，适用于燃烧性能等级为 B1 级的膜材。

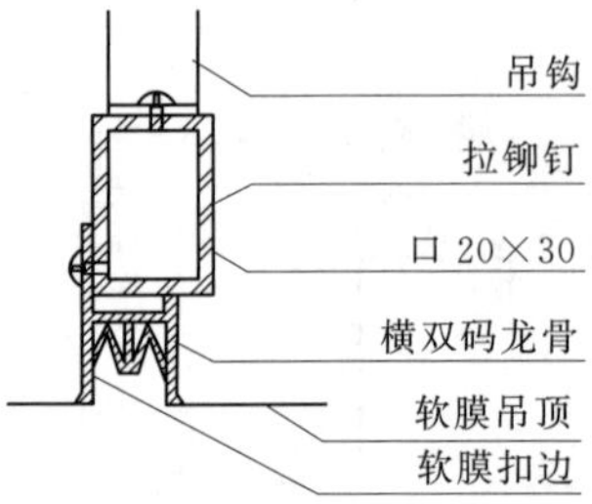

(c) 横双码安装

主要适用于平面弧形、波浪形的软膜与软膜连接安装，适用于燃烧性能等级为 B1 级的膜材。

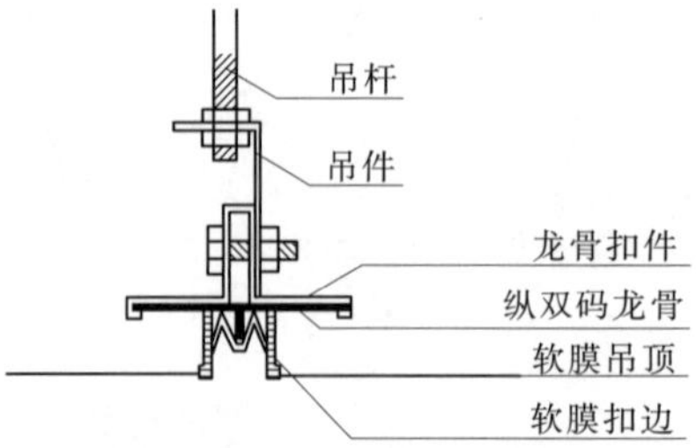

(d) 纵双码安装

适合纵向弧形、波浪形，软膜与软膜的连接安装。也适用于平面直线软膜与软膜的连接安装，适用于燃烧性能等级为 B1 级的膜材。

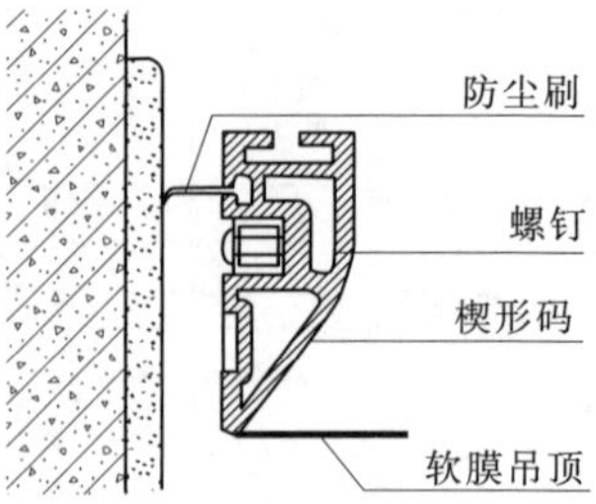

(e) 楔形码安装

适合平面及立体造型，适用于燃烧性能等级为 A 级的膜材。

图 2.47 软膜吊顶的连接方式

2.6.2 开敞式顶棚构造

开敞式顶棚构造的饰面是敞开的，它的艺术效果是通过特定形状的单元体与单元体巧妙地组合，产生单体构成的韵律感，从而收到既遮又透的独特效果。

开敞式顶棚的上部空间处理对于装饰效果影响很大，因为吊顶是敞口的，上部空间的设备、管道及结构往往是暴露的，影响视觉效果，目前比较常用的办法是用灯光的反射，使其上部发暗，空间内的设备、管道变得模糊，用明亮的地面来吸引人们的注意力。也可将顶板的混凝土及设备管道等全部涂黑，借以模糊人们的视线，或按设计要求处理（图 2.48）。

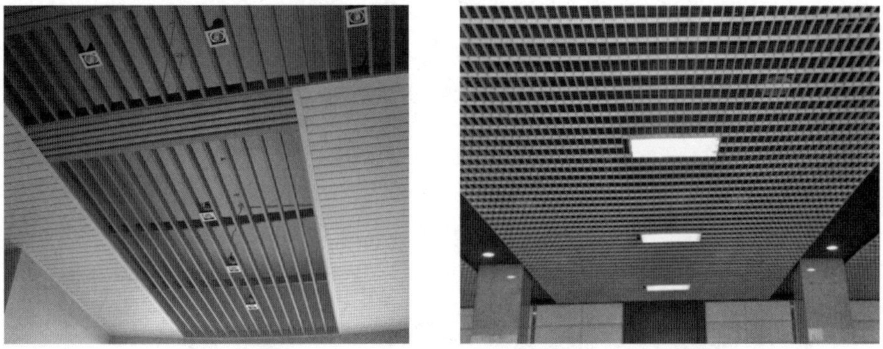

（a）木格栅　　（b）金属格栅

图 2.48　开敞式顶棚构造

1. 单体构件的构造

组成顶棚的单体构件，从制作材料的角度来分，有木结构单体、金属结构单体、灯饰结构单体和塑料结构单体等。其中，尤以木结构单体、铝合金结构单体最为常用。

（1）木结构单体构件。木结构单体所使用的木质材料的品种，可以是原木锯材，也可以是胶合板、大芯板、防火板及各种新型木质材料。木结构单体构件有单板方框式、骨架单板方框式和单条板式三种。

单板方框式：单板方框式单体构件通常是利用宽度为 120～200mm、厚度为 9～15mm 的木胶合板拼接而成，板条之间采用凹槽插接。凹槽深度为板条宽度的一半，板条插接前应在槽口处涂刷白乳胶（图 2.49）。

骨架单板方框式：骨架单板方框式是先用方木框骨架片，然后将按设计要求加工成的厚木胶合板与木骨架固定（图 2.50）。

单条板式：单条板式是用实木或厚木胶合板加工成木条板，并在上面按设计要求开出方孔或长方孔，然后用木材加工成的条板或者是轻钢龙骨作为支承条板的龙骨穿入条板孔洞内，并加以固定（图 2.51）。

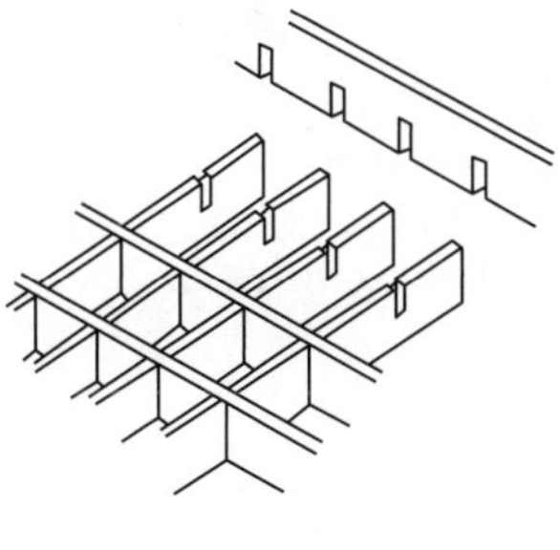

图 2.49　单板方框式

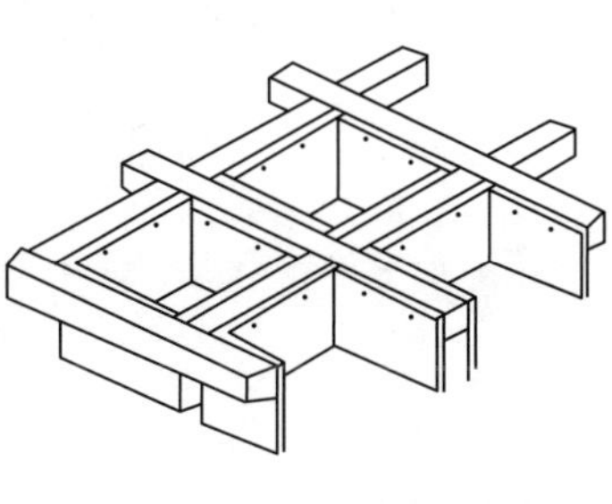

图 2.50　骨架单板方框式

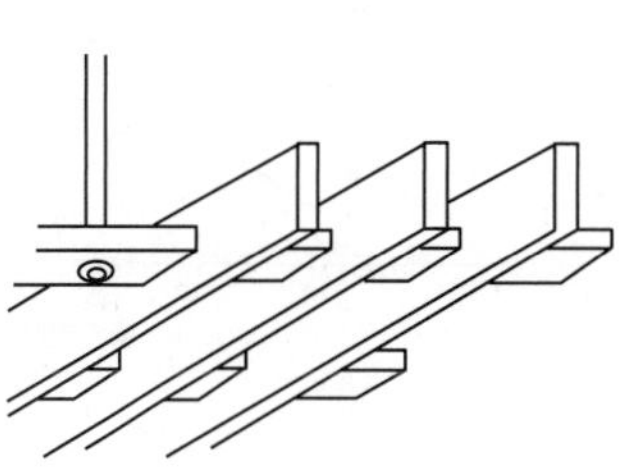

图 2.51　单条板式

（2）金属结构单体构件。金属结构单体构件的造型多种多样，有方块形单体、方筒形单体、圆筒形单体、花片形单体等，通常用 0.5～0.8mm 厚的金属薄板加工而成，表面有烤漆和阳极氧化两种。风格新颖独特，造型优美（图 2.52）。

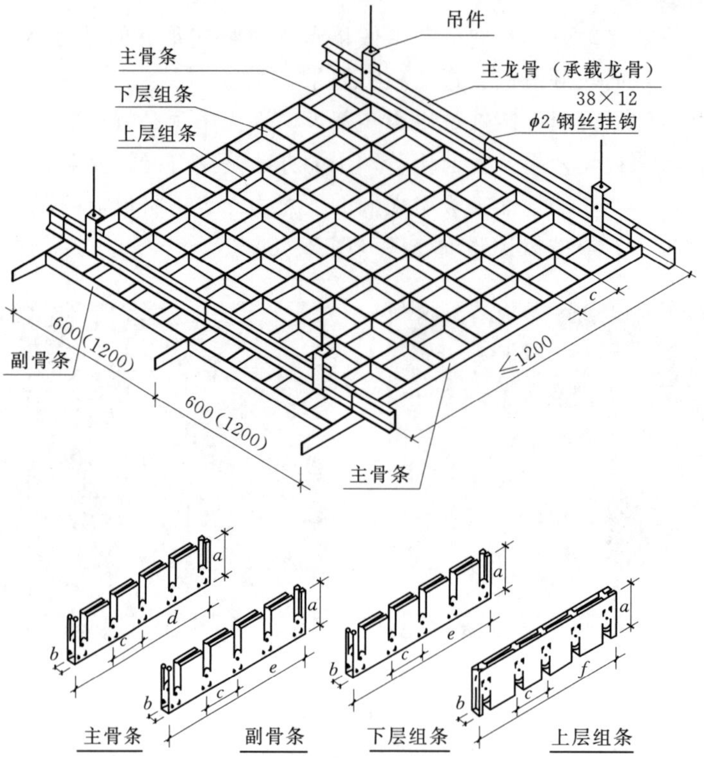

图 2.52 铝合金结构单体

2. 开敞式吊顶的悬吊方式

开敞式吊顶的悬吊方式可分为间接固定法和直接固定法两种类型（图 2.53）。

（1）直接固定法。将单体构件吊顶直接与吊杆连接，并固定在吊顶处。这种吊装方式，一般需要构件自身具有承受本身重力的刚度和强度。

（2）间接固定法。将单体构件吊顶固定在承重杆架上，承重杆架再与吊点连接。这种吊装方式，一般是考虑到构件的自身刚度不够，如若直接吊装，一是容易变形，二是吊点太多，费工费时。

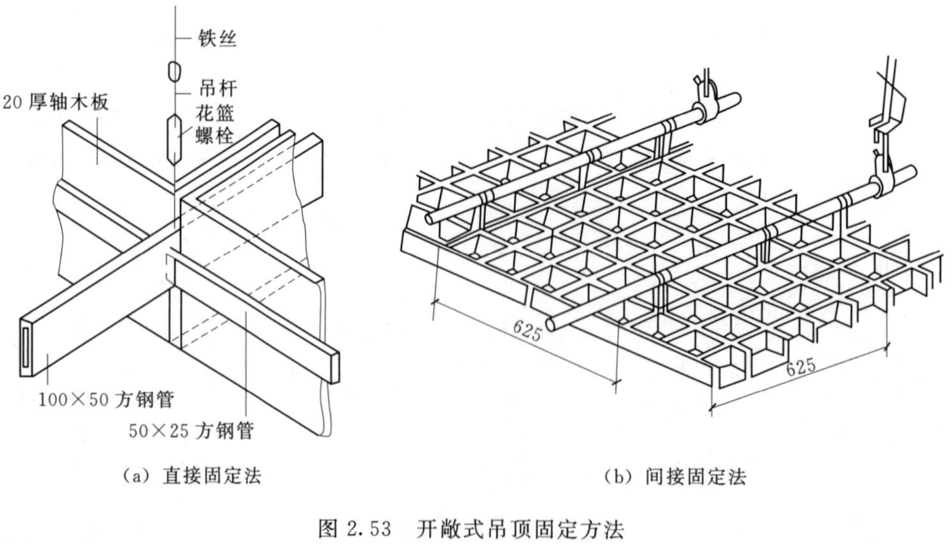

（a）直接固定法　　（b）间接固定法

图 2.53 开敞式吊顶固定方法

3. 木格栅吊顶

采用木质板材组装成室内开敞式吊顶，是由于木质材料容易加工成型并方便施工，所以在小型装饰性吊顶工程中较为普遍。格栅吊顶的各部件必要时应尽可能在地拼装完成，然后再按设计要求的方法托起悬吊。木格栅吊顶各单体之间常采用钉固、胶粘、榫接以及采用方木或铁件加强（图 2.54）。

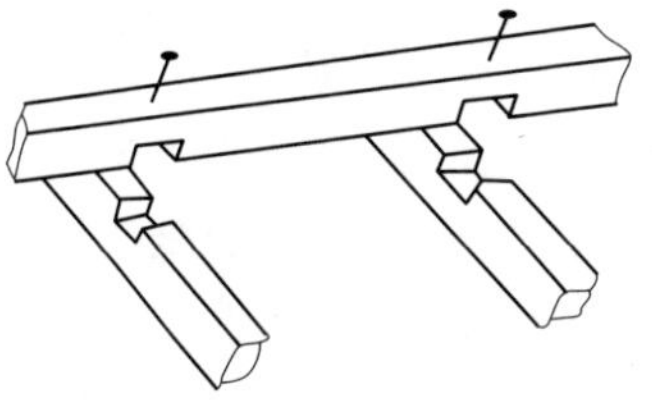

图 2.54　钉固法

4. 金属格栅吊顶

（1）金属格栅类型：

1）空腹型：材质以铝合金为主，一般是以双层 0.5mm 厚度的薄板加工而成，常见规格有 90×90×60（mm）、125×125×60（mm）、158×158×60（mm）、90×1260×60（mm）、126×1260×60（mm）、126×630×60（mm）。还有的产品采用铝合金、镀锌钢板或不锈钢板的单板，常见规格有 200×200（mm）、125×125（mm）、150×150（mm）、75×75（mm）、110×110（mm）；长度分别有 2m、1.95m、1.98m。施工时纵横分格安装，其单板如图 2.55 所示。

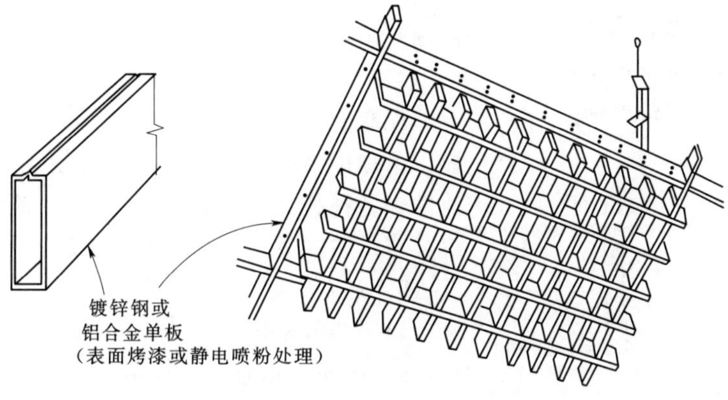

图 2.55　金属单板及吊顶格栅示意图

2）花片型：采用 1mm 厚度的金属板，按形状及组成的图案分为不同系列，如图 2.56 所示。这种格栅吊顶在自然光或人工照明条件下，可取得特殊的装饰效果，并具有质量轻、结构简单和安装方便等特点。

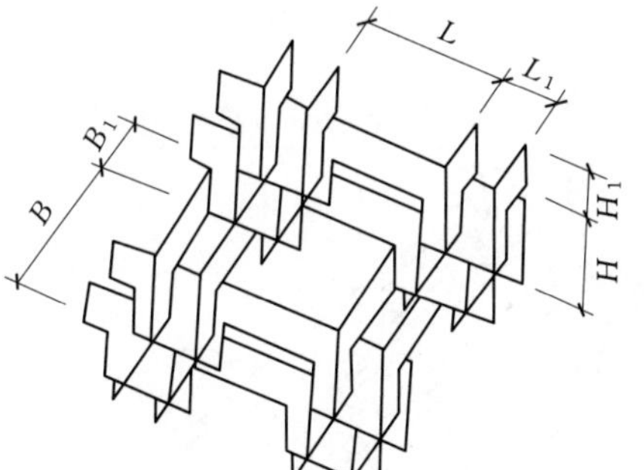

(a) $L=170$，$L_1=80$，$B=170$，$B_1=80$，$H=50$，$H_1=25$

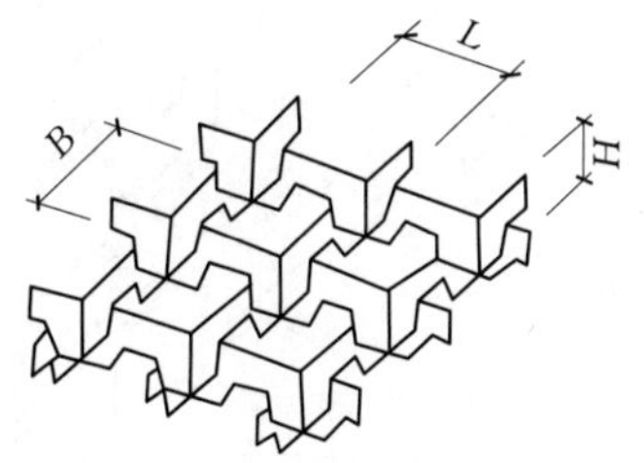

(b) $L=100$，$B=100$，$H=50$

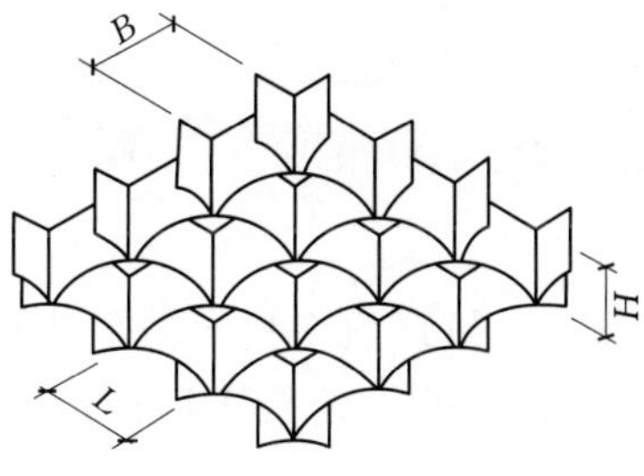

(c) $L=100$，$B=100$，$H=50$

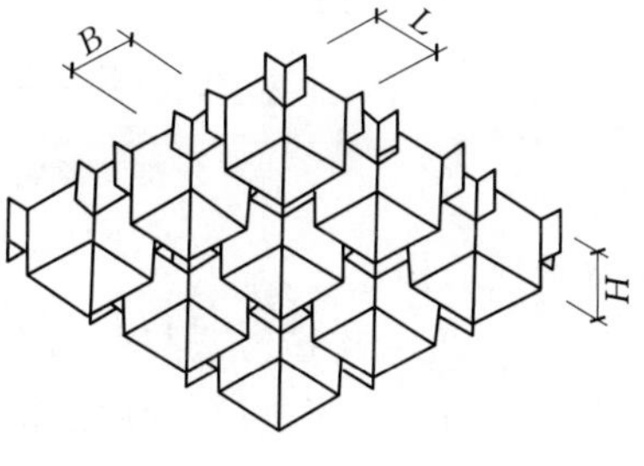

(d) $L=150$，$B=150$，$H=50$

图 2.56　金属花片格栅的不同系列图形

(2) 金属格栅的构造。

1) 双层构造。设置轻钢U、C形(槽型)承载龙骨,先行悬吊、调平并固定。

覆面层金属格栅单体的连接组合方式,应视具体产品的应用技术而定。如有的产品设有十字连接件用以格栅单板间的纵横拼装;有的产品设有托架式槽形及其横撑龙骨,用以架设金属格栅;有的产品则配有特制的夹件,专用于花片格栅的吊挂连接。

金属格栅与承载龙骨的连接,采用挂钩、挂件、吊码、连接耳等各种不同的配套件。

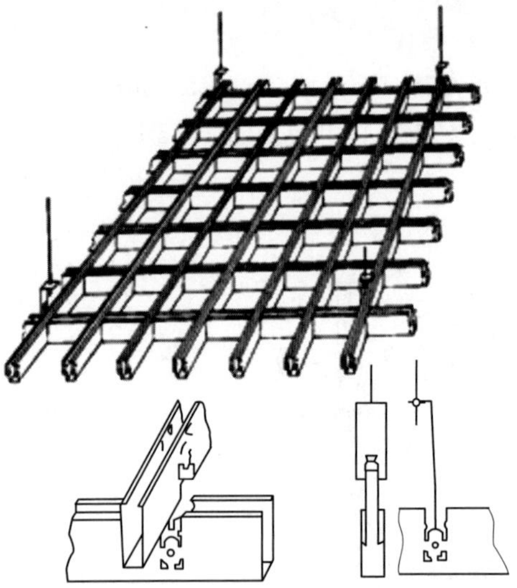

图 2.57　格栅单板构造图

2) 单层构造。采用金属单板装配的吊顶格栅,目前最为简易的方式如图 2.57 所示。格栅单板的纵横连接系用半槽扣接的嵌卡方式,主格栅在下,副格栅在上,采用等距离的开口咬接吻合;同时在格栅上开有吊挂孔眼,使用其配套吊件勾挂后与吊杆连接;吊件上设有长形孔以螺钉调节吊顶的平整度。

当采用其他金属格栅产品时,应参照该产品的使用说明,配套安装施工。有的产品设有边槽板,宜先将其边槽板于吊顶标高线就位固定;有的使用十字连接件、夹簧吊挂件、各种托架、支撑槽等进行金属格栅的装配和悬吊,组合与吊装的方式方法即照其实施。

5. 金属挂片式吊顶

(1) 金属格栅类型。

1) 金属小型挂片:采用铝合金板制成矩形小块。与配套的挂片小龙骨用挂片卡子竖直吊挂,挂片密排并旋转任意方向组成吊顶平面图案。

2) 垂帘式金属吊顶格片:采用铝合金条板(条形格片)在特制的龙骨上利用龙骨的卡脚竖向吊挂,称为垂帘式金属条板吊顶或金属格片吊顶,如图 2.58 所示。条板经喷塑或阳极氧化,处理成白、古铜和金黄色等,也可根据需要加工成其他样式。

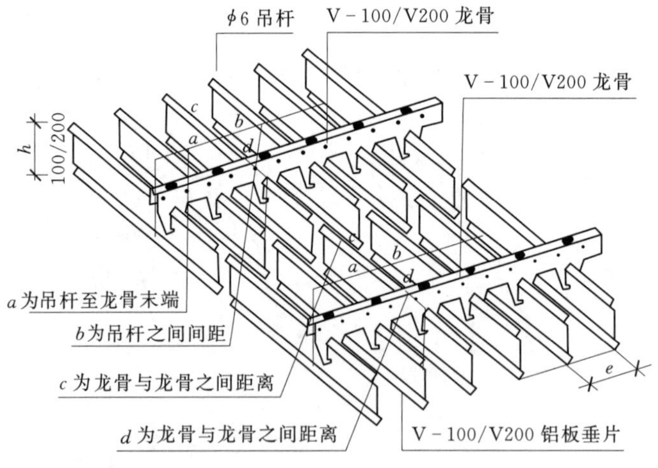

图 2.58　垂帘式金属吊顶轴测图

(2) 垂帘式金属吊顶的构造。

1) 小型挂片安装。主龙骨构造方法与普通金属龙骨吊顶施工相同。龙骨安装应平整、牢固。小龙骨与主龙骨用挂件(挂钩)连接,应勾挂紧密。将挂片按设计要求钩挂在小龙骨上时应注意图案(吊顶平面线型)方向。

2) 垂帘式条板格片安装。龙骨布置按设计图纸选定方向和部位,因为它会直接影响金属条板的走向。有的吊顶设计要求条板分片变换走向,以丰富吊顶面线条图案,为此必须首先确定龙骨布设方向。条板的规格应与龙骨系列配套，条板的排列间距亦须与龙骨配套，龙骨卡脚的中距即为条板布置的间距（图 2.59）。

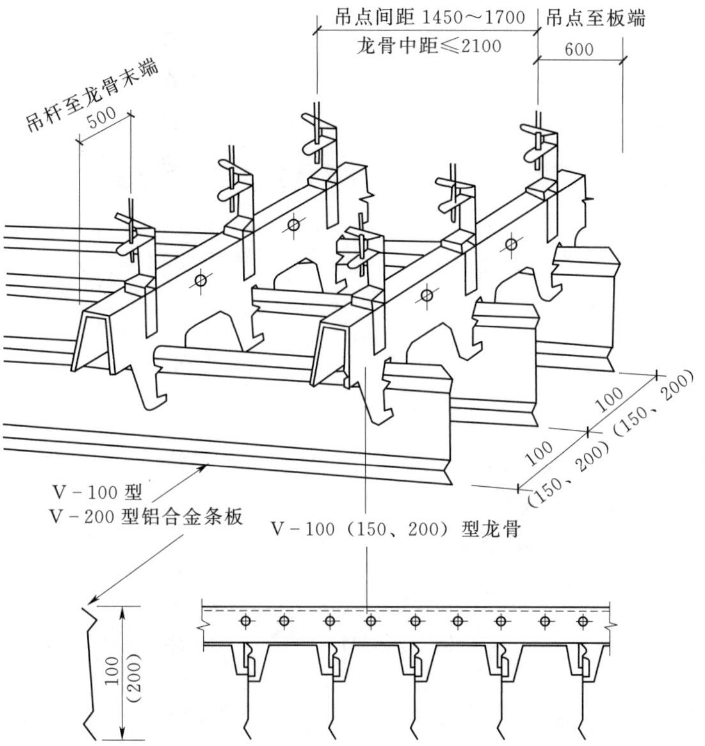

图 2.59　垂帘式吊顶构造图

【本章重点】　室内顶棚装饰的分类、设计原则；常见的顶棚装饰材料；顶棚装饰构造形式；顶棚特殊部位及特殊顶棚装饰构造。

思考题

1. 简述顶棚装饰的功能及设计原则。
2. 简述悬吊式顶棚的构造组成及其各部分的作用。
3. 简述轻钢龙骨纸面石膏板吊顶的构造做法。
4. 简述吊顶的收口构造做法。

第3章

墙（柱）面装饰材料与构造

【教学目标】

- ✧ 墙面装饰的类型及特点
- ✧ 墙面常用材料及构造方法
- ✧ 柱面构造及特点
- ✧ 墙面的细部构造

3.1 墙（柱）面装饰概述

墙面是空间围合的垂直组成部分，也是建筑空间内部具体的限定要素，其作用是可以划分出完全不同的空间领域。墙面装饰不仅要兼顾装饰室内空间、保护墙体、维护室内物理环境，还应保证各种不同的使用功能得以实现。而更重要的是它把建筑空间各界面有机地结合在一起，起到了渲染、烘托室内气氛，增添文化、艺术气息的作用，从而产生各种不同的空间视觉效果。

3.1.1 墙柱面功能与要求

墙柱面作为室内的主要界面之一，具有保护室内墙体、改善墙体物理性能、满足装饰要求等作用。

1. 保护室内墙体

建筑物的内墙具有保护墙体的作用。例如对墙面进行涂饰可以有效避免紫外线、空气、人为摩擦对墙体的破坏，延长墙体寿命；卫生间、浴室、厨房等处室内湿度相对比较高，若墙面贴瓷砖或进行防水、隔水处理，墙体就不会受潮湿的影响；人流较多的门厅、走廊等处，在适当高度上做墙裙、内墙阳角处做护角线处理，能起到保护墙体的作用（图 3.1 和图 3.2）。

图 3.1　卫生间瓷砖墙面

图 3.2　柱面护板

2. 改善墙体物理性能

通过墙体表面材料的贴敷及构造处理，可以改善墙体的热工性能、声学性能、光学性能，有助于创造良好的建筑环境。

（1）光学性能。室内墙面经过装饰变得平整、光滑，不仅便于清扫和保持卫生，并且可以增加光线和反射，提高室内照度。但这又容易产生眩光，给人的眼睛将造成伤害，从而影响室内的采光效果，所以在进行室内墙面装饰设计时应注意针对不同的空间采取不同的处理方法。对人们长时间逗留的空间如住宅中的卧室和宾馆中的客房等空间，要求墙面处理后不得产生眩光现象，应使墙面对光线产生漫反射，以确保室内光线柔和舒适。

（2）热工性能。当墙体本身热工性能不能满足使用要求时，可以在墙体内侧结合饰面进行保温隔热处理。一些有特殊要求的空间，通过选用不同材料的饰面，能达到防尘、防腐蚀、防辐射等目的。

（3）声学性能。内墙饰面的另一个重要功能是辅助墙体的声学功能。例如，反射声波、吸声、隔热在影剧院、音乐厅、播音室等公共建筑就是通过墙体、顶棚和地面上不同饰面材料所具有的反射声波及吸声的性能，达到控制混响时间、改善音质和改善使用环境的目的。在人群集中的公共场所，也是通过饰面层吸声来控制和减轻噪声程度的（图 3.3 和图 3.4）。

图 3.3　国家大剧院

图 3.4　KTV 包房软包墙面

3. 满足装饰要求

内墙装饰在不同程度上起到装饰和美化室内环境的作用，这种装饰美化应与地面、顶棚等的装饰效果相协调，同家具、灯具及其他陈设相结合（图 3.5 和图 3.6）。

图 3.5　美式风格客厅

图 3.6　中式风格客厅

3.1.2　墙柱面装饰构造类型

墙面装饰材料品种繁多，从构造技术的角度可分为抹灰类、贴面类、涂刷类、裱糊及软包类、罩面类等（表 3.1）。

表 3.1　　墙面装饰装修材料品种

类型	常用材料
抹灰类	石灰砂浆、水泥砂浆、聚合物水泥砂浆
贴面类	大理石、陶瓷、马赛克、文化石
涂刷类	无机涂料、有机涂料、复合涂料
裱糊类	壁纸、墙布、壁毯
罩面类	木质饰面板、饰面玻璃板、不锈钢板、铝合金饰面板、铝塑板

3.2　抹灰类墙（柱）面材料与构造

墙面抹灰的优点是材料来源丰富、施工简单、价格便宜；通过适当工艺，可获得多种装饰效果，如拉毛、喷毛、仿面砖等；具有保护墙体、改善墙体物理性能的功能，如保温隔热等。缺点是抹灰构造多为手工操作，现场湿作业量大；砂浆强度较差，年久易龟裂脱落，颜料选用不当，会导致掉色、褪色等现象；表面粗糙，易挂灰，吸水率高，易形成不均匀污染。按建筑物的标准，一般抹灰分为高级抹灰和普通抹灰两个级别。

3.2.1　常用材料种类

一般抹灰所使用的材料有石灰砂浆、水泥混合砂浆、水泥砂浆、聚合物水泥砂浆、麻刀灰、纸筋石灰、粉刷石膏等。装饰抹灰是指通过操作工艺及选用材料等方面的改进，使抹灰更富于装饰效果。主要有水刷石、斩假石、干粘石、假面砖等。护角的材料有很多，从材质上可分为木制品护角、石材护角、金属护角等。

3.2.2　墙柱面装饰构造

墙面抹灰一般是由底层抹灰、中间抹灰和面层抹灰三部分组成（图 3.7）。

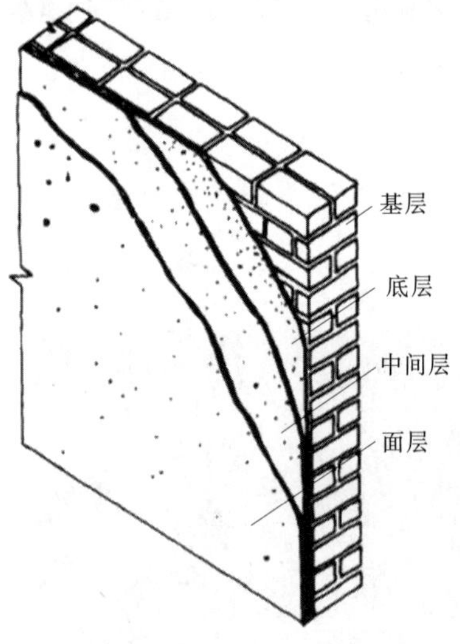

图 3.7　抹灰构造

1. 底层抹灰

底层抹灰主要是对墙体基层做表面处理，起到与基层黏结和初步找平的作用。底层砂浆根据基层材料的不同和受水浸湿情况的不同，可分别选用石灰砂浆、水泥石灰混合砂浆和水泥砂浆，厚度为 5～10mm。混凝土墙体表面比较光滑，甚至还有脱模油剂，影响了墙体与底层抹灰间的黏结，需特殊处理。常见处理方法有除油垢、凿毛、甩浆、划纹等，一般采用水泥砂浆或混合砂浆。

2. 中间抹灰

中间抹灰主要作用是找平与黏结，还可以弥补底层砂浆的干缩裂缝。一般用料与底层，厚度 5～10mm，根据墙体平整度与饰面质量要求，可一次抹成，也可分多次抹成。

3. 面层抹灰

面层抹灰又称“罩面”，主要是满足装饰和其他使用功能要求。根据所选装饰材料和施工方法不同可分为各种不同性质和外观的抹灰。例如，用水泥砂浆罩面的水泥砂浆抹灰，采用蛭石粉或珍珠岩粉做骨料的罩面的保温抹灰，采用木屑骨料的罩面的吸声率抹灰等。

3.3　涂刷类墙（柱）面装饰材料与构造

涂刷类饰面是指在墙面基层上，经批刮腻子处理，使墙面平整，然后在其上涂刷选定的建筑涂料所形成的一种饰面。涂刷类饰面工艺简单、颜色多样，且具有工效高、工期短、材料用量少、自重轻、造价低等优点。涂刷类饰面的耐久性略差，但维修、更新很方便，而且简单易行。

3.3.1 材料种类

内墙涂料也可用作顶棚涂料，它的主要功能是装饰及保护内墙墙面及顶棚，从而建立美观、舒适的室内生活环境。内墙涂料的主要要求是：色彩丰富、细腻、协调，色调柔和、明亮；耐碱、耐水性良好，且不易粉化；具有良好的吸湿性、排湿性，避免因温度变化而结露；具有良好的环保性能，内墙涂料包括低档水溶性涂料、乳液型涂料、多彩涂料、液体墙纸、泥类粉末涂料等。

3.3.1.1 低档水溶性涂料

低档水溶性涂料主要是将聚乙烯醇溶解在水中，之后在其中加入颜料等其他助剂而成，最常见的是106、803涂料。该类涂料具有价格便宜、无毒、无臭、施工方便等优点。由于其成膜物是水溶性的，所以用湿布擦洗后总要留下些痕迹，耐久性也不好，易泛黄变色，但由于其价格便宜，施工也十分方便，目前消费量仍最大，多用于中低档居室或临时居室内墙装饰。

3.3.1.2 乳液型涂料

乳胶漆又称为合成树脂乳液涂料，是有机涂料的一种，是以合成树脂乳液为基料加入颜料、填料及各种助剂配制而成的一类水性涂料。根据生产原料的不同，乳胶漆主要有聚醋酸乙烯乳胶漆、乙丙乳胶漆、纯丙烯酸乳胶漆、苯丙乳胶漆等品种；根据产品适用环境的不同，分为内墙乳胶漆和外墙乳胶漆两种；根据装饰的光泽效果又可分为无光、哑光、半光、丝光和有光等类型。这类涂料的成膜物是不溶于水的，涂膜的耐水性和耐候性比第一类大为提高，湿擦洗后不留痕迹，并有平光、高光等不同装饰类型。因此，乳胶漆在建筑室内装饰装修中应用最为广泛。乳胶漆一般用于室内墙面装饰，但不宜用于厨房、卫生间、浴室等潮湿墙面（图3.8)。

3.3.1.3 多彩涂料

多彩内墙涂料简称多彩涂料，是一种国内外较为流行的高档内墙涂料。多彩内墙涂料按其介质可分为水包油型、油包水型、油包油型和水包水型四种，其中以水包油型的储存稳定性最好，在国内外应用最为广泛。多彩涂料的分散相为各种基料、颜料及助剂等的混合物，分散介质为含有乳化剂、稳定剂等的水。不同基料间、基料与水间互相掺混而不互溶，外观是呈不同颜色的基料微粒（图3.9)。

多彩涂料的涂层由底层、中层、面层涂料复合而成。底层涂料主要起封闭潮气的作用，防止涂料由于墙面受潮而剥落，同时也保护涂料免受碱性物质的侵蚀，一般采用具有较强耐碱性的溶剂型封闭漆；中层起到增加面层和底层的黏结作用，并能消除墙面的色差、突出多彩面层的光泽和立体感，通常选用性能良好的合成树脂乳液内墙涂料；面层即为多彩涂料。

图3.8 乳胶漆

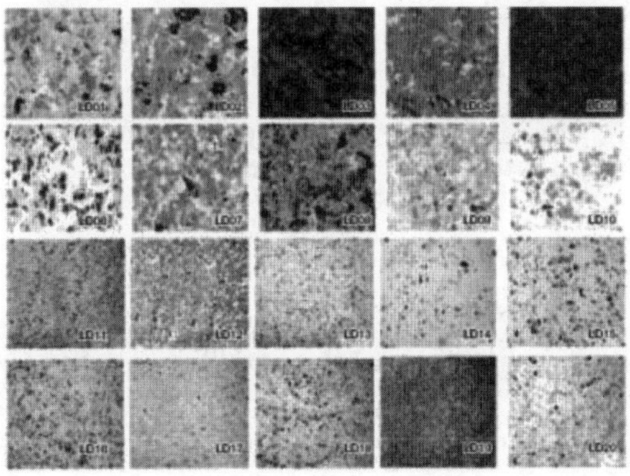

图3.9 多彩涂料

3.3.1.4 液体墙纸

液态墙纸漆也称为“液体墙纸漆”，用合成树脂乳液、天然生物、海洋贝壳、壳体表层、无毒无害的有机胶体黏合剂精制而成，它集乳胶漆和墙纸的优点于一身。采用多功能复合涂料和滚印花面料精心组合施工，将这种涂料涂覆于墙面即可达到丝绸般的墙纸效果。它不是墙纸却胜似墙纸，在室内装饰中可以用来代替墙纸。

液态墙纸是绿色环保涂料，无毒、无味、无污染、抗污性强，因为是水性涂料，同时具有良好的防潮、抗菌性能，不易生虫、老化。液态墙纸可以利用纳米材料的光催化功能，净化空气、去除异味，降解装修污染，价格成本低，是一种性能优异的高级内墙涂料。其涂膜平整光滑、质感细腻，表面具有丝绸光泽，立体质感效果；耐候性良好，具有优异的耐酸、碱及抗老化性能，水性涂料无易燃性；耐洗刷、能用清水或洗涤剂擦洗；无接缝、不翘边、不开裂、不起皮、不脱落、使用寿命长，可保持20年不变色，方便二次装修，尤其适用于内墙需要防霉、除臭、装饰的墙面，如餐厅、酒店、洗浴包房等容易油污和潮湿的墙面。液态墙纸也可加入水性颜料任意调色作为底涂。

3.3.1.5 泥类粉末涂料

泥类粉末涂料主要包括硅藻泥、海藻泥等，是比较环保的涂料。泥性涂料施工时需配合专用模具。

硅藻泥壁材由纯天然无机材料构成，其主要成分硅藻矿物已被广泛应用于美容面膜、啤酒食品过滤等方面。硅藻泥产品具备独特的“分子筛”结构和选择性吸附性能，可以有效去除空气中游离甲醛等有害物质及异味，净化室内空气。硅藻泥色彩柔和，人不容易产生视觉疲劳。硅藻泥墙面颜色持久，不易褪色，不可燃，墙面寿命长。

随着季节及环境空气温度的变化，硅藻泥可以自动调节室内空气湿度，使之达到相对平衡。硅藻泥的分子结构使其具有很强的降噪功能，可以有效地吸收对人体有害的高频音段并衰减低频噪声，大幅减少了噪音对人身的危害。硅藻泥不易产生静电，墙面表面不易落尘。硅藻泥具有良好的保温隔热性能，其隔热效果是同等厚度水泥砂浆的6倍（图3.10）。

3.3.1.6 植绒涂料

植绒涂料中的纤维绒毛可采用胶黏丝、尼龙、涤纶、丙纶等纤维，经过精度很高的专用绒毛切割机切割成规格不同的短绒，再经染色和化学精加工，赋予绒毛柔软、抗静电等性能。静电植绒涂料是利用高压静电感应原理，将纤维绒毛植入涂胶表面而成的高档内墙涂料，主要由纤维绒毛和专用胶黏剂等组成。静电植绒涂料手感柔软、光泽柔和、色彩丰富，有一定的立体感，有良好的吸声性、抗老化性、阻燃性，无气味、不褪色，但不耐潮湿、不耐脏、不能擦洗，主要用于住宅、宾馆、办公室等高级内墙的装饰（图3.11）。

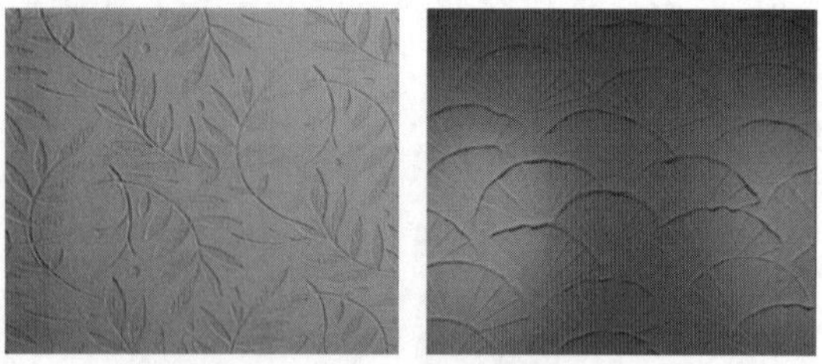

图3.10 硅藻泥涂料

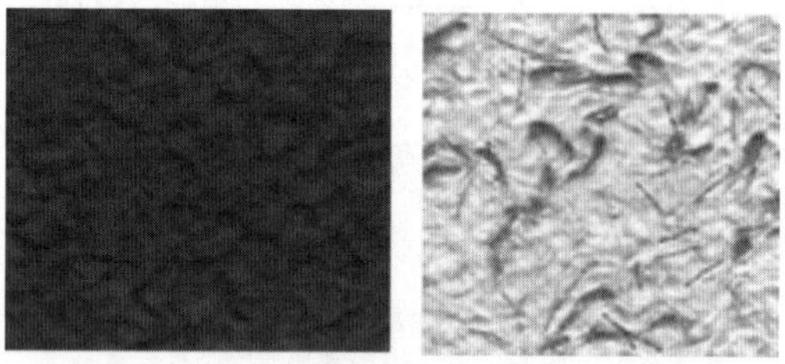

图3.11 植绒涂料

3.3.2 装饰构造

涂刷类饰面的涂层构造，一般可分为三层，即底层、中间层和面层（图3.12）。

1. 底层

底层俗称刷底漆，其主要作用是增加涂层与基层之间的黏附力，同时对基层进行封闭，防止抹灰层中的可溶性盐等物质渗出表面，破坏涂料饰面效果。

2. 中间层

中间层是整个涂层构造中的成型层。其作用是通过适当的工艺，形成具有一定厚度的、匀实饱满的涂层，达到保护基层和形成所需的装饰效果的目的。中间层的质量好，不仅可以保证涂层的耐久性、耐水性和强度，在某些情况下对基层还可起到补强的作用，近年来常采用厚涂料、白水泥、砂粒

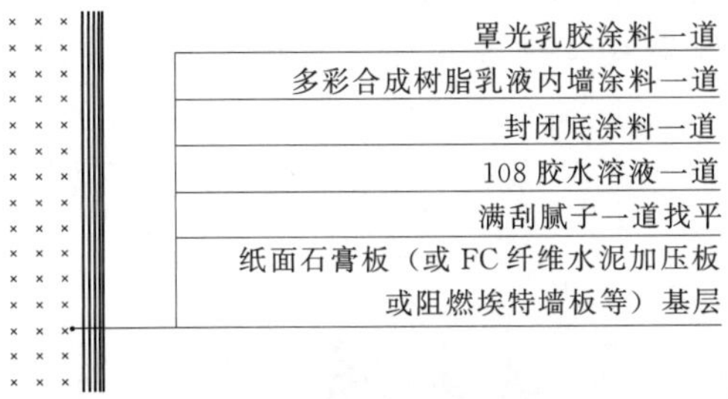

(a) 纸面石膏板基层

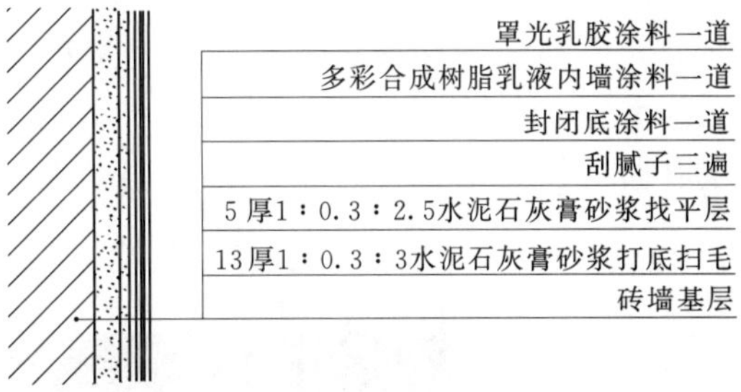

(b) 砖墙基层

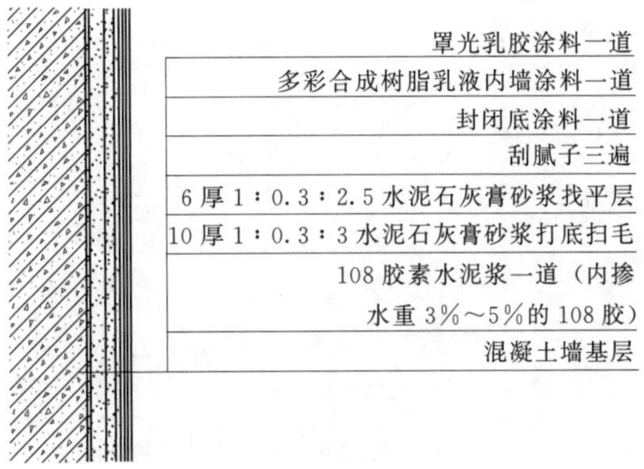

(c) 混凝土墙基层

图 3.12 乳胶漆构造

等材料配制中间造型层的涂料。

3. *面层*

面层的作用是体现涂层的色彩和光感，提高饰面层的耐久性和耐污染能力。为了保证色彩均匀，并满足耐久性、耐磨性等方面的要求，面层最少应涂刷两遍。

涂刷类墙面常见的涂装方法有刷涂、喷涂、滚涂和弹涂等。

3.4 贴面类墙（柱）面材料与构造

贴面类饰面是将大小不同的块材通过构造连接或镶贴于墙体表面形成的墙体饰面。

常用的贴面材料可分为三类：一是陶瓷制品，如瓷砖、面砖、陶瓷锦砖、玻璃马赛克砖等；二是天然石材，如大理石、花岗岩等；三是预制块材，如水磨石饰面板、人造石材等。由于块料的形状、重量、适用部位不同，其构造方法也有一定差异。轻而小的块面可以直接镶贴，构造比较简单，由底层砂浆、黏结层砂浆或块状贴面材料面层组成；大而厚重的块材则必须采用一定的构造连接措施，用贴挂等方式加强与主体结构连接。

贴面类饰面具有装饰效果丰富、色泽稳定、易清洗、耐腐防水、坚固耐用、价格适中等优点，是目前中高级建筑装饰中经常用到的墙面饰面。贴面类饰面的缺点是质量较差的釉面砖釉层易脱落，有的品种存在块材质色差和尺寸误差大、铺贴技术要求高等问题。

3.4.1 陶瓷类墙面

陶瓷是指以黏土及天然矿物为原料，经过粉碎混炼、成型或焙烧等工艺过程制得的各种制品。陶瓷产品强度高、耐火、耐久、耐酸碱腐蚀、耐水、耐磨、易于清洗，加之生产简单，常应用于卫生间、厨房、浴室等墙面。

常见的陶瓷墙砖包括釉面砖、通体砖、陶瓷马赛克等。

3.4.1.1 瓷砖饰面构造

瓷砖又称“釉面瓷砖”，以优质耐火黏土及石英、长石等为主要原料，采用半干压法制坯成型，经高温素烧或低温速烧后表面施釉，再经二次烧结而成。其底胎均为白色，表面上釉有白色和彩色。彩色釉面砖又分为有光和无光两种。此外还有装饰釉面砖、图案釉面砖、瓷画砖等。釉面砖颜色稳定，不易褪色，美观，吸水率低，表面细腻光滑，不易积垢，清洁方便。墙地砖的规格可根据具体要求进行选择。另有阳角条、阴角条、压条或带有圆边的配件可供选用（图3.13）。

图 3.13 瓷砖卫生间墙面

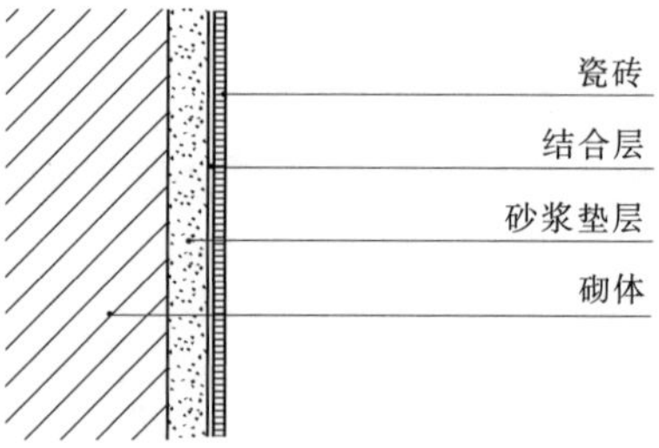

图 3.14 瓷砖构造

瓷砖饰面构造做法是：先在基层用 1∶3 水泥砂浆打底，厚度为 10～15mm，分两次抹平；黏结砂浆用 1∶0.1∶2.5 水泥石灰膏混合砂浆，厚度为 5～8mm；黏结砂浆也可用掺 5%～7%的 108 胶的水泥素浆，厚度为 2～3mm；釉面砖贴好后，要用清水将表面擦洗干净，然后用白水泥擦缝，随即将瓷砖擦干净（图3.14）。

瓷砖的排砖方式见图 3.15，有齐密缝（a）；划块留缝（b），块内密缝；齐离缝（c）；水平离缝（d），垂直密缝；错缝离缝（e）；垂直离缝（f），水平密缝等。

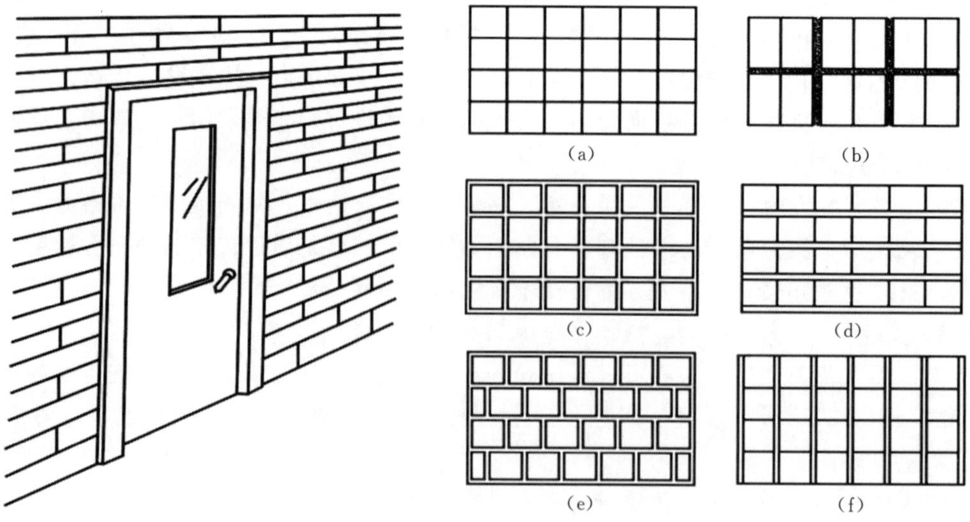

图 3.15 面砖的排列和布缝

瓷砖的阴阳角处理见图 3.16。

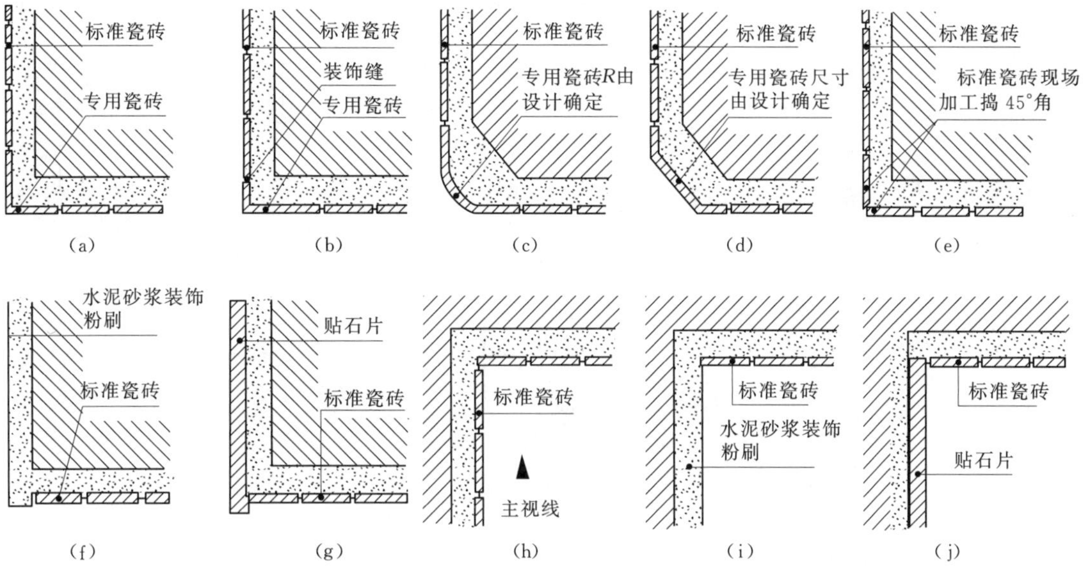

图 3.16 阴阳角处理

3.4.1.2 陶瓷锦砖饰面构造

陶瓷锦砖又称“马赛克”，是以优质瓷土烧制而成的小块瓷砖。分为挂釉和不挂釉两种。陶瓷锦砖规格较小，常用的有 18.5mm×18.5mm、39mm×39mm、39mm×18.5mm、25mm 六角形等，厚度为 5mm。陶瓷锦砖是不透明的饰面材料，具有质地坚实、经久耐用、花色繁多、耐酸、耐碱、耐火、耐磨、不渗水、易清洁等优点。应用于卫生间、走廊、厨房、化验室等处的地面和墙面装饰。与面砖相比，有造价略低、面层薄、自重较轻的优点（图 3.17）。

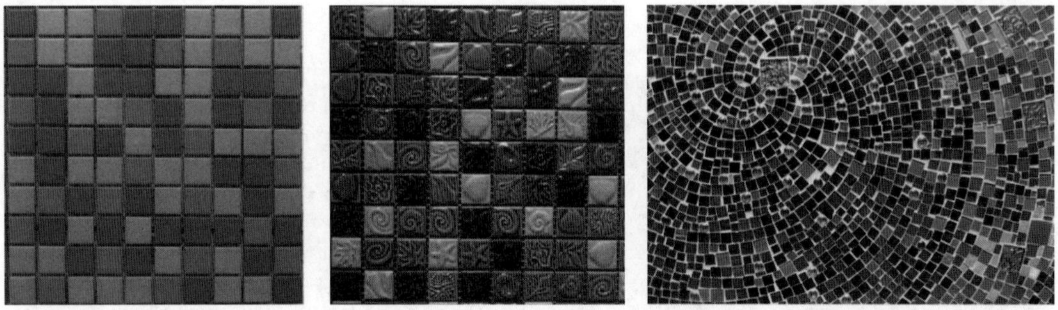

图 3.17 陶瓷马赛克锦砖

陶瓷锦砖饰面构造做法是：在清理好基层的基础上，用 15mm 厚 1：3 的水泥砂浆打底；黏结层厚 3mm，配合比为纸筋：石灰膏：水泥=1：1：8 的水泥浆，或采用掺加水泥量 5%～10%的 108 胶或聚乙酸乙烯乳胶的水泥浆（图 3.18）。

3.4.2 石材类墙面

室内装修中所用的饰面石材分为天然石材和人造石材。石材墙面色彩自然而丰富，表面质感视需要可光滑、可粗糙，肌理效果富于变化，具有强度高、耐腐蚀、耐污染、施工简便等特点，一般用于装修标准较高的公共建筑的门厅、大堂、休息厅、营业厅等房间墙面。

天然石料如花岗岩、大理石等可以加工成板材、块材和面砖用作饰面材料。天然石材饰面板不仅具有各种颜色、花纹、斑点等天然材料的自然美感，装饰效果强，而且质地密实坚硬，故耐久性、耐磨性等均较好。但是由于材料的品种、来源比较局限，造价比较高，常用于高级建筑的墙柱饰面。天然石材按其表面的装饰效果及加工方法，分为磨光和剁斧两种主要处理形式。磨光的产品又有粗磨

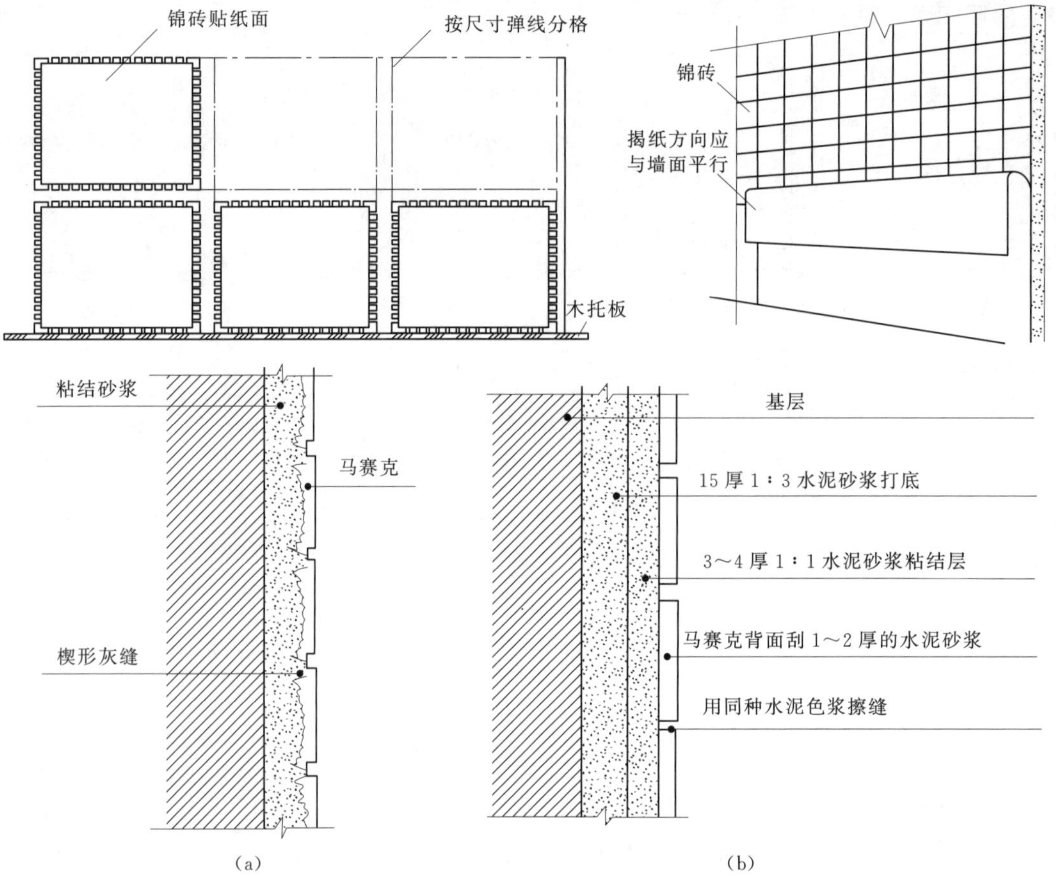

图 3.18　马赛克饰面构造

板、精磨板、镜面板等。剁斧的产品可分为磨面、条纹面等类型。根据设计的需要，也可加工成剔凿表面、蘑菇状表面等其他表面（图 3.19 和图 3.20）。

图 3.19　文化石墙面

图 3.20　大理石墙面

人造大理石饰面板是仿天然大理石的纹理预制生产的一种墙面装饰材料。根据所用材料和生产工艺的不同可分为聚酯型人造大理石、无机胶结型人造大理石、复合型人造大理石和烧结型人造大理石四类。

大理石和花岗岩饰面板材的构造方法一般有金属件锚固挂贴法、干挂法、胶黏构造法等。

3.4.2.1　钢筋网固定挂贴法

首先提凿出在结构中预留的钢筋头或预埋铁环钩，绑扎或焊接与板材相应尺寸的一个直径 6mm 或 8mm 的钢筋网，如果无预留的钢筋头或预埋铁环钩，也可以用后置的金属膨胀螺栓连接固定钢筋网。钢筋网中横筋必须与饰面板材的连接孔位置一致，钢筋网必须与基层预埋件或者后置的金属膨胀螺栓焊牢，按施工要求在板材侧面打孔洞，以便不锈钢挂钩或穿绑铜丝与墙面预埋钢筋骨架固定；然后，将加工成型的石材绑扎在钢筋网上，或用不锈钢挂钩与基层的钢筋网套紧，石材与墙面之间的距离一般为 30～50mm，墙面与石材之间灌注 1∶2.5 水泥砂浆，每次不宜超过 200mm 及板材高度的 1/3，待初凝后再灌第二层至板材高度 1/2，第三层灌浆至板材上口 80～100mm，所留余量为上排板材灌浆的结合层，使上下排连成整体（图 3.21）。

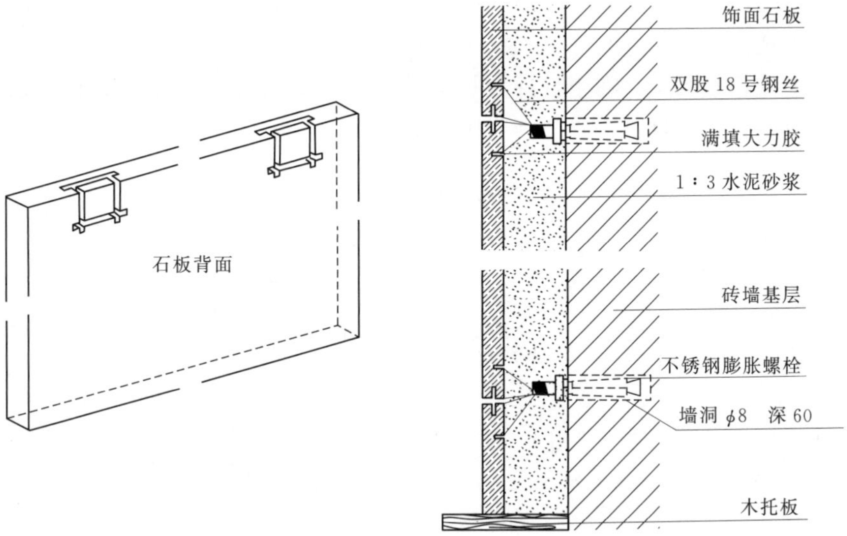

图 3.21 石材钢筋网挂粘贴示意图

3.4.2.2 钢筋钩挂法（楔固法）

钢筋钩挂法在钢筋网挂粘贴法基础上，简化了石板钻孔的工艺。构造做法：根据板材尺寸在墙面钻斜孔，在板材上沿和侧边开槽，用直径 6mm 不锈钢斜脚直角钩固定板材，板材与墙面之间逐层灌入水泥砂浆（图 3.22）。

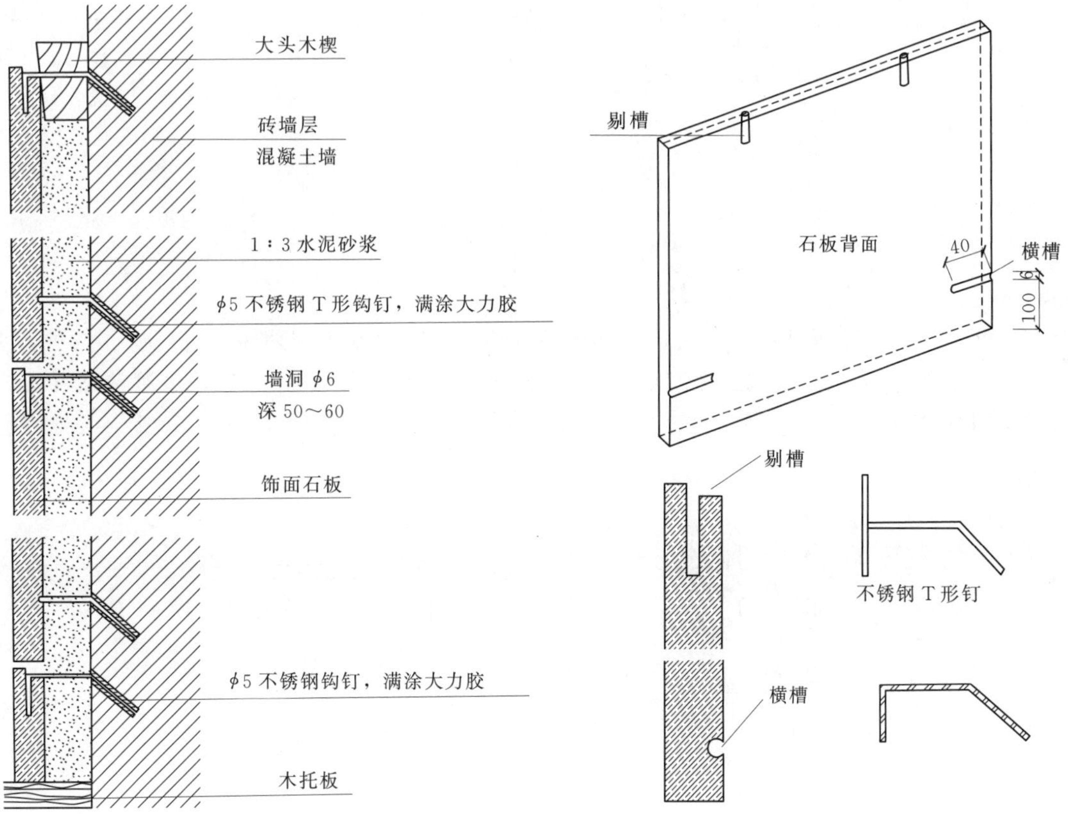

图 3.22 钢筋钩挂法

3.4.2.3 干挂法

直接用不锈钢型材或金属连接件（金属干挂件）将石板材支托并锚固在墙体基面上，而不采用灌浆湿作业的方法称为干挂法。干挂法的优点是：石板背面与墙基体之间形成空气层，可避免墙体析出的水分、盐分等对饰面石板的影响。但是虽然干作业施工速度快，但不如灌浆法牢固。

干挂法构造要点是：首先按照设计要求在墙体基面上用电锤或者冲击钻进行打孔，固定不锈钢膨胀螺栓；将不锈钢干挂件安装固定在膨胀螺栓上；在板材背面干挂件对应位置上剔槽；安装石板，将板材钩挂在干挂件上并调整固定，在干挂件与板材结合处用云石胶进行固定。石材板材固定完毕后，板材正面间的缝隙应用密封胶进行密封处理（图 3.23）。

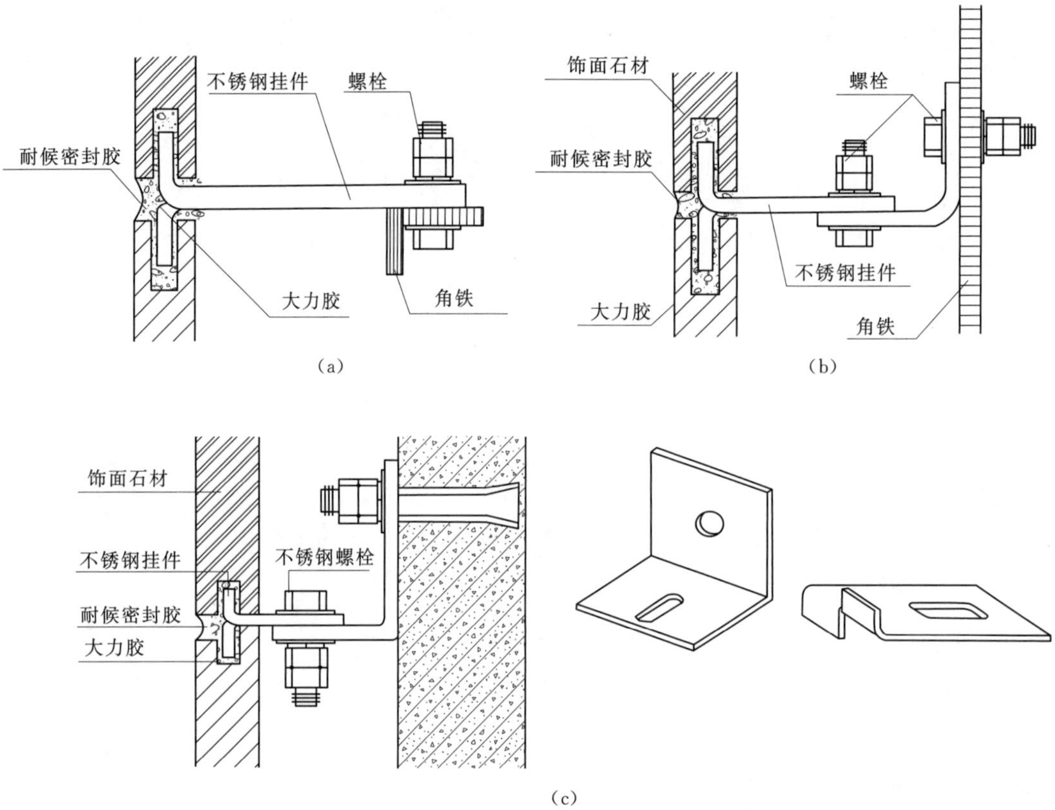

图 3.23 干挂法

3.4.2.4 大力胶粘贴法

大力胶粘帖法适用于天然石材、人造石材的墙柱面。其具有施工周期短、进度快、各种造型的饰面都适应、施工高度不受限制、占用空间小。构造形式有直接粘贴（图 3.24）、过渡粘贴（图 3.25）、钢架粘贴（图 3.26）三种。

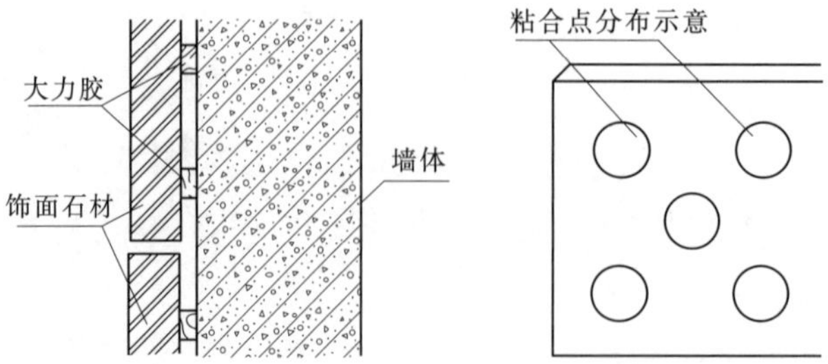

图 3.24 直接粘贴法

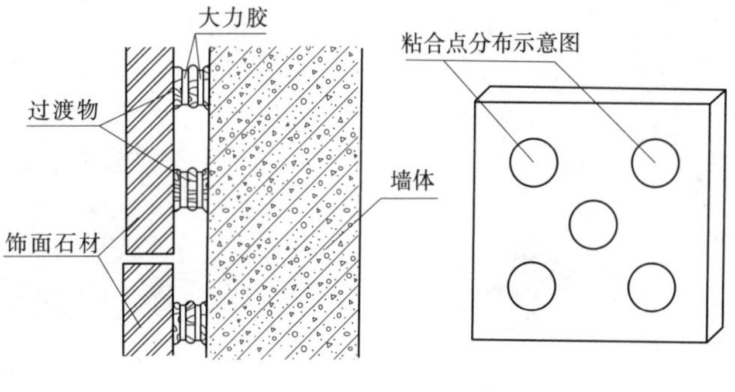

图 3.25　过度粘贴法

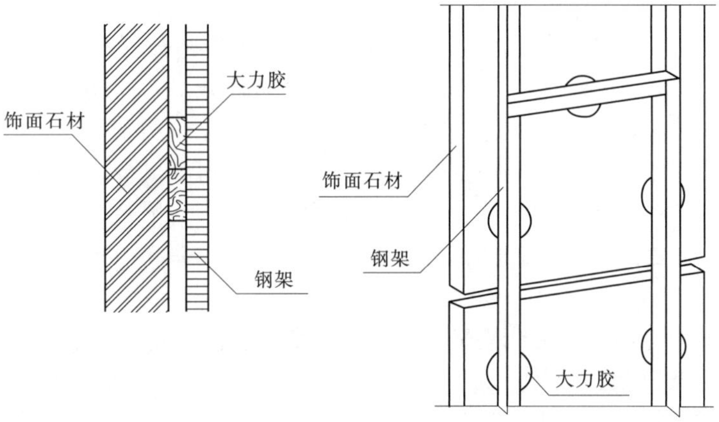

图 3.26　钢架粘贴法

3.5　裱糊类墙（柱）面材料与构造

壁纸、壁布是室内装饰中常用的一种装饰材料，主要用于墙柱面的裱糊，也可用于顶棚的裱糊装饰。而墙布的应用历史悠久，据史料记载，我国明清时期就有采用洒金粉或绘制的纸张、锦缎装饰宫殿和民居的做法。近年来，随着建筑装饰行业的不断发展，裱糊工程所用材料的生产和应用正在迅速发展与普及。目前，普通壁纸已使用较广，塑料壁纸、玻璃纤维墙布应用较多，高级建筑室内装饰选用高档金属壁纸、无纺贴墙布等。

3.5.1　裱糊类材料种类

壁纸、壁布又可称为墙纸、墙布，其种类丰富，按照基层材料可分为纸基与布基两种，这便是壁纸与壁布名称的由来。壁纸、壁布的原料包括羊毛、棉、麻、化纤、丝、草、树叶等多种材质，材质健康环保，在欧洲与日本等国家都有很高的普及率，在我国，壁纸、壁布材质经过一段时间的普及推广之后，如今的应用也较为广泛。其在美化室内环境的同时也起到了防霉、防臭、吸声等附加作用，具有图案丰富多样、施工快捷方便的优点。

目前，我国生产的主要壁纸、壁布品种有塑料壁纸、织物壁纸、麻草壁纸、无纺墙布、化纤墙布、棉纺墙布以及锦缎、丝绒、呢料等。

3.5.1.1　装饰壁纸

壁纸以纸作为基层材料，但面层材质丰富多样，按照面层材质的不同可分为塑料壁纸、金属壁纸、织物壁纸、天然材料壁纸、纸基纸面壁纸等（图 3.27 和图 3.38）。

1. 塑料壁纸

塑料壁纸又称为 PVC 墙纸，其以优质木浆为基层，聚氯乙烯为面层，采用延压或涂布的工艺进行生产，之后经印刷、压花、发泡等工序印制花纹而成。塑料壁纸种类繁多，图案多样，有仿木纹、

图 3.27　壁纸在室内的应用（1）

图 3.28　壁纸在室内的应用（2）

石纹、锦缎，仿瓷砖、黏土砖等各种花纹，是目前使用量最大的一种壁纸。

塑料壁纸的花纹印刷工艺包括单色压花、印花压花、平光印花等，如此可以制成普通类型的塑料壁纸。壁纸的印刷还可通过发泡工艺，使特定图案发生膨胀，产生立体的装饰效果，兼具装饰与吸声的功能。此外，塑料壁纸还可制成具有各种独特功能的特种壁纸，如耐水壁纸、吸烟壁纸、发光壁纸等。塑料壁纸性能优越、施工方便、透气性好、耐湿、耐磨、耐酸碱、吸声隔热、易于保养。塑料壁纸的规格尺寸有窄幅、中幅和长幅之分，幅宽分别为530～600mm、760～900mm、920～1200mm（图 3.29）。

2. 金属壁纸

金属壁纸是在纸基上涂布一层电化铝箔膜而制成，多以铜箔仿金、以铝箔仿银，从而使壁纸具有金属的质感与光泽，金属镀膜的厚度一般为 0.006～0.025mm。金属壁纸无毒、无静电，耐湿、耐晒，是一种高档的室内装饰材料，于室内环境中张贴，可给人以金碧辉煌、时尚华丽的感受，适合运用于商业空间、KTV、酒店等典雅、活泼的室内空间，因其反光程度较高，易于引起人体兴奋，干扰正常休息，故在家庭中的应用相对较少（图 3.30）。

图 3.29　塑料壁纸

图 3.30　金属壁纸

3. 织物壁纸

织物壁纸是以棉、麻、毛等天然纤维材料，或化学纤维制成各种色泽、花色和质地粗细不一的织物，再粘合于木浆纸基上而制成。这种壁纸的面层效果主要通过花色图案和纺线的纹理来实现，织物的纺线中还可夹有荧光线、金银丝线等，从而使壁纸呈现独特的光泽。

织物壁纸因布料织物的表面而给人以亲切柔和、幽雅舒适的体验，表面质感优越、吸音效果显著、耐日晒、不褪色、无毒、无静电、透气性好，具有调节室内湿度的作用。适用于宾馆、饭店、电影院、会议室、广播室及家庭卧室等室内墙面装饰。

4. 天然材料壁纸

以草、麻、木材、树叶等天然材料经干燥、漂白、染色等工序后采用各种方式编织、制作成面层，再粘合于纸质基层所制成的壁纸。极具自然古朴的装饰风格，生活气息浓厚。天然材料壁纸绿色环保，效果自然质朴，具有吸声、无毒、无静电、不吸尘、不变形等特点，但其耐久性和防火性较差，适用于具有自然风格或较具艺术性的室内装饰中，也可用于橱窗等创意设计，不宜运用在人流量大的公共空间。

5. 纸基纸面壁纸

面层材料亦采用纸进行制作，将面层纸与底层纸经胶贴压合之后，再经印刷、压花等工艺制造而成。纸基纸面壁纸的透气性好，价格较为便宜，但不耐水、强度与韧性不足，容易破损（图 3.31）。

图 3.31　纸基纸面壁纸

3.5.1.2　装饰壁布

装饰壁布是采用天然纤维或合成纤维编织面层，以布为基料，表面涂以树脂，并印以图案花纹装饰而制成的墙面装饰材料。相较于壁纸，壁布的质感更为温暖厚实，档次与价位也更高。

1. 无纺墙布

无纺墙布采用棉、麻等天然纤维或涤纶、腈纶等合成纤维，经过面料的无纺成型、涂布树脂、印刷花纹等工序制作而成（图 3.32）。无纺墙布色彩鲜艳、图案典雅、质地挺括、富有弹性，耐候性、透气性优良，且对皮肤无刺激作用，可擦洗而不褪色，适用于各种建筑物的室内墙面装饰，其中尤以涤纶无纺墙布性能优良。无纺墙布主要品种、规格和技术性能（图 3.32）。

2. 化纤墙布

化纤墙布是以化学纤维织物为基材，经一定处理后印花而成的。常用的化学纤维有黏胶纤维、醋酸纤维、玻璃纤维、锦纶、涤纶等。化纤墙布具有无毒、无味、透气、防潮、耐磨、花色鲜亮、不褪色、不分层等特点。适用于宾馆、饭店、办公室、会议室及民用住宅的内墙面装饰，其中玻璃纤维墙布以其较强的防水性能可应用于卫生间、浴室等空间的墙面装饰（图 3.33）。

3. 棉纺墙布

棉纺墙布是以纯棉布料为基材经过印花、涂布耐磨树脂等工序制作而成的。这种墙布的特点是强度大、静电小、变形小、吸声、无毒、无味、健康环保、图案丰富、效果美观。适用用于宾馆、饭店及其他公共建筑和较高等级的民用住宅建筑中的内墙装饰，在水泥砂浆墙面、混凝土墙面、白灰墙面以及石膏板、纤维板、石棉水泥板等基层墙面上均可以实现较好粘贴。棉纺墙布的规格及技术性能（图 3.34）。

图 3.32　无纺墙布

图 3.33　化纤墙布

图 3.34　棉纺墙布

4. 高级装饰墙布

近年来，在一些高级宾馆、饭店、酒吧和娱乐场所的内墙兴起了一种软包装饰热，即在建筑物的内墙面、柱面等处用丝绒、呢料和锦缎等高级织物进行装饰，以求最佳的使用功能和装饰效果。

丝绒色彩华丽，质感厚实，给人们以温暖感，适合做室内墙面裱糊和浮挂，还可以用来加工窗帘。

呢料多为粗毛或仿毛化纤织物及麻类织物，纹理古朴、厚实，吸声、隔声性能好，质感粗实厚重、温暖感好，适合大型厅堂柱面等裱糊装饰。

锦缎是一种纺织品，主要特点是纹理细腻、柔软绚丽、高雅华贵、古朴精致，其价格远远高于一般内墙、柱面的裱糊材料，在古建和现代高级公共建筑以及住宅室内墙面裱糊中应用广泛，主要缺点是柔软变形、挺括性差、不耐潮湿，受潮后容易霉变，防火性能差，施工时操作技术要求高。

3.5.2 裱糊类墙面装饰构造

各种壁纸均应粘贴在具有一定强度、平整光洁的基层上，如水泥砂浆、混合砂浆、混凝土墙体、石膏板等。一般是用稀释的108胶水（掺加一定量的羧甲基纤维素）或者酚醛清漆（清油）涂刷基层，进行基层封闭处理；壁纸预先进行润水处理；用108胶裱贴壁纸。若是预涂胶壁纸，裱糊时先用水将背面胶黏剂浸润，然后直接粘贴壁纸；若是无基层壁纸，可将剥离纸剥去，立即粘贴即可（图3.35和图3.36）。

裱贴工艺有搭接法、拼缝法等，裱贴时应注意保持纸面平整，搭接处理和拼花处理要选择合适的拼缝形式。

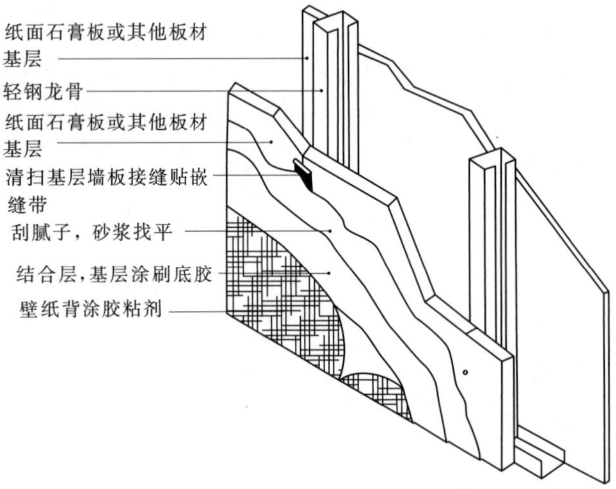

图3.35 轻钢龙骨隔墙裱糊墙纸轴侧图

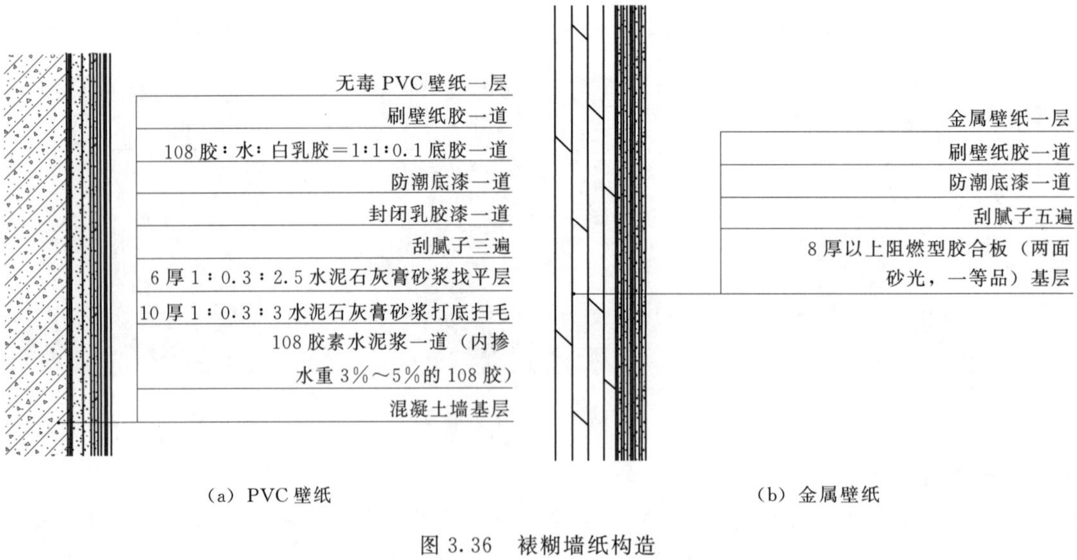

（a）PVC壁纸　　（b）金属壁纸

图3.36 裱糊墙纸构造

3.6 镶板类墙（柱）面材料与构造

镶板类饰面指的是用木板、木条、竹条、胶合板、纤维板、石膏板、石棉水泥板、玻璃、金属板等材料制成各种饰面板，通过镶、钉、拼贴等做成的墙面。镶板类墙面装饰效果丰富，耐久性能好。

3.6.1 木质镶板类墙面

木质类饰面板包括木条、竹条、实木板、胶合板、刨花板等，应有良好的质感和纹理，热导率低、接触感好，经常用在室内墙面护壁或其他有特殊要求的部位。

3.6.1.1 常用材料

1. 胶合板

胶合板是原木经过旋切或刨切成单板，再按相邻单板纤维方向互相垂直的原则组成三层或多层板坯（一般为奇数层），经涂胶热压而制成的人造板。胶合板的最外层单板为表板，其中正面、材质较好的表板称面板，反面的表板称背板；内层单板称为芯板或中板，其中与表板纤维纹理方向相同的芯板称为长芯板，与表板纤维纹理方向相互垂直的芯板称为短芯板。胶合板常被称为三夹板、五夹板、七夹板、九夹板或三合板、五合板等。

2. 装饰人造板

在家具和装饰装修中应用最多的是经过各种装饰的人造板材，装饰人造板在外观、尺寸稳定性、功能上比传统人造板都有更大程度的提高和美化。人造板装饰的方法很多，涉及到物理、机械、化学、电等方面。表 3.2 列出了人造板装饰的基本方法。人造板装饰方法主要有两大类，即贴面装饰和表面加工装饰，其中贴面装饰是最常见和应用最广泛的装饰方法。这是因为贴面材料来源广泛，变化多端，贴面工艺和设备较为简单。表中所列举的材料几乎涵盖了人们生活中所常见的各类材料。表面加工装饰中油漆的应用相对较少，但在家具和高档装饰装修中则较为常见（图 3.37）。

表 3.2　　人造板装饰方法

基本方法	分类	举　例
贴面装饰	塑料贴面	塑料装饰板贴面、PVC 薄膜贴面
	木、竹贴面	天然薄木贴面、人造薄木贴面、微薄竹贴面
	纸张贴面	印刷装饰纸贴面、树脂浸渍纸贴面、油漆纸贴面
	金属贴面	铝箔贴面、镁铝箔贴面、不锈钢箔贴面、铜箔贴面
	纺织品贴面	化纤布贴面、无纺布贴面
	矿物贴面	矿棉板贴面、石棉板贴面、玻璃纤维贴面
	编织物贴面	竹编贴面、草编贴面
涂饰	油漆	各种清漆、色漆
	直接印刷	板面直接印刷仿真木纹或其他图案的人造板
	转移印刷	薄膜热转移印刷
表面加工装饰	浮雕	模压、烘刷、光浮雕、电浮雕、发泡浮雕、化学浮雕
	其他	开槽、烙印、压花、打孔、喷粒、植绒、瓷化、电镀

3. 实木

木材是最重要的室内装饰材料，材色美观柔和，纹理变化自然丰富，密度硬度适中，而且取材方便，易于加工。其优点是质轻（一般树种木材密度通常在 0.3～0.8g/cm^3 之间）；可借助简单工具进

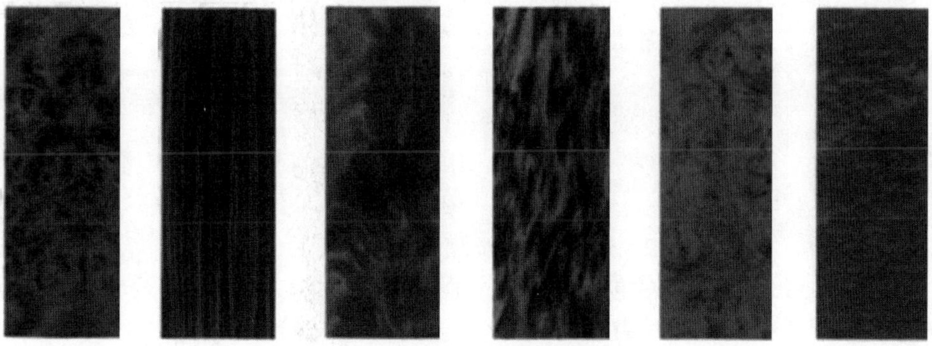

图 3.37　贴面装饰人造板贴面样式

行切削加工；易于结合；具有天然的色泽和花纹，装饰性强，绝缘性好；是弹-塑性材料，能吸纳一定的能量。木材的缺点是易燃、易腐蚀、易受虫蛀、纵横向力学性能差异较大、具有吸湿性（受气温、温湿度变化后易发生开裂、翘曲等）。但这些不足采取一定的加工和处理是可以克服的。经过阻燃处理的阻燃木材可以达到国家标准规定的B1级难燃等级。经过化学和射线处理后制成的改性木材不仅具有很好的耐湿、防水、防腐性能而且具有较为理想的强度（图3.38）。

4. 木质吸音板

吸音板是指板状的具有吸音减噪作用的材料，木质吸音板是根据声学原理精致加工而成的，由饰面、芯材和吸音薄毡组成。吸音板的表面有很多小孔，声音进入小孔后，便会在结构有点像海绵的内壁中自由反射，直至大部分声波的能量都消耗了，变成热能，达到了隔音的效果。木质吸音板分槽木吸音板和孔木吸音板两种，槽木吸音板是一种在密度板的正面开槽、背面穿孔的狭缝共振吸声材料；孔木吸音板是一种在密度板的正面、背面都开圆孔的结构吸声材料。两种吸音板常用于墙面和天花装饰。具有材质轻、不变形、强度高、造型美观、色泽幽雅、装饰效果好、立体感强、组装简便等特点（图3.39）。

图3.38 实木饰面墙体

图3.39 木质吸音板

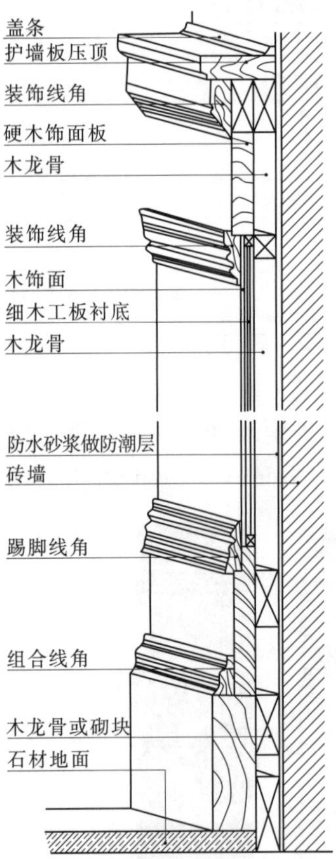

图3.40 木质护壁构造

3.6.1.2 装饰构造

1. 木制护壁的基本构造

木制护壁的组成层次一般分为内部木质骨架、装饰基层板、饰面板。其构造方法是：先在墙内预埋木砖，墙面抹底灰，刷热沥青或铺油毡防潮，然后钉双向木墙筋，一般400～600mm，木筋断面（20～45)mm×(40～45)mm。当要求护壁离墙面一定距离时，可由木砖挑出（图3.40和图3.41）。

2. 细部构造

(1) 板与板的拼接构造：按拼缝的处理方法，可分为平缝、高低缝、压条、密缝、离缝等方式（图3.42）。

(2) 踢脚板构造：踢脚板的处理主要有外凹凸式与内凹凸式两种方式。当护墙板与墙之间距离较大时，一般宜采用内凹式处理，踢脚板与地面之间宜平接（图3.43）。

(3) 护壁板与顶棚交接处构造：护墙板与顶棚交接处的收口以及木墙裙的上端，一般宜做压顶或压条处理（图3.44）。

(4) 拐角构造：阴角和阳角的拐角可采用对接、斜口对接、企口对接、填块等方法（图3.45）。

3.6.2 软包装饰类墙面

软包墙面具有高雅的装饰效果，其特点是柔软、消声、保温、耐磨，应用比较广泛，适合于宾馆、会议室、OK厅、舞厅和家庭等场所的墙柱面装饰装修。

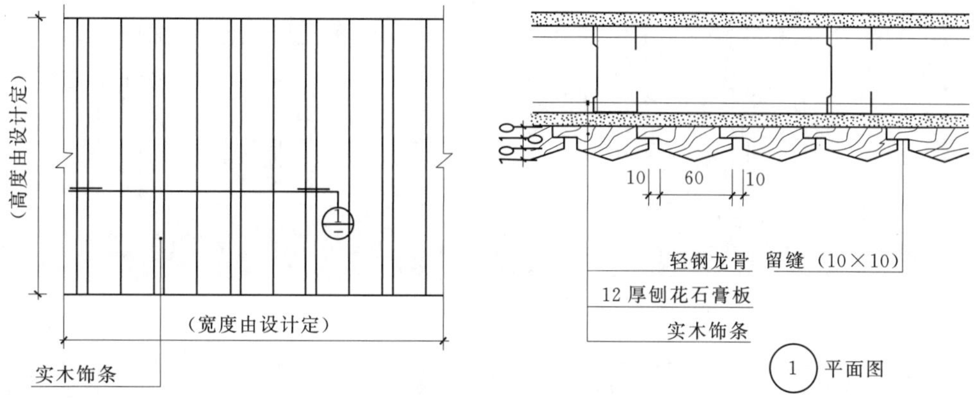

图 3.41　成品木质护壁构造

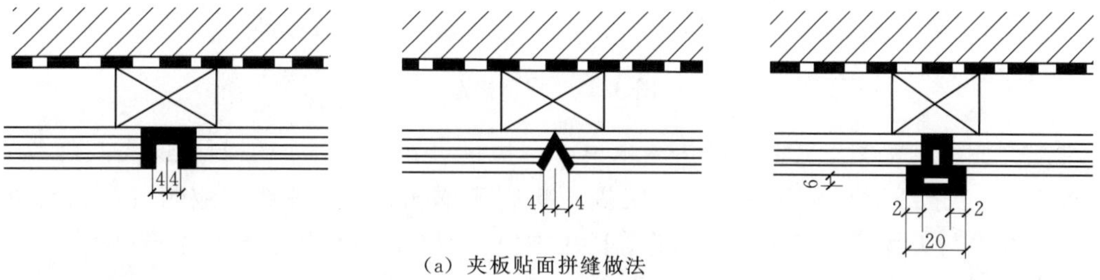

(a) 夹板贴面拼缝做法

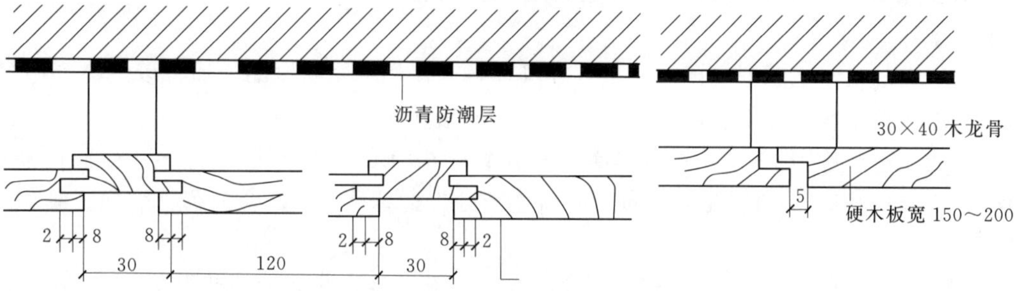

(b) 实木镶板拼缝做法

图 3.42　板与板的拼接构造

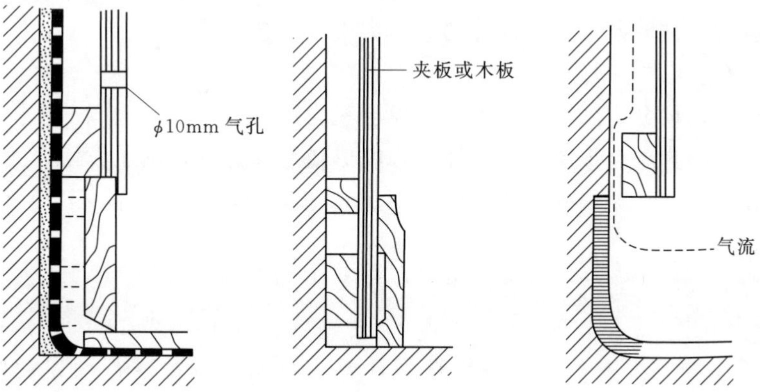

图 3.43　踢脚线的构造

3.6.2.1 常用材料

1. 化学纤维

化学纤维主要以石油为原料，经现代科技提炼、加工而成。化学纤维根据其纤维加工的不同可分

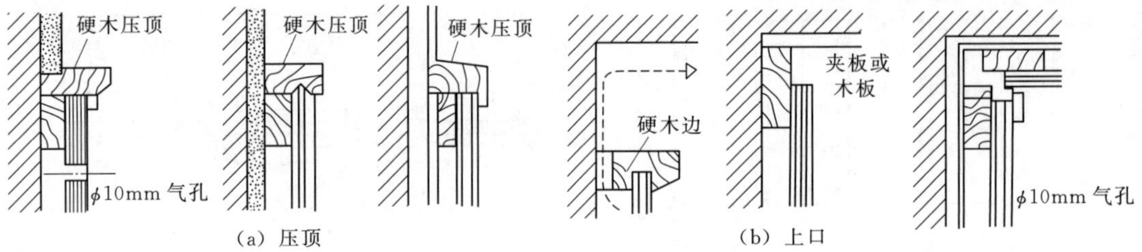

（a）压顶　　（b）上口

图 3.44　护壁板与顶棚交接处构造

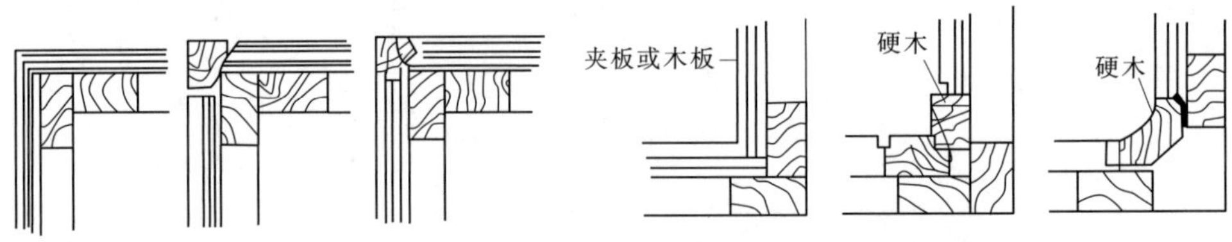

（a）阳角　　（b）阴角

图 3.45　拐角构造

为人造纤维与合成纤维两类。人造纤维是用木材、草类的纤维经化学加工制成的黏胶纤维（如人造丝、人造棉等）；合成纤维则是利用石油化工等原料制成单体，再经聚合反应制成，如锦纶、涤纶、丙纶等。人造纤维与天然纤维，如棉、羊毛等比较类似，而合成纤维则更具化工产品特性，如耐化学腐蚀、不怕虫蛀等。日常生活中所指的化学纤维一般都为合成纤维。

2. 人造革

人造革是一类外观、手感似皮革（见革）并可代替其使用的塑料制品。通常以织物为底基，涂覆由合成树脂添加各种塑料添加剂制成的配混料制成（见增塑糊加工）。在我国，人们习惯将用 PVC 树脂为原料生产的人造革称为 PVC 人造革（简称人造革）；用 PU 树脂为原料生产的人造革称为 PU 人造革（简称 PU 革）；用 PU 树脂与无纺布为原料生产的人造革称为 PU 合成革（简称合成革）。

3. 皮革

皮革是经脱毛和鞣制等物理、化学方法加工所得到的已经变性不易腐烂的动物皮。革是由天然蛋白质纤维在三维空间紧密编织构成的，其表面有一种特殊的粒面层，具有自然的粒纹和光泽，手感舒适。

按鞣制方法分类分为铬鞣革、植鞣革、油鞣革、醛鞣革和结合鞣革等。此外，还可分为轻革和重革。一般用于鞋面、服装、室内装饰等的革，称为轻革，按面积计量；用较厚的动物皮经植物鞣剂或结合鞣制，用于皮鞋内、外底及工业配件等的革称为重革，按重量计量。

3.6.2.2　软包装饰构造

软包在具体结构上，可分为底层、吸声层、面层三大部分。

底层多用胶合板，因为胶合板质轻，易加工，成形随意性优良，施工方便，故底层多采用。吸声层采用轻质不燃多孔材料，如玻璃棉、超细玻璃棉、自熄型泡沫塑料、岩棉等。面层采用人造皮革、防火装饰布等材料。

铺贴固定方法分为分块固定法、成卷铺设法、压条法。

1. 分块固定法

分块固定法是将织物或人造革与木夹板按设计要求分格，划块进行预先裁好，织物留出软包隆起尺寸余量和压边包裹尺寸余量，压边尺寸一般留出 20～30mm 左右。然后，将其一并固定于木龙骨上。安装时，五夹板压住面层织物，钉在木龙骨上，然后织物包裹在五夹板上，内衬矿棉，接缝位于木龙骨条中线上，五夹板的另一端不压织物，直接钉在木龙骨条上。在木龙骨条上，第二块五夹板包裹着织物，压在第一块织物上，并在木龙骨条上固定。依次类推，完成整个软包墙面铺装。如此，第二块五夹板又可包覆第二片革面压于其上进而固定，照此类推完成整个软包面。

这种做法，多用于酒吧台、服务台等部位的装饰。应注意的操作要点是：保证五夹板的接缝位于龙骨中线上；五夹板的另一端不压织物或人造革而是直接钉于木龙骨上；织物或人造革剪裁时必须大于装饰分格划块尺寸（图 3.46）。

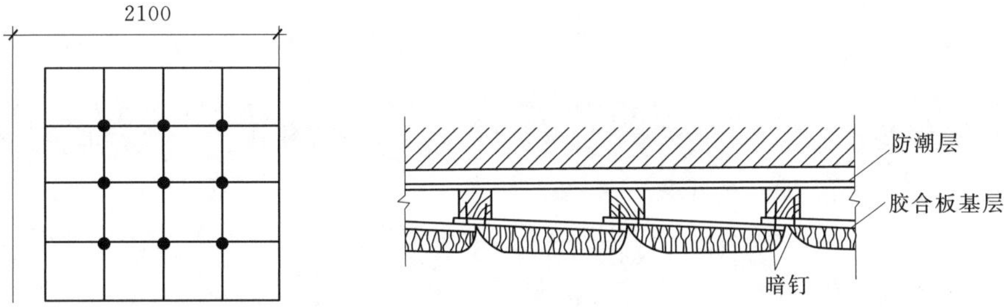

图 3.46　分块固定法

2. 成卷铺设法

当室内墙面面积较大时，可进行成卷铺装。成卷铺装不剪切织物，直接在龙骨条上钉上五夹板，接缝在龙骨条中线上。然后将织物包裹着软材料钉在木龙骨上。铺钉第二块时，五夹板压在第一块铺设好织物面的折叠条上。依次类推，完成整个软包墙面的铺装，但需注意，装饰布或人造革的幅面宽度应大于横向木筋中距 50～80mm；并保证基面五夹板的接缝须置于墙筋上（图 3.47）。

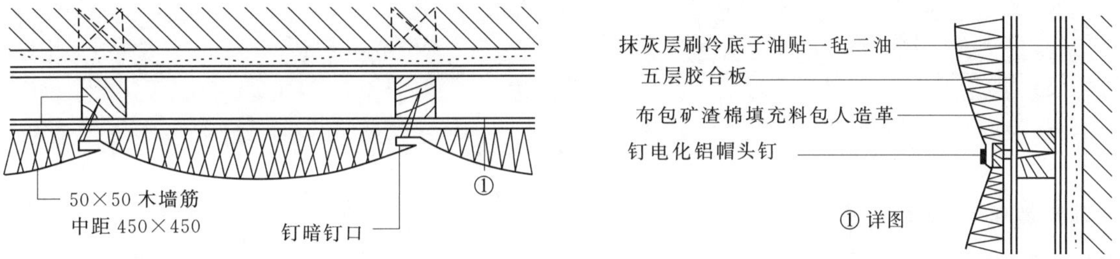

图 3.47　成卷铺设法

3. 压条法

该方法一般用于较大面积的墙面。在安装时，将五夹板平铺在木龙骨条上，并按木龙骨的间距尺寸弹线，然后将软包材料裁成条状或块状（软包材料尺寸与间距相符）。把裁好的织物放在有木龙骨条的位置上，用木压条或其他装饰条钉在木龙骨上。依次钉压，直至完成整个软包墙面的铺装，如图 3.48 所示。

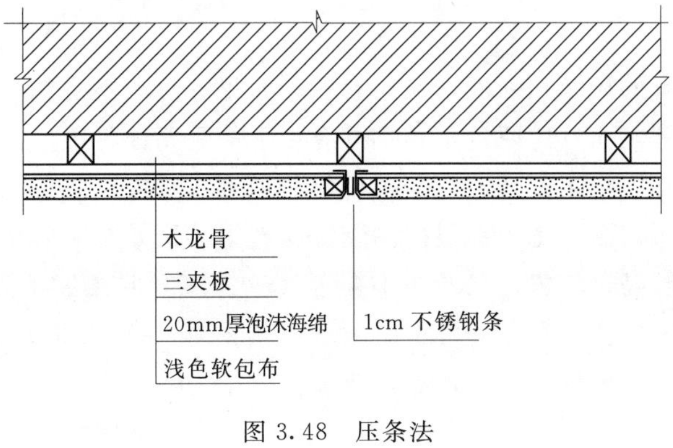

图 3.48　压条法

3.6.3　玻璃镶板类墙面

选用特制的彩色玻璃、压花玻璃、磨砂玻璃等做墙面。

玻璃墙面光滑易清洁，用于室内可以起到活跃气氛、扩大空间等作用；用于室外可结合不锈钢、铝合金等作门头等处的装饰。

构造方法：首先在墙基层上设置一层隔汽防潮层，按采用的玻璃尺寸立木筋，纵横成框格，木筋上做好衬板。

固定方法：一种是在玻璃上钻孔，用螺钉直接钉在木筋上；另一种是用嵌钉或盖缝条将玻璃卡住，盖缝条可选用硬木、塑料、金属（如不锈钢、铜、铝合金）等材料（图 3.49）。

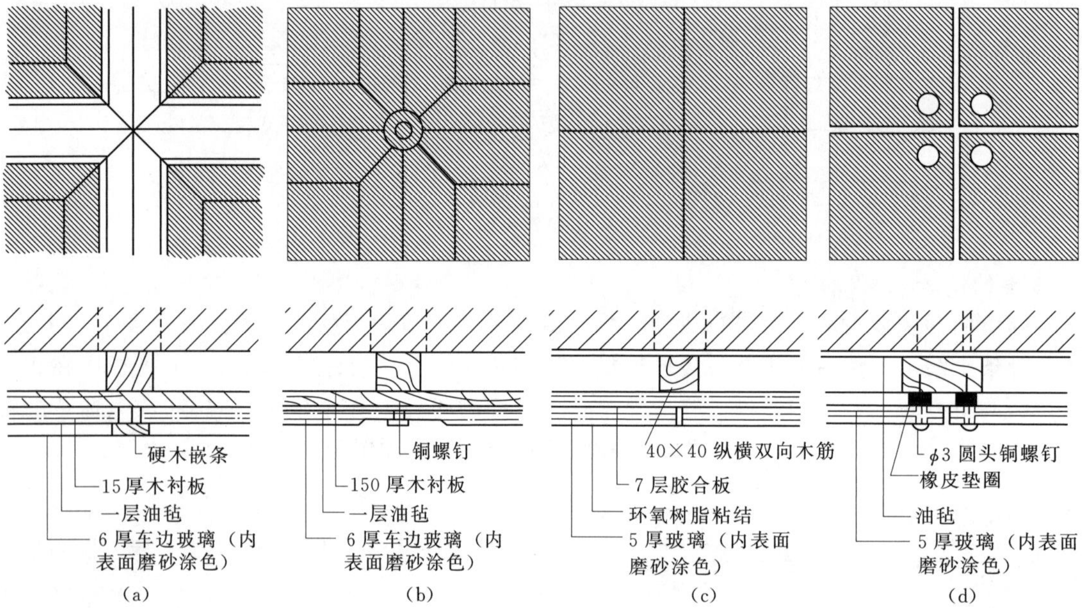

图 3.49　玻璃饰面构造

3.6.4　金属饰面板类墙面

金属饰面板是利用一些轻金属，如铝、铜、铝合金、不锈钢、钢材等，经加工制成各类压型薄板，或者在这些薄板上进行搪瓷、烤漆、喷漆、镀锌、电化覆盖塑料等处理后，用来做室内外墙面装饰的材料。工程中应用较多的有单层铝合金板、铝塑板、不锈钢板、镜面不锈钢板、钛金板、彩色搪瓷钢板、铜合金板等。

金属薄板饰面具有多种性能和装饰效果，自重轻、连接牢固、经久耐用，在室内外装饰中均可采用，但这种饰面板材价格较贵，宜用于重点装饰部位。金属板饰面构造层次与木质类饰面基本相同，在具体连接固定和用料上又有区别。

3.6.4.1　常用材料

1. 不锈钢板

不锈钢既具有金属特有的光泽和强度，又具有色彩纷呈、经久不变的颜色。不仅保持了原色不锈钢的物理、化学、机械性能，而且比原色不锈钢具有更强的耐腐蚀性能。因此，它从 20 世纪 70 年代问世以来，就在建材、化工、汽车以及工艺美术等领域得到广泛应用。

彩色不锈钢装饰板色彩绚丽，是一种很好的装饰材料，装饰效果雍容华贵。彩色不锈钢板同时具有抗腐蚀性强、机械性能较高、彩色面层经久不褪色、色泽随光照角度不同会产生色调变幻等特点，彩色面层能耐 200℃的温度，耐盐雾腐蚀性能比一般不锈钢好。当弯曲 90 时，彩色层不会损坏，可用作厅堂墙板、天花板、电梯厢板、车厢板、建筑装潢、招牌等。

2. 铝合金装饰板

铝合金装饰板又称铝合金压型板或天花扣板，是以铝、铝合金为原料，经辊压冷压加工成各种断面的金属板材，重量轻、强度高、刚度好、耐腐蚀、经久耐用。板表面经阳极氧化或喷漆、喷塑处理后，可形成装饰要求的多种色彩（图 3.50）。

图 3.50　铝合金板

3. 铝塑复合板

铝塑复合板，是指由铝和塑料复合而成的板材，是以经过化学处理的涂装铝板为表层材料，用聚乙烯塑料为芯材，在专用铝塑板生产设备上加工而成的复合材料，一般是先将用作正、背面的铝板进行涂装，然后再与塑料芯材复合。正面板一般涂覆装饰性涂层，背面板涂覆保护性涂层。

该类饰面板材的表面可通过不同的处理方法而呈现出各种各样的花色图案，因此其花色图案丰富多样，极富装饰性，而且施工简便、易操作，自重轻、连接牢靠，耐久、耐候性也较好（图 3.51）。

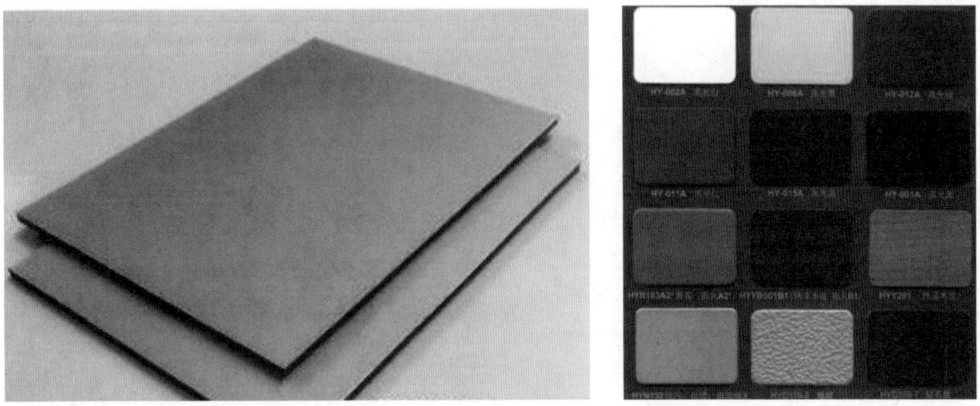

图 3.51　铝塑复合板

3.6.4.2　铝塑板装饰构造

铝塑板饰面的构造层次包括内部骨架（木质骨架或钢制骨架）、装饰基层板、铝塑板饰面板面层。

先进行骨架固定，在墙内预埋木砖或用电锤打孔下木楔，抹一层防潮砂浆或铺贴油毛毡或铺贴防水布作为防潮层，钉双向木墙筋，其间距一般为 400～600mm（视面板规格而定），木筋断面（20～45)mm×(40～45)mm。木质骨架用圆钉固定于木砖上，有时也可用钢钉将木质骨架直接固定于墙体基层上。钢制骨架可由金属膨胀螺栓固定于墙体基层上。

然后，进行装饰基层板的固定。一般选用胶合板、细木工板、中密度板、纸面石膏板等，用气动直钉或气动码钉将其固定于木质骨架上，或者用自攻螺钉固定于钢制骨架上。

最后，用铝塑板专用万能胶将铝塑板直接粘贴在基层板上，铝塑板间的缝隙应用硅酮密封胶进行嵌缝处理（图 3.52～图 3.55）。

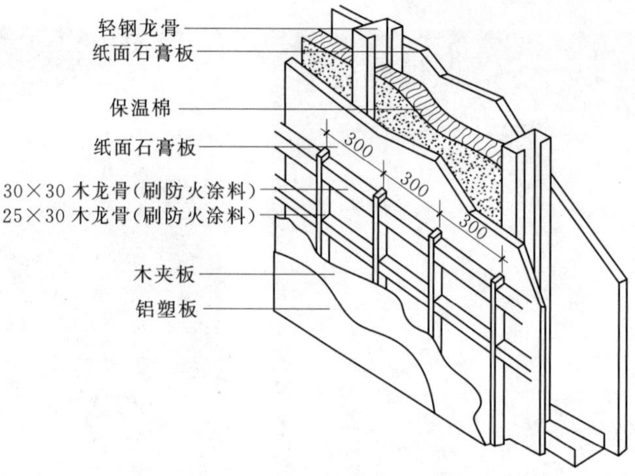

图 3.52　铝塑板装饰构造图

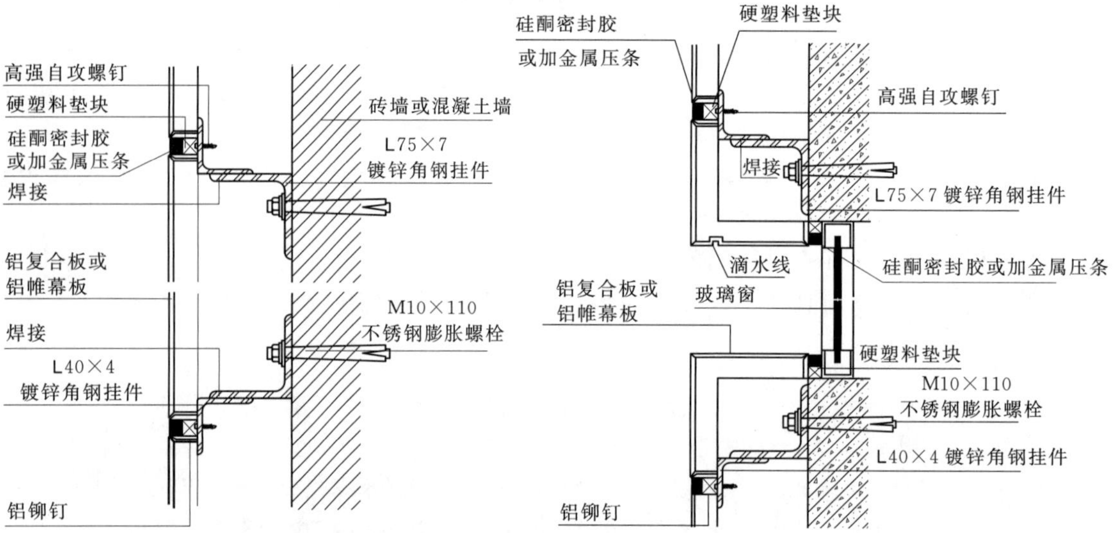

图 3.53　铝塑板装饰节点图

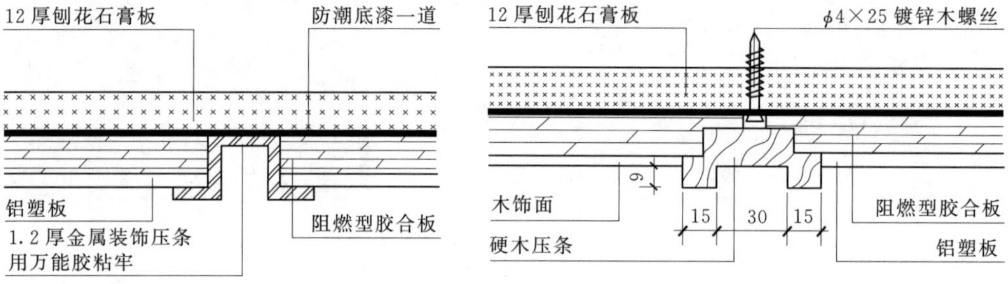

图 3.54　铝塑板接缝

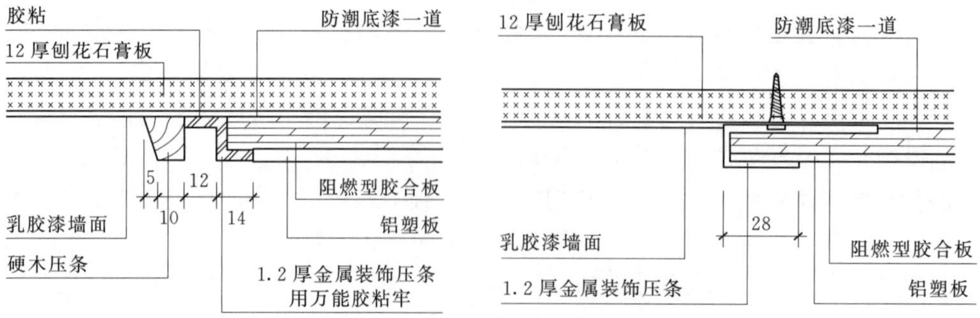

图 3.55　铝塑板边部处理

3.7 柱面装饰材料与构造

柱体装饰装修施工在室内装饰工程中虽然工程量不大，但能体现装饰装修施工的技术水平。由于柱体一般都处于室内的显著位置，距人们的视线近，而且与人们频繁接触，因此要求柱体装饰造型准确、工艺处理精细。

室内柱体的种类很多，具体划分有方柱、圆柱、椭圆柱、造型柱、功能柱等。其中方柱和圆柱较为常见；而造型柱是为了满足装饰的需要，运用立体构成的艺术效果，在原有柱体上重新造型；功能柱一般用于商业建筑室内，既有装饰作用，又有实用功能（主要是展出各种商品）。分为带有展架和外框两种，展框架又分落地式和悬空式两种（图 3.56）。

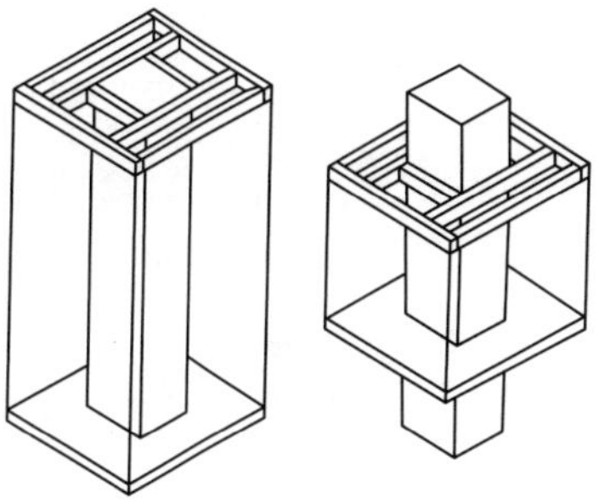

图 3.56 实用功能柱

柱体的结构形式按骨架材料划分有直接粘贴、木龙骨结构、钢龙骨结构、钢木混合结构、钢架钢网水泥砂浆结构；柱体的装修施工主要有方柱施工、圆柱施工、方柱改成圆柱施工、圆柱改成方柱施工以及造柱等施工方式。

3.7.1 直接粘贴

直接粘贴是指在柱面的表面进行基层处理后，直接进行饰面装饰，饰面构造与墙面饰面方式相同，如图 3.57 所示。

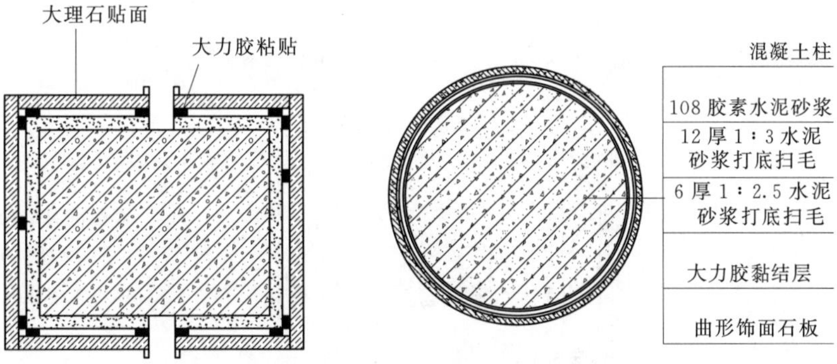

图 3.57 直接粘贴

3.7.2 木骨架

木骨架适用于将原有柱加大或改变柱体形状，木龙骨架通常采用截面尺寸为 30mm×40mm、25mm×30mm 的松木方连接成框体，主要用于木质装饰板饰面、铝合金装饰板饰面、不锈钢板饰面以及 PVC 板饰面等。

木骨架分为竖向龙骨和横向龙骨。竖向龙骨起主要的支撑作用，与角铁之间用螺钉固定，角铁与顶、地面之间用膨胀螺栓或射钉固定，其固定位置在竖向龙骨的内侧。横向龙骨的作用一方面是龙骨架的支撑件，另一方面是造型。但是不同形状的柱体，其横向龙骨的形状也有所差异。对于方柱体采用的横向龙骨与竖向龙骨的截面尺寸相同；而圆柱体中的横向龙骨通常采用 12mm 厚的木夹板加工成弧线形，竖向龙骨和横向龙骨在连接时，分别在横向、竖向龙骨上开出半槽，两龙骨在槽口处扣接，扣接处要涂胶加钉固定。如果横向龙骨长度不够，其连接位置必须在竖向龙骨的半槽中间。横向龙骨之间的间隔距离通常为 300mm 或 400mm。

为保证装饰柱体的稳固，通常要在原建筑柱体上安装支撑杆件，使之与装饰柱体骨架固定连接。木龙骨柱体骨架的支撑杆，通常采用木方作材料。支撑杆的一端用膨胀螺栓、射钉、木楔铁钉法与建筑柱体连接，另一端用钉接成焊接与装饰柱体骨架连接。支撑杆在柱体高度方向上的间距一般为 800～1000mm，构造如图 3.58 所示。

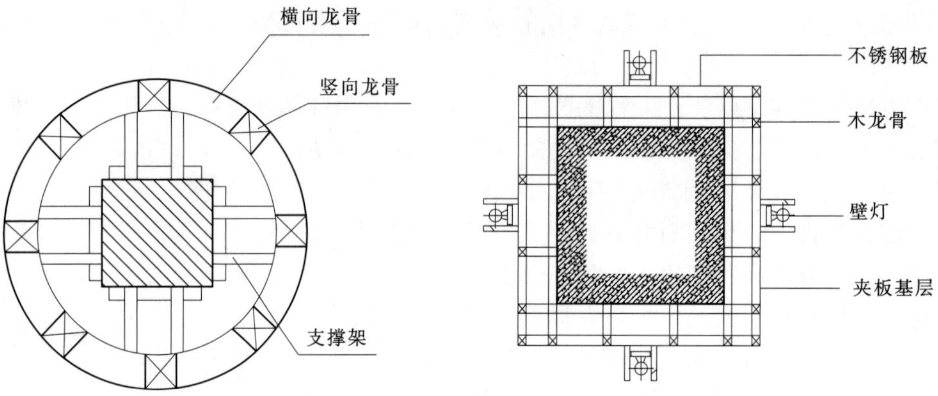

(a)　　(b)

图 3.58　木骨架

3.7.3.　钢骨架

钢龙骨的制作、安装与木龙骨基本相同，所不同的是：竖向龙骨是用角钢，横向龙骨对于方柱体也采用角钢；对于圆柱体则采用扁铁，扁铁是用模具弯圆。横竖龙骨用焊接方法连接，但焊点与焊缝不得在柱体框架的外表面，否则将影响柱体表面安装的平整性。钢骨架主要用于铝合金装饰面板、石材饰面板的安装（图 3.59）。

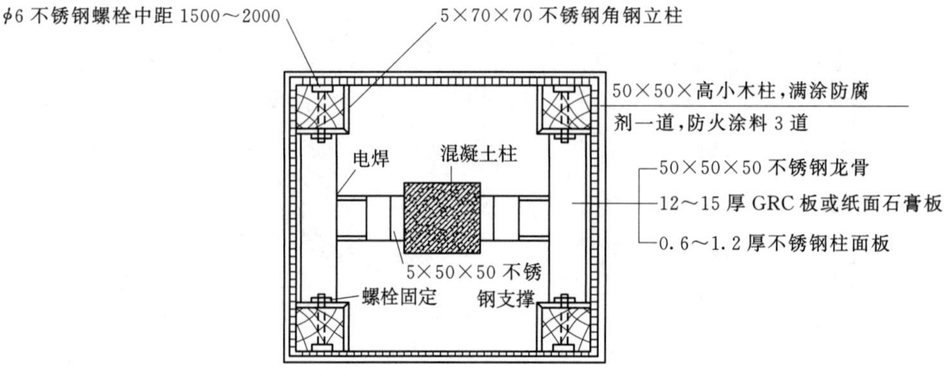

(a)方柱

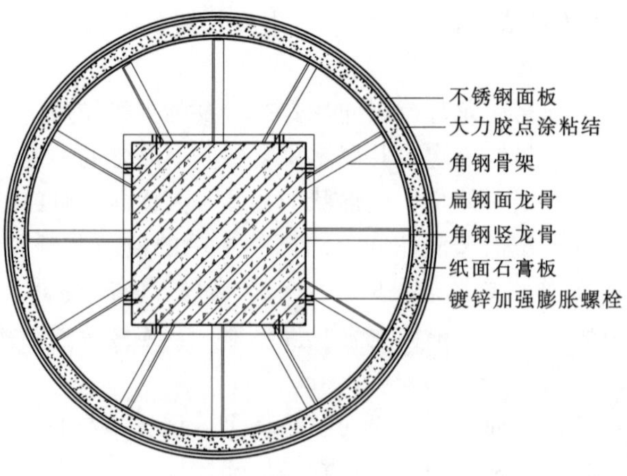

(b)方改圆柱

图 3.59　钢骨架

3.7.4 钢木混合结构

钢木混合结构的柱体常用于独立的门柱、门框架、装饰柱等装饰体。目的是为保证这些装饰体既有足够的强度、刚度，又便于进行饰面处理。

1. 混合结构的材料

(1) 钢架结构通常采用角钢焊接组成。对于柱体边长或直径小于 300mm，高度小于 3m，可选用 (30×30)～(50×50)mm 的角钢。对于高度大于 3m 的柱体，采用的角钢尺寸规格可适当选大。钢架结构柱体中竖向角钢的规格大于横档角钢。

(2) 混合结构中采用厚 15mm 左右的木夹板为基面板。

(3) 采用木方为钢木的衔接体，木方截面尺寸一般不大于 30mm×30mm。

2. 混合结构的构造

(1) 角钢框架的焊接有两种形式：一种是先焊接横档方框，然后将竖向角钢与横档方框焊接；另一种是将竖向角钢与横档角钢同时焊接组成框架。横档角钢的间隔在 600～1000mm 之间，框架要涂刷两遍防锈漆。值得注意的是：前一种框架在焊接前，要校核每个横档方框的尺寸和方正性以及竖向龙骨的角钢互相平行性。后一种框架在焊接前，应检查各段横档角钢的尺寸，其长度尺寸误差应在 ±1.5mm 以内。其焊接方法是：先分别将两条竖向角钢焊接起来组成两片，然后再在这两片之间用横档角钢焊接起来，组成框架，如图 3.60 所示。

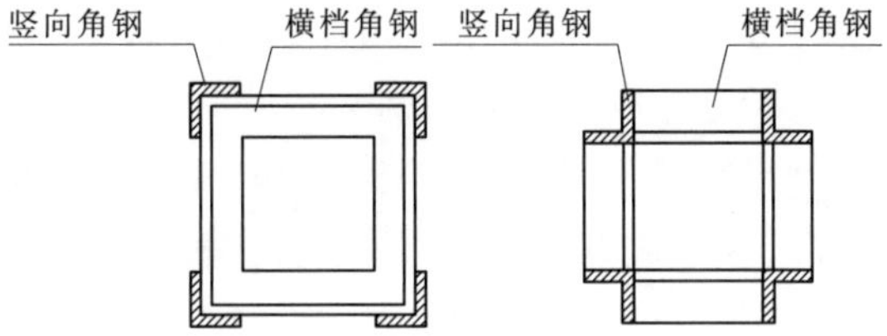

图 3.60 角框架的焊接

(2) 角钢架与地面、顶面的固定。角钢架与地面、顶面常用预埋件来连接固定。预埋件一般为环头螺栓，数量为四只，长度为 100mm 左右，如图 3.61 所示。如果地面、顶面结构不允许用预埋件，则可用 M10～M14 的膨胀螺栓来固定，其数量为 6～8 只，但长度在 60mm 左右。不能过短，否则将影响固定的稳定性。

(3) 木方的安装。将四面刨平的木方，与角钢同时钻孔，用 M6 的平头长螺栓，把木方固定在角钢上，并检查木方的方正度，见图 3.62。

(4) 木夹板的安装。为了便于安装与进行饰面，混合结构的柱体常用厚木夹板做基面。其安装方式有两种：一种是直接钉在混合结构的木方上；一种是直接用螺栓安装在角钢上（图 3.63)。

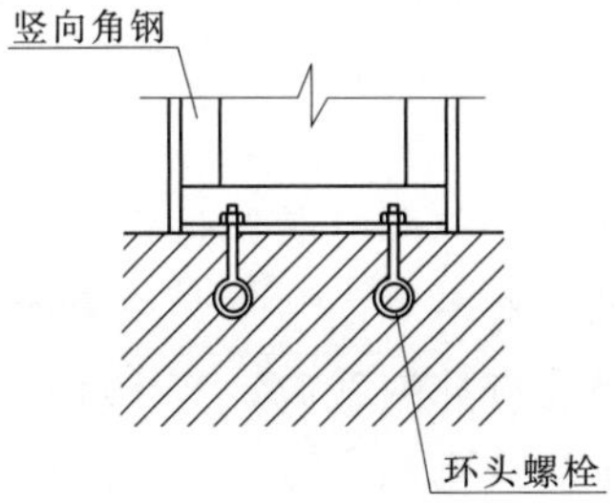

图 3.61 角钢架与地面的固定

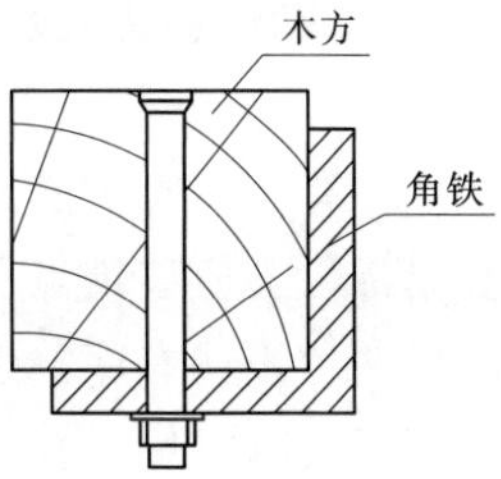

图 3.62 木方与角钢的固定

3.7.5 收口处理

不锈钢包圆柱体时通常是由两到三个曲面围合而成，缝隙的结合形式有直接卡口式、嵌槽压口式、钉接式（图 3.64 和图 3.65)。

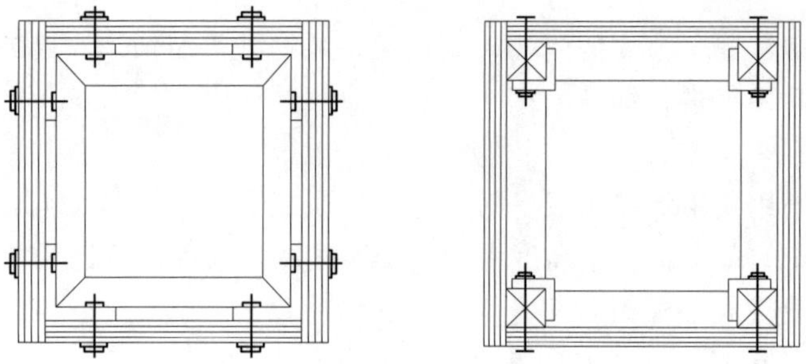

图 3.63　钢木龙骨与基板的安装

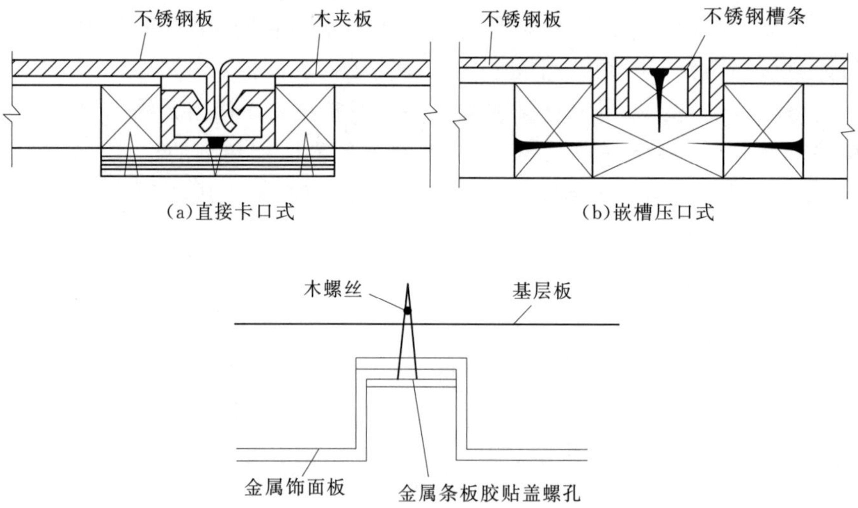

图 3.64　不锈钢板收口处理结构

3.8　墙面装饰配件构造

在墙面装饰中，除了大面积的装饰外，还有因功能需要或装饰效果需要，进行局部的点缀装饰，如窗帘盒以及各种材质的线条等。

3.8.1　窗帘盒

窗帘盒设置在窗口上方，主要用来吊挂窗帘，并对窗帘导轨等构件等起遮挡作用。窗帘盒的长度一般为洞口宽度+300mm 左右（洞口两侧各 150mm 左右）；深度（即出挑尺寸）与所选用的窗帘材料的厚薄和窗帘的层数有关，一般为 120～200mm（图 3.65）。

3.8.2　装饰线脚

装饰线脚的作用有：对有关装饰装修部位进行收边和收口处理，以隐藏装饰过程中可能出现的瑕疵；对各装饰装修部位进行装饰点缀，满足整体装饰效果的要求；对不同的装饰装修界面进行界面划分，以做到层次分明、协调有序；也用于固定饰面材料。装饰线脚有抹灰线脚、实木线脚、人造木线脚、石膏线脚、塑料线脚、铝合金线脚及不锈钢线脚等，其中抹灰线脚和木制线脚、石膏线脚等应用较为广泛。

抹灰线脚的式样很多，线条有简有繁，形状有大有小。一般可分为简单灰线、多线条灰线。简单灰线常用于室内顶棚四周及方柱、圆柱的上端。多线条灰线，一般指三条以上、凹槽较深、开头不一定相同的灰线，常用于房间的顶棚四周、舞台口、灯光装置的周围等（图 3.66 和图 3.67）。

石膏线脚是用石膏粉掺入纤维脱模而成，成本低，效果良好。金属线脚是用铝、铜、不锈钢板冲

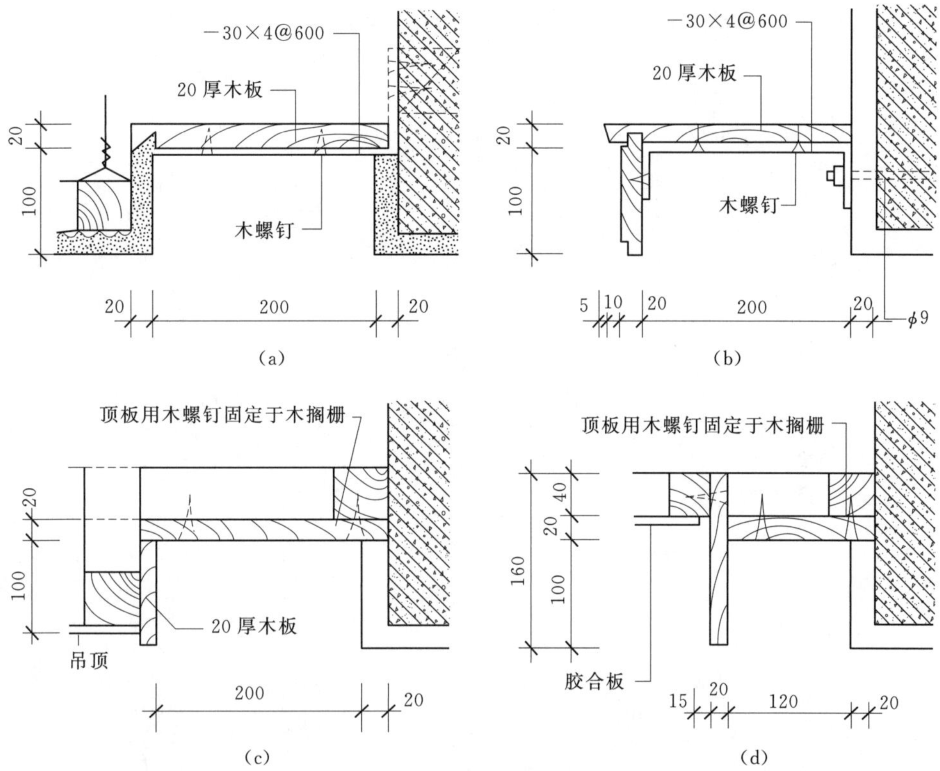

图 3.65　窗帘盒构造

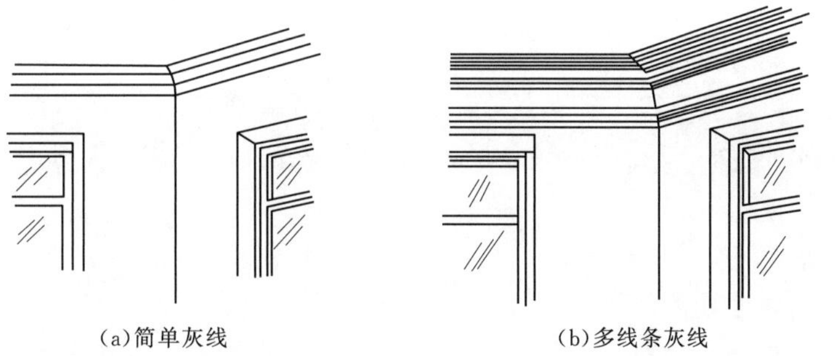

图 3.66　灰线

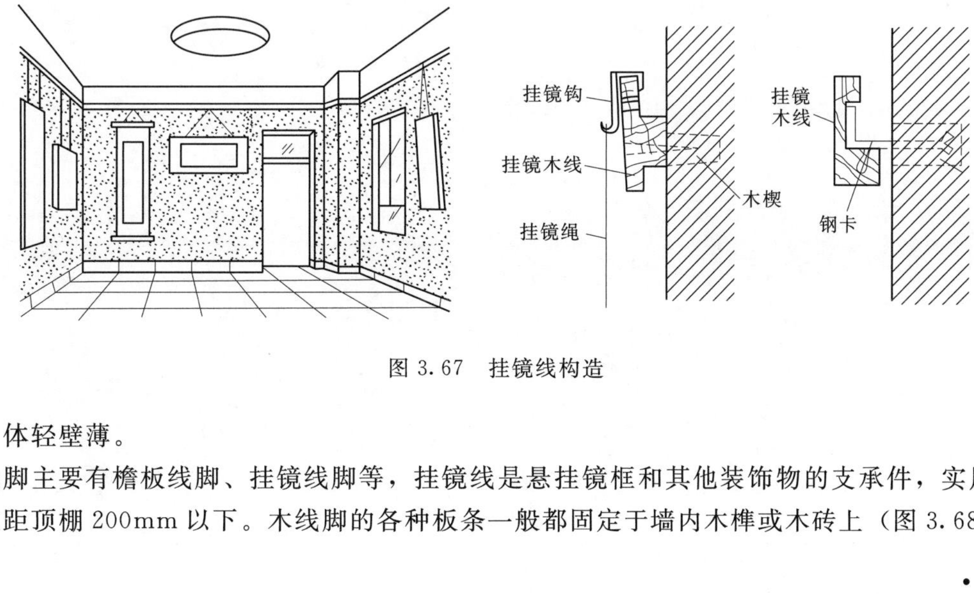

图 3.67　挂镜线构造

压而成，体轻壁薄。

木线脚主要有檐板线脚、挂镜线脚等，挂镜线是悬挂镜框和其他装饰物的支承件，实用性很强，多设置在距顶棚 200mm 以下。木线脚的各种板条一般都固定于墙内木榫或木砖上（图 3.68）。

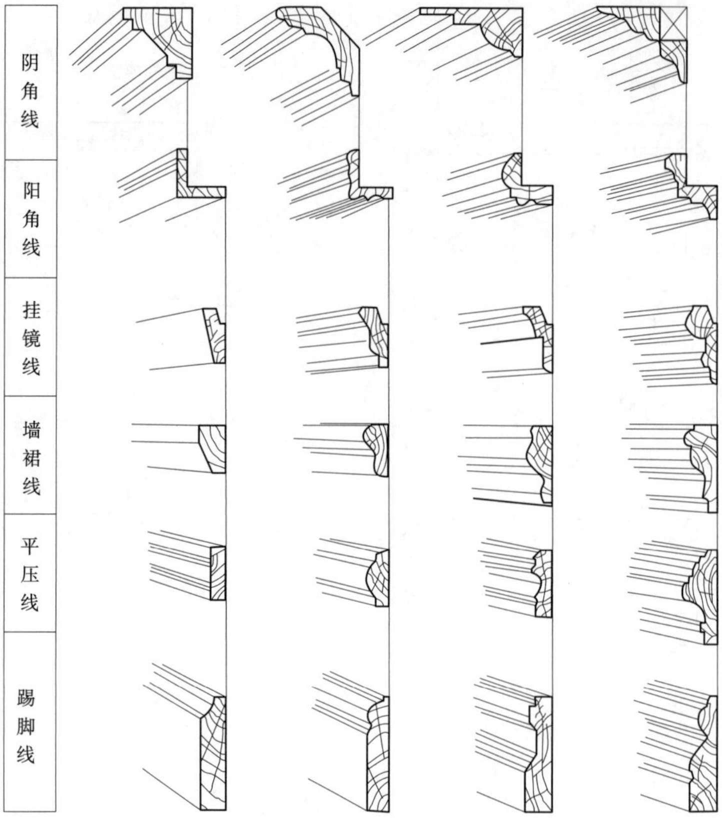

图 3.68　木线脚构造

【本章重点】 本章从墙面装饰的基本功能及分类入手，重点讲述了抹灰类墙体饰面、贴面类墙体饰面、涂饰类墙体饰面、裱糊类墙体饰面、镶板类墙体饰面的构造特点、类型和构造层次。

思考题

1. 简述墙体饰面的主要功能。
2. 简述墙体装饰的类型及构造特点。
3. 简述贴面类墙柱面材料的类型及构造方法。
4. 列举不同材质柱面构造方式。

第4章

楼梯装饰材料与构造

【教学目标】

◇ 楼梯的基本组成和构造要求

◇ 楼梯的常见形式及其构造方法

◇ 楼梯的细部装饰结构

楼梯是建筑内部空间的垂直交通设施，具有很强的引导性，起着联系上下楼层空间和人流紧急疏散的作用。同时，楼梯作为空间结构的重要元素，以其特殊的造型、体量、丰富的材料、多变的结构形式和装饰手法，起着装饰空间的作用。

4.1 楼梯装饰概述

楼梯是整个室内装修的一部分，是影响室内整体环境空间艺术效果的重要装饰对象。选择什么样的材料做楼梯，必须与整个装修协调一致，否则会觉得不伦不类，达不到理想效果。

4.1.1 楼梯的组成

楼梯一般是由楼梯段、平台、栏杆、栏板、扶手等组成（图4.1）。

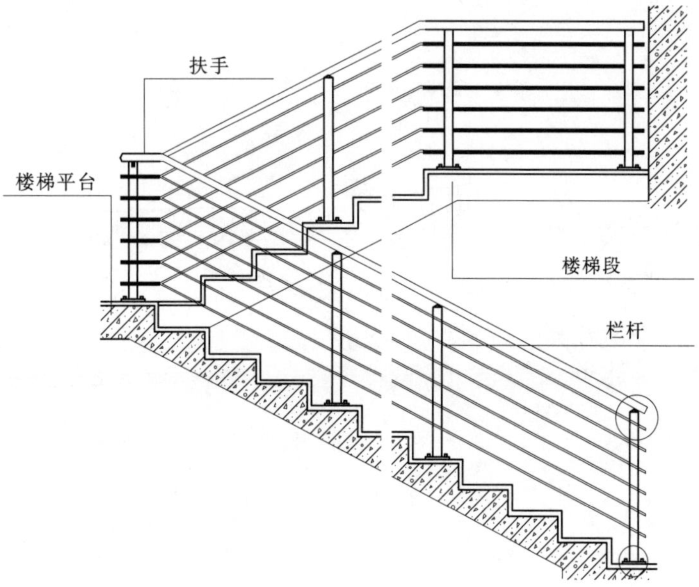

图4.1 楼梯的组成

1. 楼梯段

楼梯段又称楼梯跑，是楼梯的主要使用和承重部分，是联系两个不同标高平台的构件，由若干个踏步组成。为了保障使用者的安全、减轻疲劳，一般情况下楼梯踏步不多于 18 步，不少于 3 步，踏步数太少容易使人摔倒。

2. 楼梯平台

楼梯平台根据所处位置和高度不同分为楼层平台和中间平台两部分。中间平台是连接楼梯段的平面构件，供人连续上下楼时调节体力、缓解疲劳，起休息和转弯的作用，故又称休息平台。中间平台在满足使用功能和相关技术规范前提下，其形状可变化多样，以增加空间的艺术效果。楼层平台的标高与相应的楼面一致，除有着与中间平台相同的用途外，还用来分配从楼梯到达各楼层的人流。

3. 栏杆与扶手

楼梯栏杆是设置在梯段和平台边缘的安全保护构件，栏杆的材质必须有足够的强度和安全性。扶手是附设于栏杆顶部，作行走时依扶之用。而设于墙体上的扶手称为靠墙扶手，当楼梯宽度较大或需引导人流的行走方向时，可在梯段中间加设中间扶手。通过对栏杆、扶手的颜色、断面形式、材料质感的设计，给楼梯的整体造型增色。

4.1.2 楼梯的分类

楼梯的形式很丰富，可根据位置、材料和形式进行分类。

（1）按楼梯安装位置可分为室外楼梯（分安全楼梯和消防楼梯）与室内楼梯（分主要楼梯和辅助楼梯）。

（2）按制作楼梯材料可分为木质楼梯、不锈钢楼梯、铁艺楼梯、铝楼梯及其他材质的楼梯。

（3）按楼梯外观形式可分为单梯段直跑楼梯、双梯段直跑楼梯、双跑平行楼梯、三跑楼梯、双分平行楼梯、双合平行楼梯、转角楼梯、交叉楼梯、剪刀楼梯、螺旋楼梯、弧形楼梯等（图 4.2）。

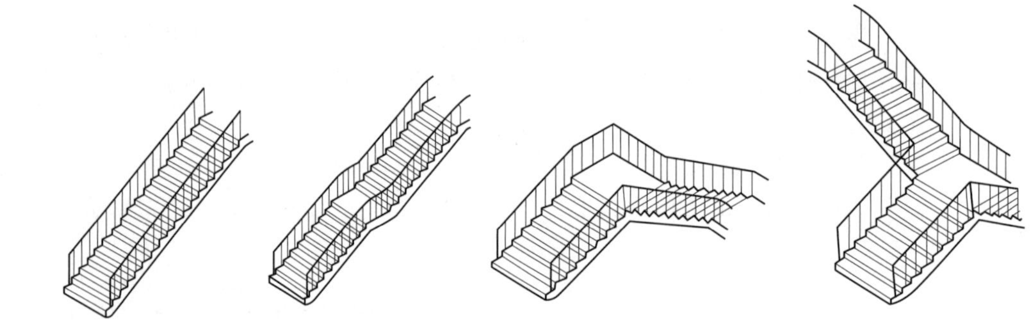

(a)直跑单跑楼梯　(b)直跑双跑楼梯　(c)折角楼梯　(d)双分折角楼梯

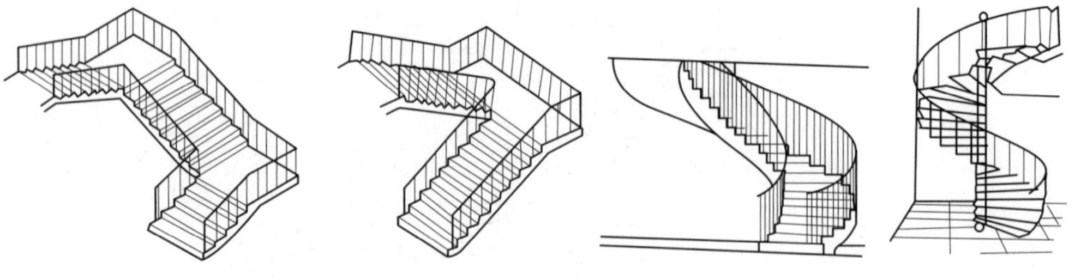

(e)三折楼梯　(f)对折楼梯(双跑楼梯)　(g)圆形楼梯　(h)螺旋楼梯

图 4.2　楼梯的形式示意图

直跑楼梯具有方向单一、贯通空间的特点，仅用于层高不大的建筑；双分平行楼梯和双分转角楼梯则是均匀对称的形式，显得典雅庄重；双跑楼梯、三跑楼梯可用于不对称的平面布局。

两个直行单跑楼梯交叉而成的剪刀楼梯，适合层高小的建筑。两个直行多跑楼梯适用于层高较大且有人流多向性选择要求的建筑，不仅有利于人流疏散，也有效地利用了空间。螺旋形楼梯通常是围绕一根单柱布置，平面呈圆形，可以增加空间轻松、活泼的气氛，但这种楼梯不能作为主要人流交通和疏散楼梯。

4.1.3 楼梯的风格与材料选择

楼梯的装饰需要楼梯板、扶手和柱子。材料有木制品、铁制品（锻造和铸铁）、大理石、玻璃和不锈钢等。

1. 木质楼梯

木质楼梯具有天然独特的纹理、柔和的色泽、脚感舒适、冬暖夏凉，并且是纯天然绿色装饰材料，因此市场占有率最高，深受消费者青睐。选择时，注意在选择地板时对楼梯地板尺寸的配置，目前市场上地板的尺寸以 90cm 长、10cm 宽为最多，但楼梯地板可以配长 120cm、宽 15cm 的地板，这样一格楼梯只要两块就够用了，可少一道接缝，也容易施工和保养。对柱子和扶手的选择，应做到木材和款式尽量搭配（图 4.3）。

图 4.3 木质楼梯

图 4.4 钢木楼梯

2. 铁制品楼梯

铁制品楼梯是指钢铁用料打造的楼梯，多用作消防通道用的应急楼梯、爬梯，家装用较少。但铁楼梯在别墅和复式住宅室内采用得很多，一般铁艺作为栏板、扶手用实木。

3. 钢木楼梯

钢木楼梯实际上是木制品和钢铁制品组合形成的复合楼梯。有的楼梯扶手和护栏是铁制品，而楼梯板仍为木制品；也有的是护栏为铁制品，扶手和楼梯板采用木制品。这类楼梯，选择的用户也不少，与纯木制品楼梯相比，钢木楼梯可以被制成各种各样的造型，线条活泼流畅，美观大方。与锻打楼梯相比，钢木楼梯显得略微稳重，结合了木楼梯和金属楼梯的优点，具有木楼梯的舒适感，避免了木楼梯容易发出声响的缺点。楼梯护栏中锻打的花纹选择余地较大，有柱式的，也有各类花纹组成的图案；色彩有仿古的，也有以铜和铁的本色呈现的（图 4.4）。

4. 大理石楼梯

选择大理石楼梯的用户，一般已在地层铺设大理石，为保持室内色彩和材料的统一性，用大理石继续铺设楼梯。但在楼梯设计扶手的选择上大多保留木制品，使冷冰冰的空间内，增加一点暖色材料（图 4.5）。

5. 玻璃楼梯

玻璃楼梯就是全部或部分用玻璃制成的楼梯，是当下新款式，比较适合现代派青年人。玻璃大都用磨砂的，不全透明，厚度在 10mm 以上。这类楼梯一般用木制品做扶手，成品玻璃楼梯无论与什么材料搭配都以突出玻璃材料的通透质感为主（图 4.6）。

图 4.5　大理石楼梯

图 4.6　玻璃楼梯

6. 不锈钢楼梯

不锈钢楼梯具有手感好、有现代感、易于打扫、不生锈、使用寿命长等特点，在公司、公园、广场、商场等场所被广泛应用。市场上常见的不锈钢楼梯立柱材质通常以不锈钢 304 材质居多，沿海地区 316 材质较多，具有防腐蚀等优点。另外，还有用钢丝、麻绳等做楼梯护栏的，配上木制品楼板和扶手，受到大众的喜爱（图 4.7）。

图 4.7　不锈钢楼梯

4.2　楼 梯 的 设 计

由于楼梯是主要交通疏散设施，在安全性和导向性上有着很高的要求，所以楼梯的形态、位置、数量、尺度的设计和材料的选用，必须符合建筑设计的标准和规范。楼梯的设计除满足使用功能外，还应充分考虑艺术形式、装饰手法、空间环境等关系。

4.2.1　楼梯设置原则

1. 导向性

楼梯一般布置在交通枢纽和人流集中部位，如门厅、走廊交叉口和端口，分为主楼梯和辅助楼梯两大类。主楼梯要具有显著醒目、直达通畅、美观协调等特点，应布置在人流集中的交通枢纽地方。辅助楼梯应设置在不明显但宜寻找的位置，主要起疏散人流的作用。

2. 装饰性

楼梯可以成为室内空间的一个点缀。楼梯的装饰装修构造是对楼梯梯段的踏步面层构造及栏杆、栏板、扶手的细部做装饰装修处理。在满足使用要求的同时还要考虑其耐磨、美观及舒适性要求。

3. 防火要求

楼梯的布置数量和间距必须符合有关防火规范的疏散要求，保证楼梯具有足够的通行和疏导能力。楼梯材料要满足防火要求，饰面材料应采用防火或阻燃材料，结构金属框架不应外露；木结构楼梯应对木材刷多遍防火涂料，木楼梯的底层平台下和顶层上方不宜设储物间。

4.2.2 楼梯的尺度

1. 楼梯段的宽度

楼梯的宽度主要满足上下人流和搬运物品及安全疏散的需要，同时还应符合建筑防火规范的要求。单人通行的梯段宽度一般为800～900mm，一般成品楼梯应该按照这个宽度设计。其他公用场所的楼梯，比如双人通行的梯段宽度一般为1100～1400mm；三人通行的梯段宽度一般为1650～2100mm。

2. 平台的宽度

楼梯中间平台的净宽不得小于楼梯段的宽度；直跑楼梯平台深度不小于2倍踏步宽加一步踏步高。双跑楼梯中间平台深度不小于梯段宽度，而一般住宅内部的楼梯宽度可适当缩小，但不宜小于850mm。

3. 楼梯坡度

梯段各级踏步前缘各点的连线称为坡度线。坡度线与水平面的夹角即为楼梯的坡度。楼梯的坡度应考虑到行走舒适、攀登效率和空间状态因素。室内楼梯的坡度一般以20°～45°为宜，最好的坡度为30°左右。当坡度小于23°时，常做成坡道，而坡度大于45°时，则采用爬梯。

4. 踏步尺寸

踏步的尺寸与楼梯的坡度有着直接的关系，不同层间的踏步尺寸可以根据不同的室内层高加以变化，但同一梯段的踏步尺寸要保持一致，一般来说，楼梯的踏步高 h 和踏步宽 b 宜符合公式 $2h+b=600\text{mm}$，就成年人而言，楼梯踏步的最小宽度应为280～300mm，常用的楼梯踏步数值见相关建筑规范（表4.1）。

表4.1　常用适宜踏步尺寸

名　　称	住　　宅	学校、办公楼	剧院、会堂	医院（病人用）	幼儿园
踏步高/mm	156～175	140～160	120～150	150	120～150
踏步宽/mm	260～300	260～340	280～350	300	360～300

5. 楼梯的净空高度

楼梯净空高度 H 一般应大于人体上肢伸直向上、手指触到顶棚的距离。楼梯净高、净空尺寸关系见表4.2。楼梯净空高度应满足人流通行和家具搬运的方便，为了防止行进中碰头或产生压抑感，规定梯段净空不小于2200mm，平台梁下净高应不小于2000mm，且平台梁与起始踏步前缘水平距离不小于300mm。

表4.2　楼梯净高及净空尺寸计算

踏步尺寸/mm	130×340	150×300	170×260	180×240
梯段坡度	20°54′	26°30′	33°12′	36°52′
梯段净高/mm	2360	2400	2470	2510
梯段净空/mm	2150	2080	1990	1940

6. 楼梯栏杆（栏板）扶手的高度

楼梯栏杆（栏板）扶手的高度与楼梯的坡度、使用人群、使用要求、位置等密切相关。当楼梯坡度倾斜很大时，扶手的高度可降低。当楼梯坡度平缓时，高度可稍大。通常建筑内部楼梯栏杆（栏板）扶手的高度以踏步表面往上900mm，室外不低于1100mm，幼儿园、小学校等供儿童使用的栏杆可在600mm左右高度再增设一道扶手。栏杆之间的净距不大于110mm。

4.3 常见楼梯装修构造

目前用木材、金属以及石材加工和安装的楼梯，多为装饰性小型楼梯。其中以木质材料制作的楼梯居多，其楼梯的扶手、立柱和栏杆等构件，市场上均有成品出售，其造型形式与艺术风格，应与室内吊顶、门窗、家具以及各个界面装饰装修相互协调。

4.3.1 木质楼梯

木楼梯由脚踏板、踢脚板、平台、斜梁、楼梯柱、栏杆和扶手等部分组成。其中楼梯斜梁是支撑楼梯踏步的大梁；楼梯柱是装置扶手的立柱；栏杆和扶手装置在楼级和平台临空的一边，高度一般为900～1100mm。

1. 明步楼梯

明步楼梯的梯梁设置在踏步板之下，踏步板外露，宽度以800mm为限。超过1000mm时，中间需要加斜梁并钉上三角木。三角木根据楼梯坡度和踏步尺寸预制，在上面铺钉脚踏板和踢脚板。其中，脚踏板的厚度为30～40mm、踢脚板的厚度为20～25mm，两者之间开槽结合。然后在踢脚板上口钉固金属板，起到防滑和耐磨作用。另外，踏步靠墙处也要做踢脚板。

为了使楼梯外侧立面美观，斜梁上需钉外护板。固定外护板时，斜梁上下两端做吞肩榫，与楼格栅或平台梁以及地格栅相结合，并用铁件进一步加固。在底层斜梁的下端也可做凹槽压在垫木上（图4.8和图4.9）。

图4.8 明步楼梯效果图

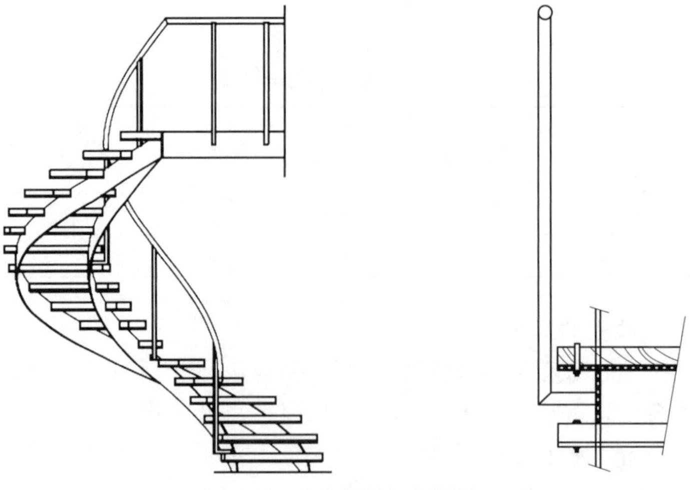

图4.9 明步楼梯细部详图

2. 暗步楼梯

暗步楼梯是指楼梯踏步被斜梁遮掩、楼梯侧立面外观不露梯级的楼梯形式。暗步楼梯的宽度可达1200mm，其结构特点是在安装踢脚板一面的斜梁上开凹槽，将踢板和踢脚板逐块镶入，然后与另一根斜梁合拢（图 4.10～图 4.12）。

图 4.10 暗步楼梯效果图

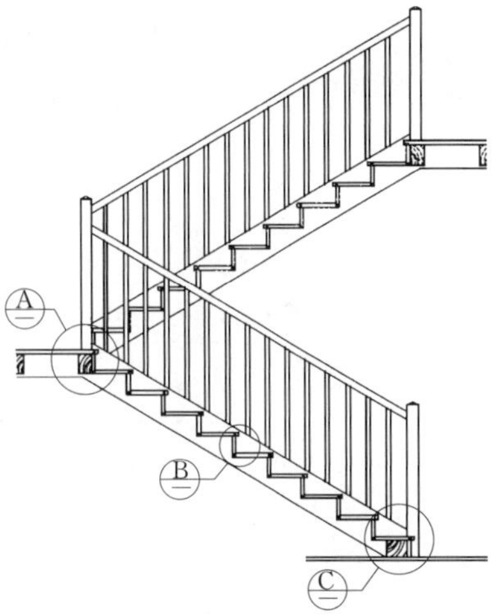

图 4.11 暗步楼梯构造

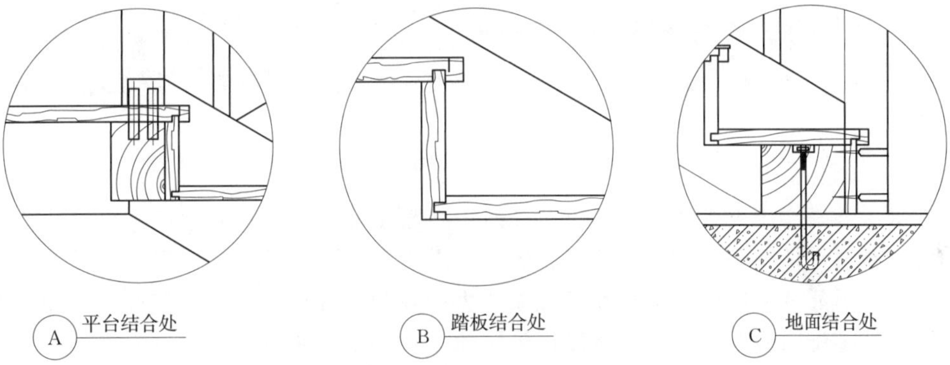

图 4.12 暗步楼梯细部详图

3. 栏杆与扶手

在明步楼梯中，楼梯栏杆的上端插入扶手上，下端凸榫插入踏板中；在暗步楼梯中，栏杆的上端插入扶手，下端插入斜梁上的压条中，若斜梁没有压条则直接插入。栏杆之间的距离一般为 150mm，有的还在立杆之间加设横档连接。如果楼梯靠墙，则不设楼梯栏杆的靠墙扶手。

4.3.2 金属楼梯

目前应用较多的金属栏杆、扶手为不锈钢材料。要根据设计要求合理确定不锈钢栏杆以及扶手材料的品种、规格、型号、颜色、壁厚。如果设计中没有规定材料的壁厚，则厚度应大于 1.2mm。但是，就目前设计和施工情况来看，仍以选用成品工业管材和现场人工焊接、打磨的方式为主。常用的材料形式有：不锈钢圆管、方管以及不锈钢角材、槽材等，同时配有各种组装配件。目前使用较多的为钢木楼梯，钢木楼梯有多种款式，包括双梁楼梯、斜梁楼梯、缩径楼梯、脊索楼梯、中柱旋转楼梯、伸缩楼梯等（图 4.13 和图 4.14）。

4.3.3 石材楼梯

石材楼梯多用于高级宾馆和会堂，具有华丽高贵的装饰效果。一般楼梯饰面多采用花岗石板材，其规格与楼地面所采用的花岗岩板材相同，厚度为 20mm；而楼梯栏板多采用大理石和人造石。石材踏步板的铺砌方法与地面做法相同，都是用半硬性水泥砂浆铺贴。应该引起注意的是：白色和某些浅

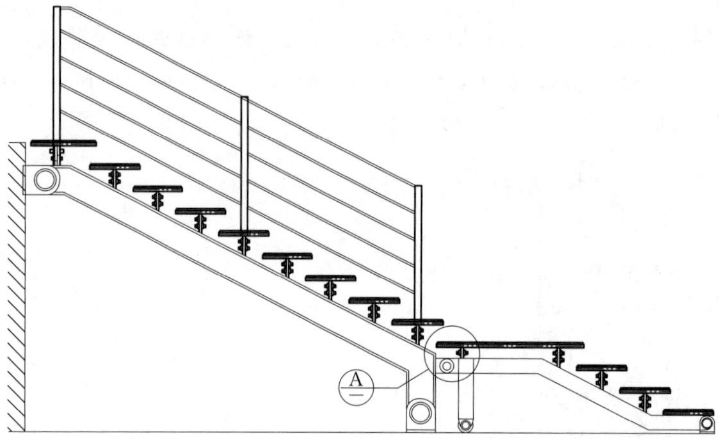

图 4.13　金属楼梯构造

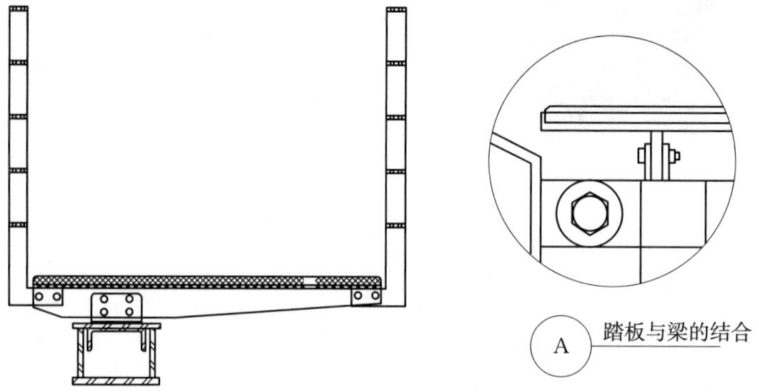

图 4.14　金属楼梯细部详图

色石材容易受水泥砂浆作用发生变色或泛色。此时应在施工前在石材背面涂刷有机硅防水涂料，以免影响装饰效果。石材楼梯扶手以雪花白大理石居多，因为白色更容易与其他颜色搭配，加工后的大理石扶手细腻光滑，更显豪华气质。由于加工机械能力的限制，现在还只能加工直线形和圆弧曲线形的扶手，还不能加工螺旋曲线形的扶手。所以在旋转曲线楼梯中，还只能用圆弧曲线形扶手来近似替代螺旋曲线扶手。扶手与立柱用嵌固铜片连接，扶手石材与石材的部分短钢筋销钉（图 4.15～图 4.17）。

图 4.15　暗步楼梯效果图

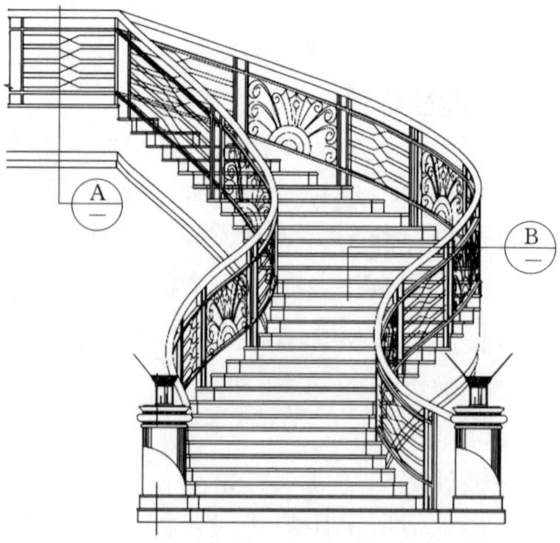

图 4.16　暗步楼梯构造

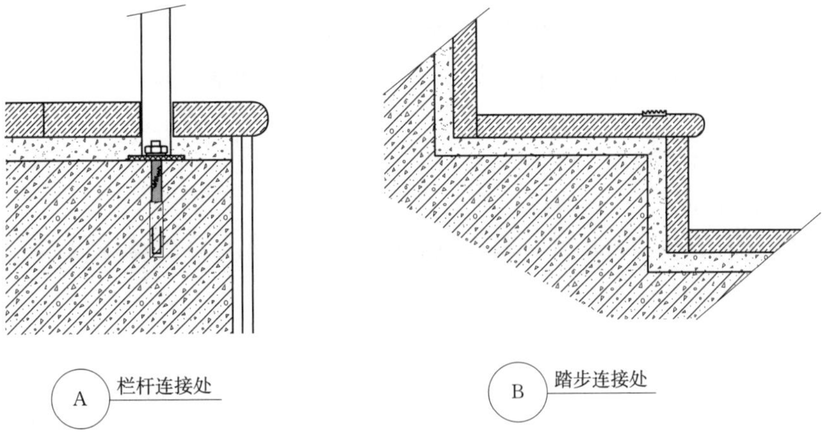

图 4.17　石材楼梯细部详图

4.4　楼梯细部装饰构造

楼梯细部装饰构造包括踏步面层、栏杆、栏板等细部的处理。

4.4.1　踏步及踏面的防滑处理

踏步由踏面和踢面构成。建筑物中，楼梯踏面最容易受到磨损，影响行走和美观，所以踏面应耐磨、防滑、便于清洗，并应有较强的装饰性。楼梯踏面材料一般与门厅或走道的地面材料一致，常用的有水磨石、花岗石、大理石、瓷砖等。

由于踏步面层比较光滑，行人容易滑跌，因此在踏步前缘应有防滑措施，尤其是人流较为集中的建筑物内的楼梯。踏步前缘是踏步磨损最严重的部位，同时也容易受到其他硬物的破坏。设置防滑措施可以提高踏步前缘的耐磨性，起到保护作用。常用的防滑做法有：一是在距踏步面层前缘 40mm 处设 2～3 道防滑凹槽；二是在距踏步面层前缘 40～50mm 处设防滑条，防滑条的材料可用金刚砂、金属条、陶瓷锦砖、橡胶条等（图 4.18）。

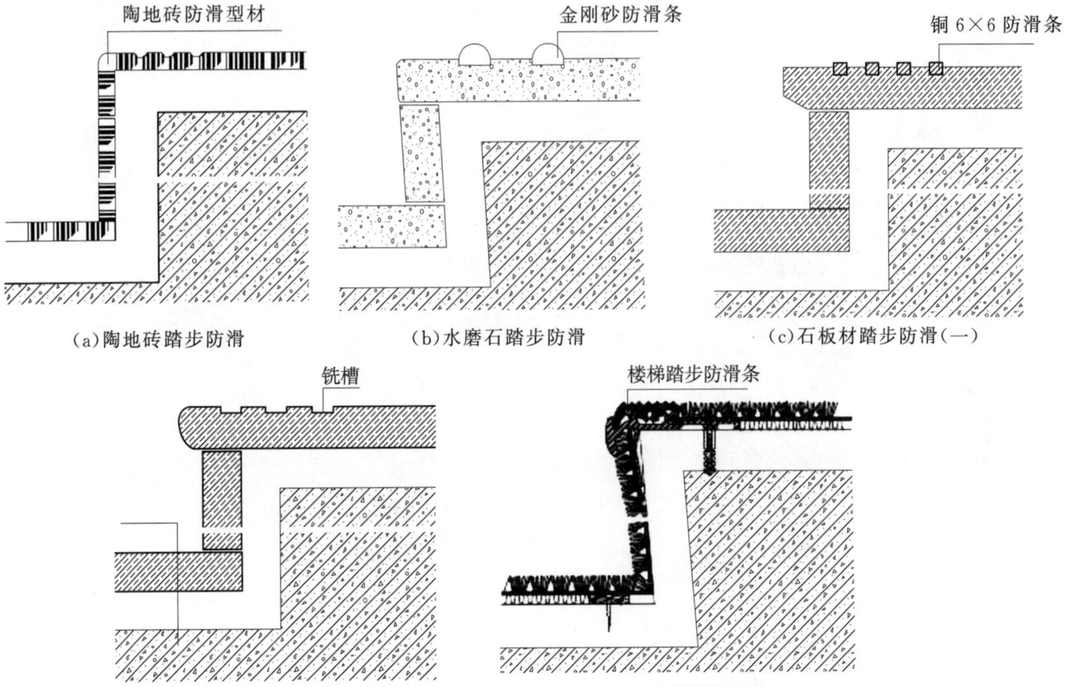

(a)陶地砖踏步防滑　(b)水磨石踏步防滑　(c)石板材踏步防滑(一)

(d)石板材踏步防滑(二)　(e)地毯踏步防滑

图 4.18　楼梯防滑细部详图

4.4.2 地毯铺设

楼梯铺设地毯适用于较高级的公共建筑，如宾馆、饭店、高级写字楼及小别墅等场所。常用的地毯为化纤阻燃地毯，一般在踏步找平层上直接铺设，也可在已做装修的楼梯饰面上再铺地毯。地毯的铺设形式有两种：一种为连续式，地毯从一个楼层不间断地顺踏步铺至上一楼层面；另一种为间断式，即踏步踏面为地毯，踢面为另一种装饰材料构造。

地毯的固定分粘接式和浮云式。粘接式是用地毯胶水将地毯和踏步的找平层牢固地粘接在一起，踏口处用钢、铝或塑料包角镶钉，起耐磨和装饰的作用；浮云式是将地毯用地毯棍卡在踏步的阴角上，地毯可以定期抽出清洗或更换（图 4.19）。

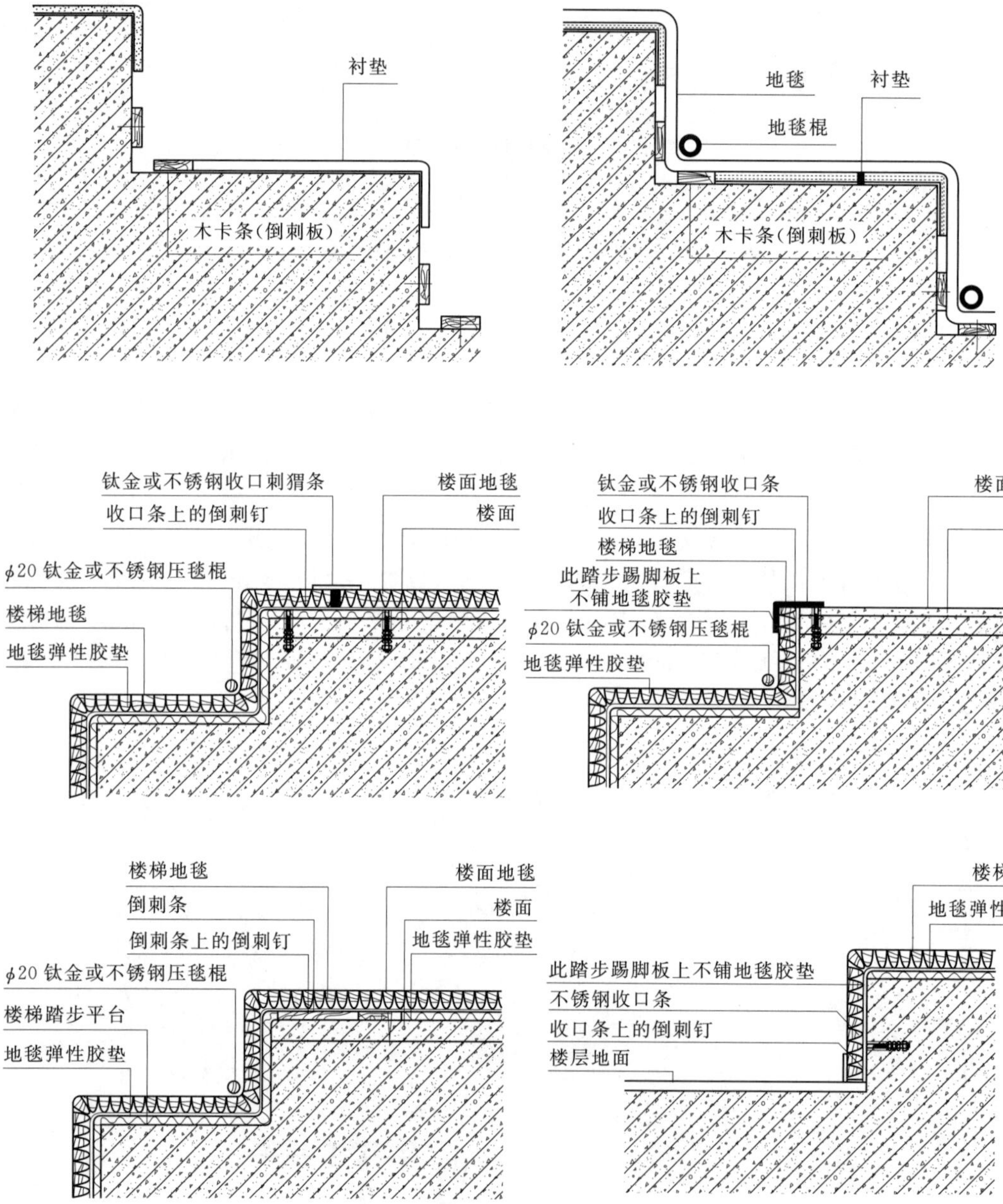

图 4.19 楼梯地毯铺装细部详图

4.4.3 栏杆、栏板

1. 栏杆的固定

栏杆的主杆与踏步板的连接方式有埋件焊接、留孔灌浆、栓接三种方式（图 4.20）。埋件焊接是在浇注楼梯踏步时，在需要设置栏杆的部位预埋金属连接件，然后将栏杆与连接件焊接。留孔灌浆则是在踏步上预留孔洞，把栏杆的主要支撑件插入孔内，深度以不少于 100mm 为宜，四周用水泥砂浆或细石混凝土嵌固。栓接是用膨胀栓代替预埋件将栏杆固定在踏步上。

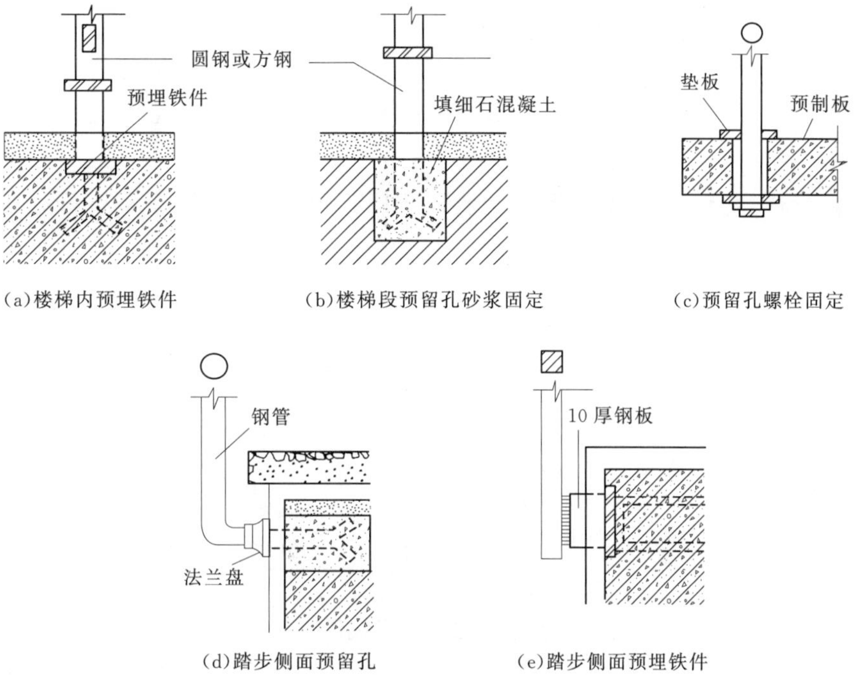

图 4.20　栏杆与踏步板的连接方式

2. 玻璃栏板

栏板最常用的材料为玻璃栏板，又称玻璃拦河，所用的玻璃为钢化玻璃或夹胶玻璃。玻璃栏板可分为全玻璃式和半玻璃式。在半玻式中的玻璃仅作为维护构件，受力构件主要由金属立柱和栏杆组成。此时选用玻璃的厚度是根据支承玻璃的跨度来决定，一般 8～12mm 厚即可。在全玻璃式中的玻璃不仅是充当维护构件，同时也是受力部件，所以选用玻璃的厚度要按照有关规定和技术规程经过计算来确定。在构造方面特别要注意嵌固的深度不宜小于 100mm。

(1) 半玻式构造：半玻式安装楼梯扶手的厚玻璃有两种构造方法，一种是用卡槽安装于楼梯扶手立柱之间。安装时，卡槽的下端头必须起到托住厚玻璃的作用，并且也应与斜裁玻璃一致，在其端头采用封闭端上斜或封闭下斜两种形式，两种形式应配对使用。另一种是在立柱上开出槽位，将厚玻璃直接安装在立柱内，并用玻璃胶固定（图 4.21～图 4.23）。

图 4.21　半玻璃安装图

(2) 全玻式构造：全玻式楼梯扶手的厚玻璃或夹胶玻璃，其下部固定在楼梯踏步的地面内，上部与不锈钢管或全铜管连接。玻璃上部的固定方式是在锈钢管或全铜管下部开槽或安装卡槽，与玻璃上

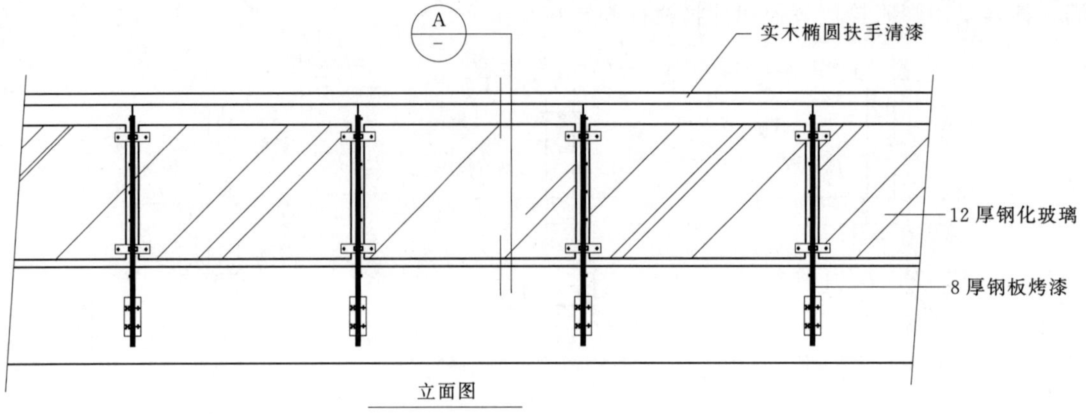

图 4.22　半玻栏板立面图

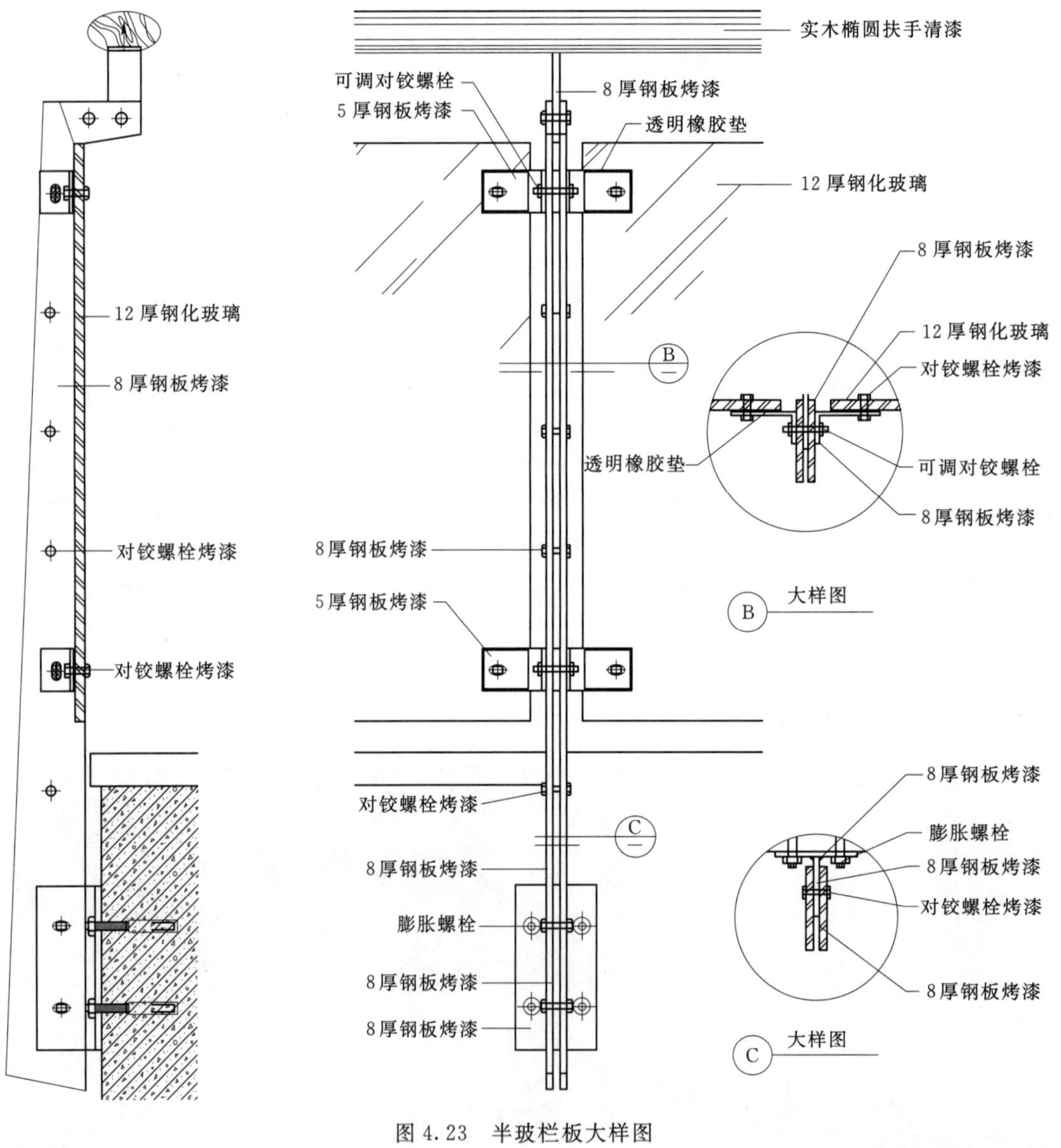

图 4.23　半玻栏板大样图

部连接。玻璃下部与楼梯的结合方式有两种：一是用角钢（高度不宜小于 100mm）将玻璃先夹住定位，角钢间距除玻璃厚度外，每侧留 3～5mm 缝隙，然后再用玻璃胶将玻璃固定；二是用花岗石或大理石面板，在安装玻璃的位置处留槽，留槽宽度大于玻璃厚度 5～8mm，将玻璃安装在槽内后，再注入玻璃胶（图 4.24）。

图 4.24　全玻安装图

3. 扶手的连接

扶手与栏杆或栏板的连接构造因扶手的材质而定。钢管扶手与栏杆连接多采用焊接；硬木或硬塑料扶手，可在栏杆顶部先焊一根带螺孔的通长的扁钢，然后用木螺钉将扶手和栏杆固定。用大理石或人造石扶手时，以水泥砂浆黏结（图 4.25）。

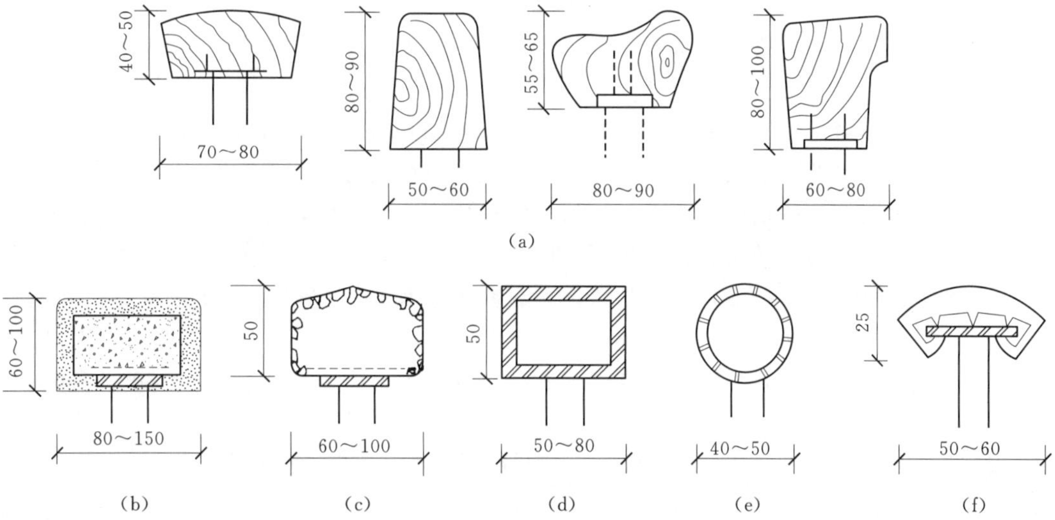

图 4.25　扶手连接构造图

【本章重点】 楼梯的组成、楼梯的分类、楼梯的风格及其材料选择；楼梯的设计原则、楼梯的尺度；常见的楼梯形式包括木楼梯、金属楼梯、石材楼梯；楼梯的细部装饰结构

思考题

1. 楼梯的组成有哪些？
2. 常见的楼梯种类有哪些？简述他们的构造特点。
3. 楼梯防滑处理构造有哪几种做法？
4. 简述半玻栏板的构造方法。

第5章

门窗装饰材料与构造

【教学目标】

◇ 门窗的分类及组成

◇ 木质门窗的构造特点

◇ 铝合金门窗的构造特点

门窗是建造在墙体上连通室内与室外的开口部位的重要构件，门是指安装在建筑物出入口的可开关的构件，最大的功能是组织交通；窗是建筑物上可通风、采光的装置，最直接的功能是采光和通风。在现代室内装饰中，由于新材料、新技术的不断应用，使得门窗的概念得以扩展，门窗的功能也得以扩大，门不再局限于界定的功能，它还具有标识、美化、防护、防盗、隔音、保温、隔热等功能，窗不再停留于通风、采光等最基本的功能，它还有隔声、防火、防盗，甚至于防爆、抗冲击等功能。门窗以新的概念、新的内容、新的形式、新的技术适应着现代社会生活的种种需求。

5.1 门窗装饰概述

对于室内装饰来说，如何选择门窗的位置、大小、造型和风格是非常重要的。另外，门窗的材料，五金的造型，窗帘的质地、颜色、式样也对室内装饰起着非常关键的作用。

5.1.1 门窗的材料与分类

1. 门的材料与分类

门按照开启方式可分为平开门、推拉门、折叠门和转门等（表5.1）。

表5.1 门的分类

分类依据	种类
材料	实木、人造板、不锈钢、铝合金、塑料、玻璃以及断桥铝、铝包木、铝镁合金等
用途	普通门、百叶门、保温门、隔声门、防火门、防盗门、防辐射门、防护门、屏蔽门等
开启方式	平开门、推拉门、折叠门、弹簧门、转门、卷帘门、自动门、偏心门、提升门等
构造形式	夹板门、拼板门、镶板门、实拼门、镶玻璃门、格栅门、百叶门、带纱扇门、连窗门等

(1) 平开门：平开门是水平开启的门，它的铰链装于门扇的一侧与门框相连，使门扇可以围绕铰链转动。门扇可以单扇、双扇和向外、向内开启。平开门构造简单，开启灵活、关闭紧密、易于维修，是建筑中最常见、使用最广泛的一种门（图5.1）。

（2）推拉门：推拉门开启时门扇沿轨道向左右滑行，一般可做成单扇或双扇，也可以做成双轨多扇或多轨多扇。推拉门尺寸较为灵活，开启时不占空间，门扇可隐藏域墙内或悬于墙外，但推拉门存在密闭不严、构造比较复杂的缺点（图5.2）。

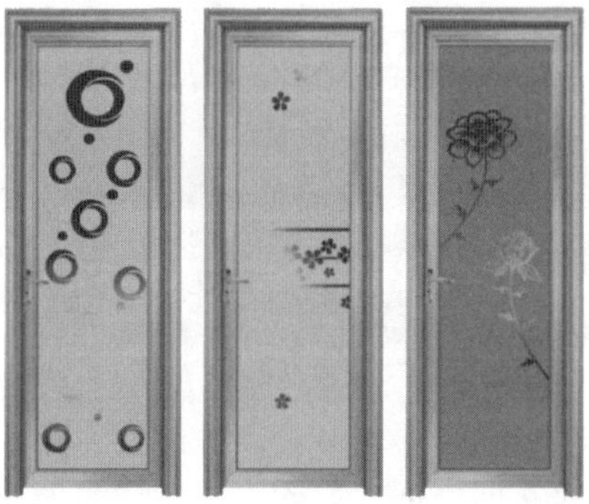

图5.1　平开门

图5.2　推拉门

（3）折叠门：折叠门是由两扇以上门扇相连，开启时门扇互相折叠在一起，适用于宽度较大的门洞或空间狭小处。折叠门在构造上一般分为侧挂式和推拉式两种（图5.3）。

（4）转门：转门是由两侧两个固定的弧形门套和可绕中轴垂直旋转的门扇组成，门扇可做成三扇或四扇，绕竖轴旋转，这种门保温性好，对隔绝室外冷空气有一定的作用，但不能作为疏散门，当设置在疏散口时，应在转门旁边另外设置疏散用门（图5.4）。

图5.3　折叠门

图5.4　转门

2. 窗的材料与分类

随着技术的发展和新材料的不断出现，窗的设置、类型已不仅仅局限于原有形式与形状，出现了造型别致的外飘窗、转角窗、落地窗、异形窗等（表5.2）。

表5.2　　　　**窗　的　分　类**

分类依据	种　类
材料	木窗、铝合金窗、塑料窗、断桥铝、铝包木、铝镁合金等
用途	天窗、老虎窗、百叶窗等
开启方式	固定窗、平开窗、推拉窗、悬窗、折叠窗、立转窗、滑轴窗等
构造形式	单层窗、双层窗、组合窗、带纱扇窗等

（1）平开窗：平开窗与平开门的构造相似，通过铰链安装窗扇一侧与窗相连，向外或向内水平开启。平开窗构造简单、开启灵活、关闭紧密、制作维修方便（图5.5）。

（2）固定窗：固定窗无窗扇可以开启，其玻璃直接嵌固在窗框上，具有采光、隔声和观望等功能。固定窗密闭性好，但不能通风（图5.6）。

（3）推拉窗：推拉窗是指窗扇沿导轨或滑槽滑动的窗形式，分水平推拉和垂直推拉（图 5.7）。

图 5.5　平开窗

图 5.6　固定窗

图 5.7　推拉窗

（4）悬窗：悬窗是沿水平轴开启的窗。根据铰链和转轴位置的不同，分为上悬窗、下悬窗、中悬窗。上悬窗是铰链安装在窗扇的上边，一般向外开启，防雨好；下悬窗是铰链安装在窗扇的下边，一般向内开启，通风较好，但不防雨，一般可用于室内门的上亮子；中悬窗窗扇两边中部装水平转轴，开关方便、省力、防雨，故常用作高大空间建筑的高侧窗（图 5.8 和图 5.9）。

（5）立悬窗：是在窗的上下边设垂直转轴，转轴可设在中部或偏于一侧，开启时窗可绕轴旋转。其优点是开启方便、通风采光好，也便于擦窗，但防雨性能较差。由于窗框接缝处易向室内渗水，因此常需在上部加遮雨措施，下部采用暗裁口。立悬窗构造复杂，不便设置窗纱，一般只用于不常开启的窗（图 5.10）。

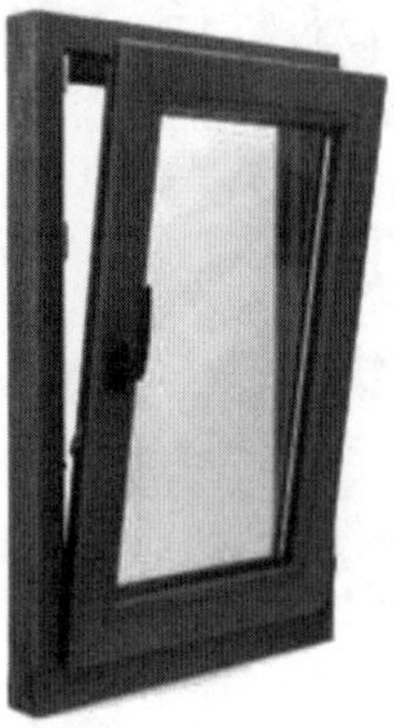

图 5.8　下悬窗

图 5.9　上悬窗

图 5.10　立悬窗

3. 门窗五金件

门窗五金件种类繁多，不同材料、构造和功能的门窗都需要不同形式的五金件。一般来说，门窗五金件有以下几个大类：铰链（合页）、拉手（执手）、锁具、插销、滑轮、滑轨、自动闭门器、限位器、防拆卸装置等。每一大类根据门窗的种类不同而又有很多品种（表 5.3）。

表 5.3　门窗五金件分类

分　类	种　类
铰链（合页）	普通合页、插芯合页、轻质薄合页、方合页、抽心合页、单（双）管式弹簧合页、斜面脱卸合页、蝴蝶合页、单旗合页、轴承合页、双轴合页、尼龙垫圈无声合页、冷库门合页、纱门弹簧合页、扇形合页、钢门窗合页等
拉手（执手）	普通拉手、底板拉手、管子拉手、铜管拉手、不锈钢双管拉手、方形大门拉手、双排（三排、四排）铝合金拉手等
门窗锁	插锁、弹子锁、球形门锁、专用门锁、组合门锁、电子卡片门锁等
自动闭门器	液压式自动闭门器、弹簧自动闭门器两类
门窗定位器	风钩、橡皮头门钩、门轧头、脚踏门挚、磁力定门器等

5.1.2 门窗的尺度

门窗洞口尺寸是指洞口的标志尺寸。一般情况下这个标志尺寸应为门窗的构造尺寸与缝隙尺寸之和。构造尺寸是门窗生产制作的设计尺寸，它的尺寸应小于洞口的标志尺寸。缝隙尺寸是为门窗安装时的需要及胀缩变化而设置的，而且根据洞口饰面的不同而不同，一般在 15～50mm 范围内。

1. 门的尺度

普通民用建筑门由于进出人人流较小，一般多为单扇门，其高度为 2000～2200mm；宽度为 900～1000mm；居室厨房、卫生间门的宽度可小些，一般为 700～800mm。公共建筑门有单扇门、双扇门以及多扇门之分，单扇门宽度一般为 950～1100mm，双扇门宽度一般为 1200～1800mm，高度为 2100～2300mm。多扇门是指由多个单扇门组合成三扇以上的特殊场所所专用门（如大型商场、礼堂、影剧院、博物馆等），其宽度可达 2100～3600mm，高度为 2400～3000mm，门上部可加设亮子，也可不加设亮子，亮子高度一般为 300～600mm。

2. 窗的尺度

窗的尺度一般由采光、通风、结构形式和建筑立面造型等因素决定，同时应符合建筑模数制要求，我国的窗洞口尺寸以 300mm 为基本模数。

普通民用建筑窗，常以双扇平开或双扇推拉的方式出现。其尺寸一般每扇高度为 800～1500mm，宽度为 400～600mm，腰头上的气窗及上下悬窗高度为 300～600mm，中悬窗高度不宜大于 1200mm，宽度不宜大于 1000mm，推拉窗和折叠窗宽度均不宜大于 1500mm。公共建筑的窗可以是单个的，也可用多个平开窗、推拉窗或折叠窗组合而成。组合窗必须加中梃，起支撑加固、增强刚性的作用。

5.1.3 门窗的设计要求

（1）安全要求：门窗在设计安装时，应充分考虑到影响安全的因素，包括：推拉门应有防脱轨的措施；双面弹簧门应在可视高度部分装透明玻璃；旋转门、电动门和大型门的临近应另设普通门；高层建筑应采用推拉窗，如采用外开窗，则须有牢固窗扇的措施；开向疏散门走道及楼梯间的门扇在开启时，不应影响走道及楼梯平台的疏散宽度。

（2）使用要求：在常规功能要求下，窗的设计要考虑采光面积，以使建筑物得到充分的自然采光，并创造舒适的室内环境。门的设计首先要满足人的进出，门的数量、位置、大小及开启方向等方面还要根据设计规范和人流数量来考虑，以便能通行顺畅，符合安全的要求，尺寸必须符合人员通行的正常要求。

（3）装饰效果：在建筑立面上，门窗的尺寸会与建筑的体量产生自然对比，要做到两者的比例、尺度协调，以符合人的心理感受和视觉感受。现代高层建筑，垂直界面体量加大，使门窗在设计上有了新的要求，设计时应将门窗的尺度加大，使其与建筑本体尺度和谐。

（4）防护措施：在一般的住宅室内，对门窗的设计要求包括分户门应向室内开启，并应在构造上采取防护措施，各部门洞口的尺寸应符合《建筑模数协调统一标准》GBJ 2—86 规定。面临走廊的窗户应避免视线干扰，向走廊开启的窗扇不应妨碍交通。底层外窗、面临走廊的窗户，若窗台高度低于 1.2m 时，应采取防护措施。外窗窗台低于 0.8m 时，应采取防护措施，但窗外有阳台的不受此限制。

5.2 木门窗的组成与构造

目前，木门窗在室内装饰中依旧占有很大的比重，由于木工制品的材质和造型特点与工艺处理的艺术效果，使其显示出温馨优雅的视觉魅力，是其他产品不可替代的。同时木门窗的造型较为灵活，表面装饰处理比较容易，可充分利用雕刻、表面饰材贴覆或与其他材料复合、运用木线条组成图案等各种手法形成不同风格的制品。

5.2.1 木门

5.2.1.1 木门的组成

木门主要由门框、门扇、门用五金等部分组成。各类型木门的门扇样式不同，其构造做法也不相同。

（1）门框：门框与墙体连接通常在边框靠边一侧开燕尾形榫眼，再将开有燕尾榫头的木砖嵌入榫眼中，用以砌墙时固定门框。门框一般无下槛，门框在安装时，一般将其中一面突出砖墙 20mm，这样，在墙体抹面后，门框与墙面齐平。门框用料与门的形式有关，视不同风格形式选择材料。

（2）门扇：门扇按其骨架和面板拼装方式，一般分为镶板式门扇和贴板式门扇。镶板门的面板一般用实木板、纤维板等；贴板门的面板常用胶合板、微薄木板和各种贴面。

镶板门在做好的门扇框内周边均开出相应宽度的凹槽，以备嵌装门心板用。门扇框主要由上冒头、中冒头、下冒头和门扇边框组成。镶板门的上冒头尺寸为（36～50）mm×（100～150）mm，中冒头（36～50）×（80～100）mm，为了加强门的刚性，避免下坠变形而加大下冒头高度，下冒头应用（36～50）×（120～200）mm 木料。有的镶板门将锁装在边梃上，故边梃尺寸也不宜过窄，至少 36mm×120mm。

贴面门扇，所谓贴面是在门扇木骨架两侧满贴饰面板。这种门扇木骨架截面尺寸比镶板门要小得多，竖向边框与上下横枨的连接方式可采用单榫插接和用钉固定连接。

5.2.1.2 木门的构造

常见的木门构造包括有框木门、无框木门、夹板门、实木复合门等（图 5.11～图 5.14）。

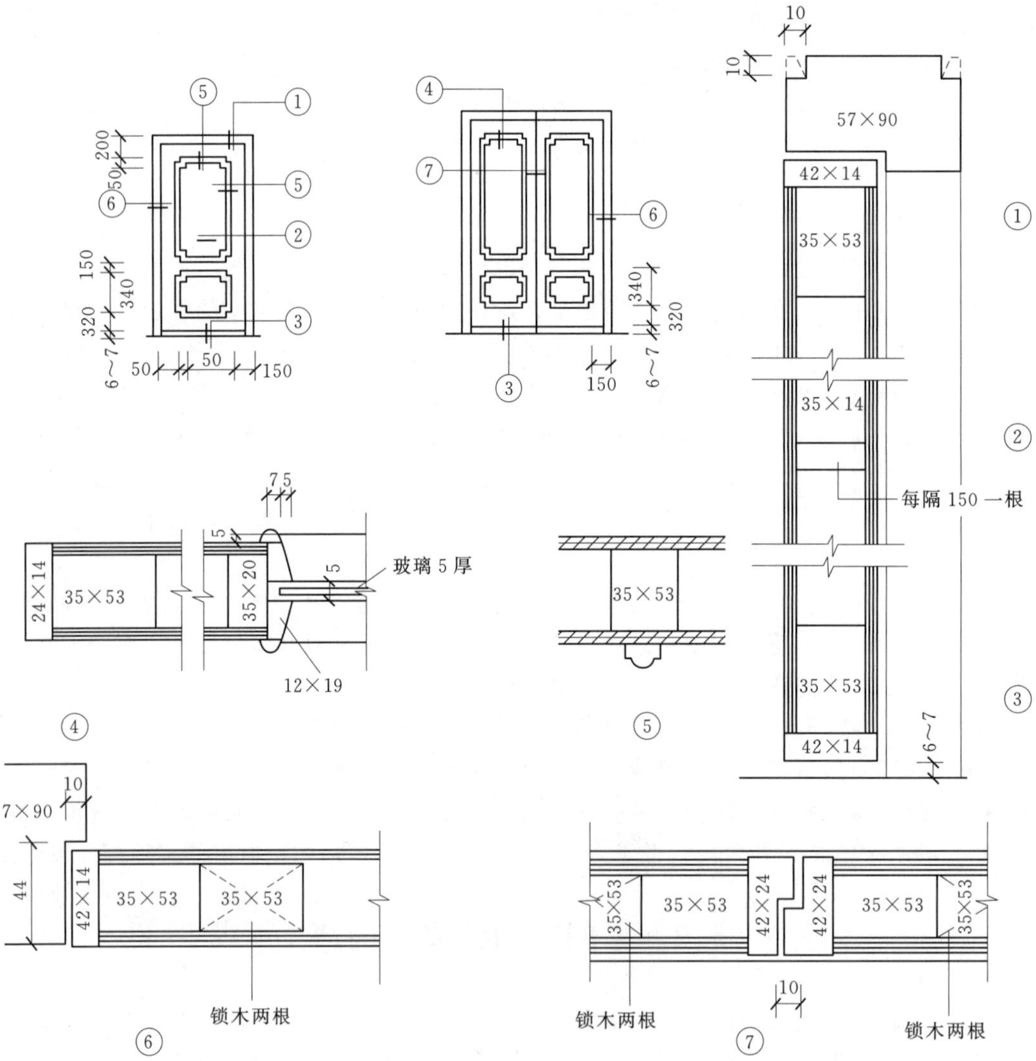

图 5.11　有框木门的构造

5.2.2　木窗

5.2.2.1 木窗的组成

木窗是由窗樘和窗扇两部分组成。窗樘由上框、下框、边框、中横框、中竖框组成；窗扇是由边梃、上冒头、下冒头、窗芯、玻璃等组成。附加件有贴脸、窗台板、筒子板、框条等。窗扇的样式变

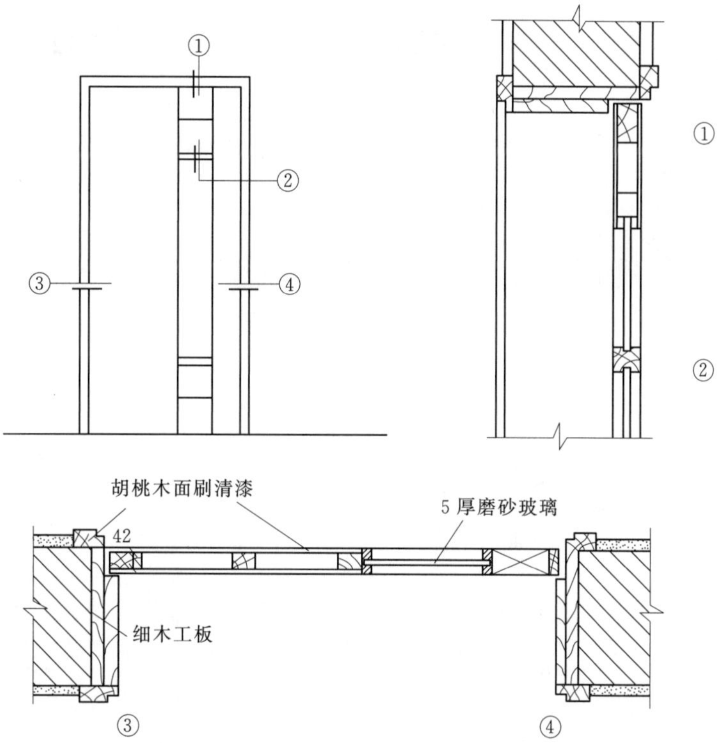

图 5.12　无框木门

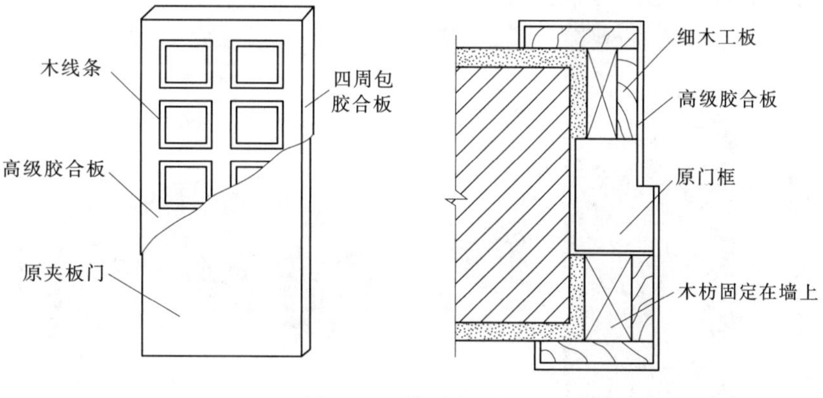

图 5.13　普通夹板门

化虽多样，但各种窗的窗框构造基本相同。

木窗按开启方式和材料构成分为固定窗、平开窗、推拉窗、悬窗、百叶窗和纱窗等几种常见形式。

1. 窗樘

窗樘也加窗框，是墙与窗扇的联系构件。窗框的断面尺寸和形式是由窗扇的层数、厚度、开启方式、窗口大小及当地的风力来确定。窗框的上下槛每边比窗洞宽度各长 120mm，俗称羊角，将其砌入墙中，使之与墙连接牢固。中横框与边框的结合，也是在边框上开榫眼，中横框的两端做榫头进行连接。

2. 窗扇

窗扇的骨架由上、下冒头及左右边梃榫成，有的窗扇中间还设有棂子。窗扇的厚度与冒头、边梃、窗芯均需平齐。为了加做披水板和滴水槽的需要，可适当加宽上冒头、窗芯。在冒头、边梃和窗芯上做出铲口以镶嵌玻璃。通常铲口均设在窗的外侧，这是为了满足防水和抗风的需要。两扇窗接缝处为防止透风雨，一般做高低缝的盖口，为了加强密闭性常在一面或两面加钉盖缝条。

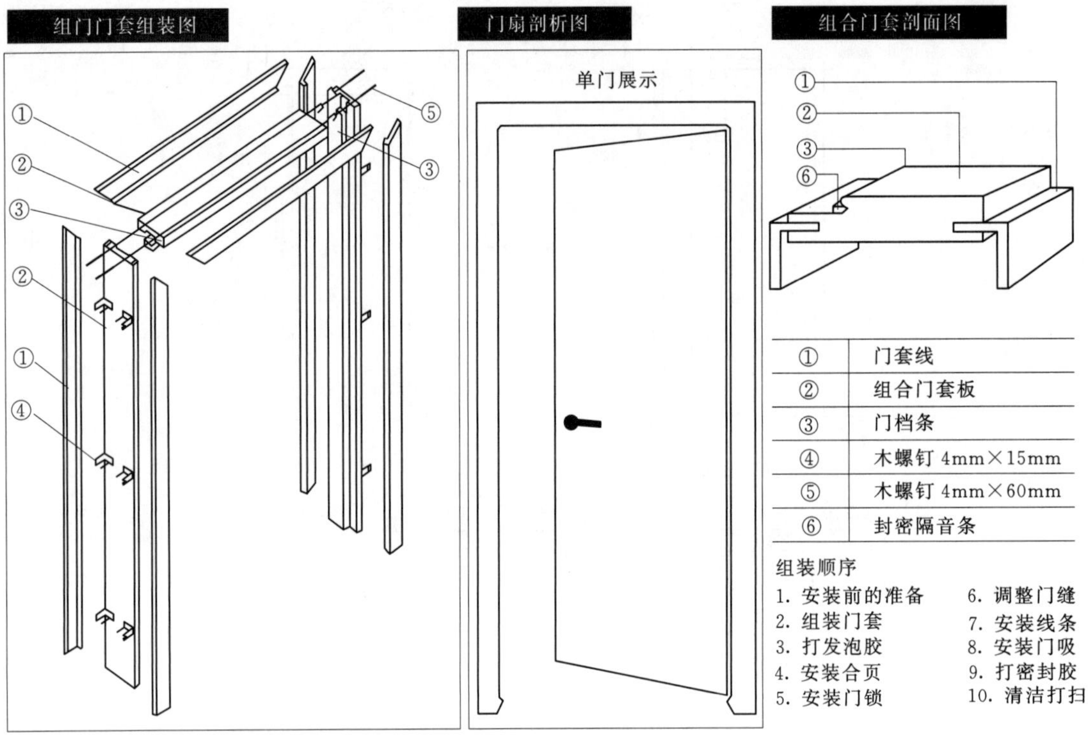

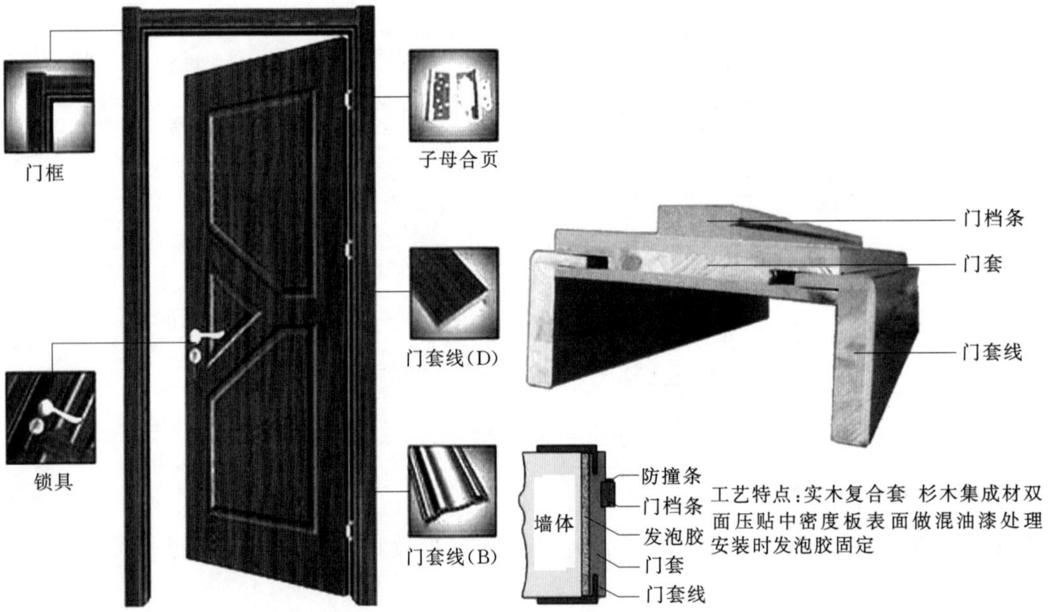

图 5.14　实木复合门

3. 纱窗扇

纱窗扇是在窗扇边梃内，用小木条固定金属纱网或锦纶纱网。纱窗扇自重较小，扇料截面可减少，窗芯也可省略。纱窗扇应设在内侧，以防雨淋。

4. 窗台板

外平或居中设置的窗可在窗框下框内侧设窗台板，板的两端伸出窗头线少许，挑出墙面 30～40mm，板下设封口板或钉压缝线脚。

5.2.2.2 木窗的构造

木窗的构造较为常见的有欧式木窗（图 5.15）和中式木窗（图 5.16）。

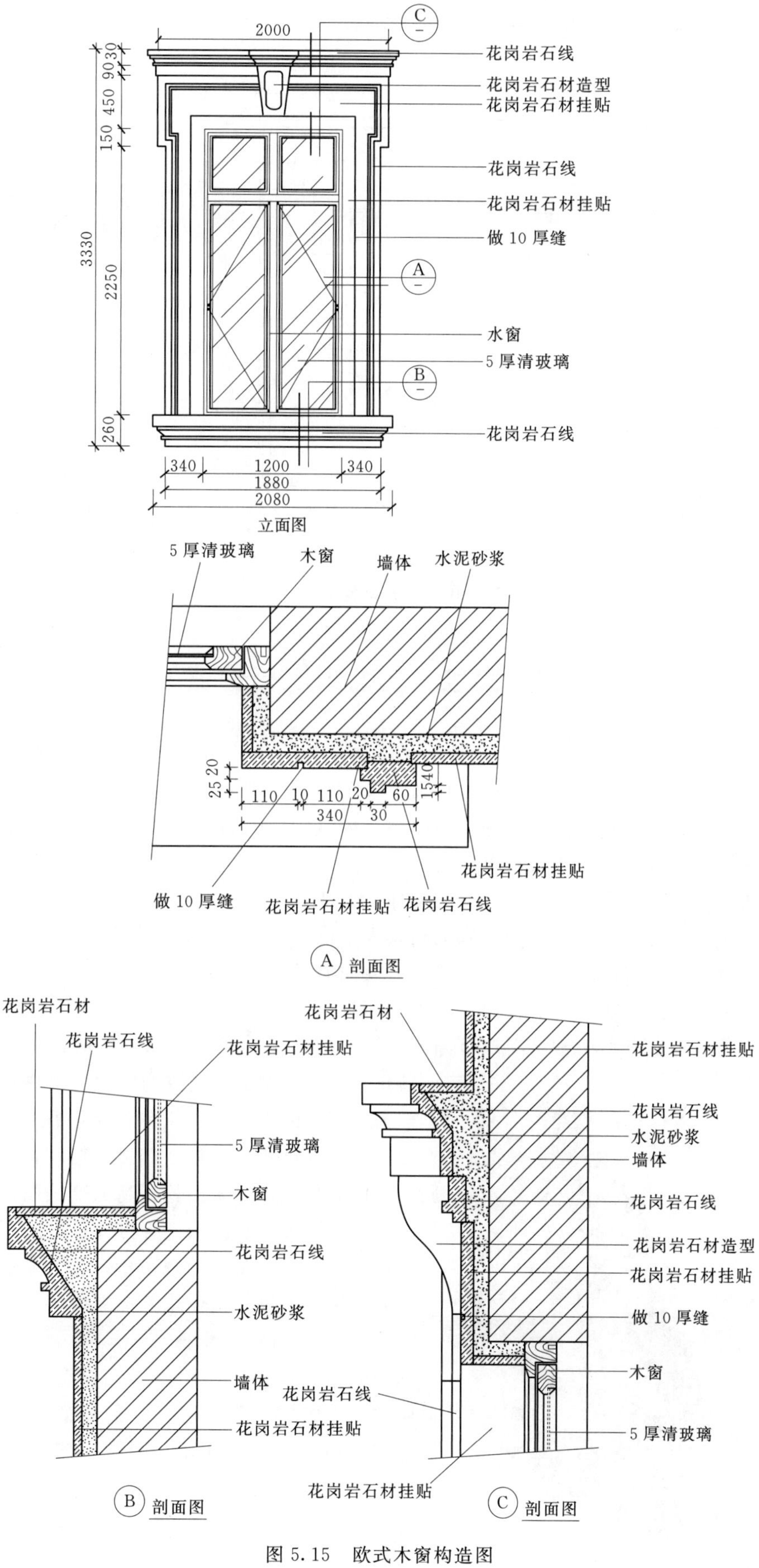

图 5.15　欧式木窗构造图

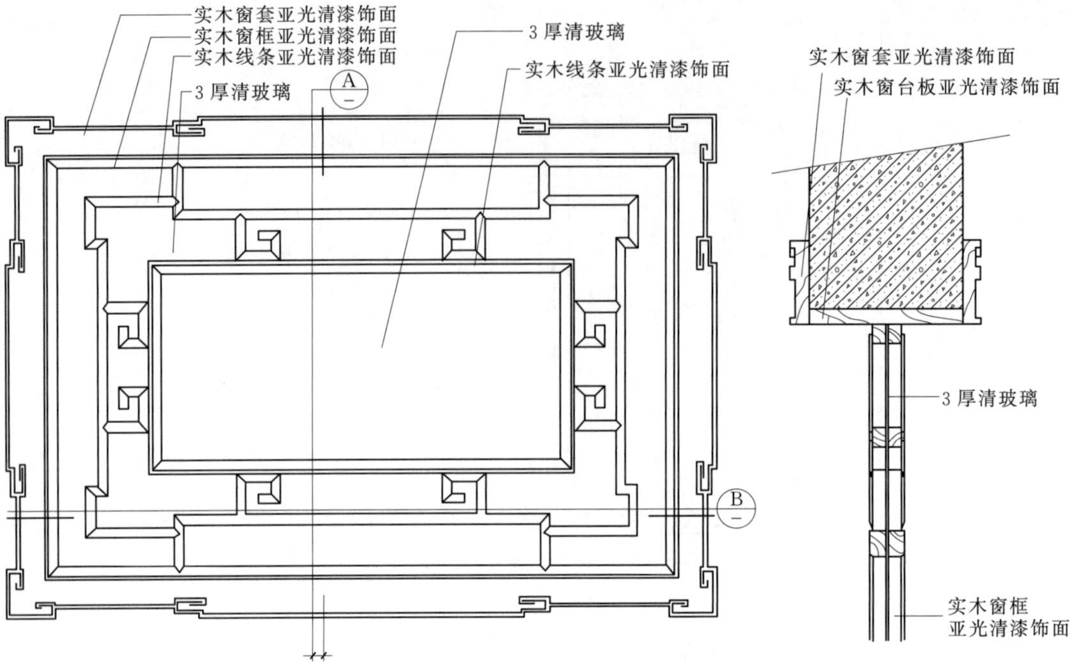

图 5.16　中式窗装饰构造图

5.3　铝包木门窗组成与构造

铝属于轻金属，质轻（是钢密度的 1/3），密度为 2.7g/cm^3，熔点为 660℃。呈银白色，反射能力强，是活泼的金属元素，它和氧的亲和力很强，暴露在空气中表面易形成一层致密而坚固的氧化铝薄膜，可阻止铝继续氧化而起到保护作用，所以铝在大气中的耐腐蚀性较强。另外，铝具有良好的延展性和塑性，易加工成板、管、线及箔等。

用金属铝加工而成的铝型材具有良好的装饰加工性能，经过阳极氧化处理的铝型材不仅表面能形成比自然氧化膜厚得多的人工氧化膜层，来提高其表硬度、耐磨性和耐腐蚀性能，而且铝型材表面还可以通过自然、电解、化学浸渍和涂漆等方法进行表面着色处理，进而提高铝制品的装饰性能。

铝包木门窗是在保留纯实木门窗特性和功能的前提下，将隔热（断桥）铝合金型材和实木材料通过机械方法复合而成的框体。两种材料通过高分子尼龙件连接，充分照顾了木材和金属收缩系数不同的特点。铝包木窗的主要受力结构为隔热断桥铝合金，铝木门窗所选用的木材是生长在靠近北极地区的北欧红松与东北亚原始森林的落叶松，经过严格筛选，以及防腐、脱脂、阻燃等处理，并采用德国高强度的黏合胶水，使木材的强度、耐腐蚀性、耐候性等方面都得到了保障，可以经久耐用。铝包木门窗的外观质量、技术要求、尺寸偏差等指标，均按照国家和企业相关标准执行（图 5.17）。

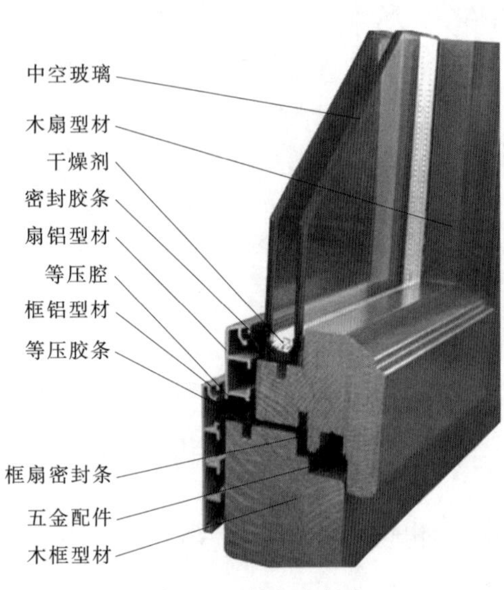

图 5.17　铝包木门窗

1. 铝包木门窗的特性

铝包木门窗将木质门窗与铝合金门窗合二为一，在保留纯木门窗特性的同时，它的外部铝合金对内部的木质也起到很好的保护作用。铝包木门窗还具有保温、节能、抗风沙的特点。铝包木窗在实木之外又包了一层铝合金，使门窗的密封性更强，可以有效地阻隔风沙的侵袭。酷暑时节，又可以阻挡室外燥热，减少室内冷气的散失；在寒冷的冬季也不会结冰、结露，还能将噪声拒之窗外。

2. 铝包木门窗的安装

铝包木门窗采用先安装副框、后安装主框的安装方式，安装精度高，施工质量好，副框采用防腐木材加工制作，同时应用美式窗特有之窗翅固定，更能保证窗体的防水性能。纱窗安装于室内，与窗框拼合密实且防蚊性好，拆卸清洗方便。

铝包木门窗安装主要依靠金属锚固件定位，安装时应保证定位正确、牢固，然后在门窗框与墙体之间分层填以矿棉毡、玻璃棉毡或发泡剂等保温隔声材料，并于门窗框内外四周各留 5～8mm 深的槽口后填建筑密封膏，严禁用水泥砂浆作门框与墙体间的填塞材料。

门窗框固定铁件四周离边角及中横竖框 100～150mm 设固定点外，其余间距小于 600mm。铁件可采用射钉、膨胀螺栓或钢件焊于墙上的预埋件等形式，锚固铁片两端均须伸出铝框外，然后用钢钉固定于墙上，固定铁片用厚度不小于 1.5mm 厚的镀锌铁片。铝包木门窗框料及组合梃料除不锈钢外，均不能与其他金属直接接触，以免发生电腐蚀现象，所有铝包木门窗的加强件及紧固件均须做防腐蚀处理，一般可采用防腐漆满涂或镀锌处理。

3. 铝包木门窗的构造

铝包木门窗的构造见图 5.18。

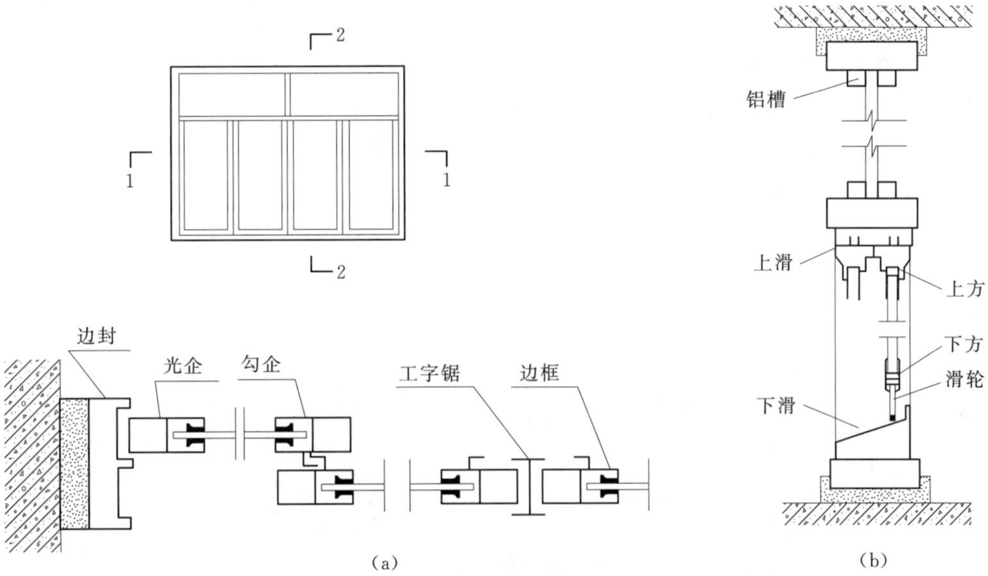

图 5.18　铝包木饰构造图

5.4　塑钢门窗组成与构造

塑钢门窗是以改性硬质聚氯乙烯（简称 UPVC）为原料，经挤塑机挤出成型为各种断面的中空异型材，定长切割后，在其内腔衬入钢质型材加强筋，再用热熔焊接机焊接组装成门窗框、扇，装配上玻璃、五金配件、密封条等构成门窗成品。塑料型材内膛以型钢增强，形成塑钢结构，故称为塑钢门窗。

5.4.1　塑钢门窗的特点

塑钢门窗具有防火、阻燃、耐候性好、抗老化、防腐、防潮、隔热（导热系数低于金属门窗 7～11 倍）、隔声、耐低温（－30～50℃的环境下不变色，不降低原有性能）、抗风压能力强、色泽优美等特性，由于其生产过程省能耗、少污染而被公认为节能型产品。因此，塑钢门窗国外早已用于房屋建筑；近年，我国塑钢门窗生产线正在发展，其产品亦在工业与民用建筑和地下工程使用。

5.4.2　塑钢门窗的构造

1. 框与墙的连接

(1) 连接件法：通过一个专门制作的铁件将框和墙体相连。

（2）直接固定法：在门窗洞施工时先预埋木砖，将塑料门窗送入洞口定位后，用木螺钉直接穿过门窗框异型材与木砖连接，从而将框与墙体固定，也可采用在墙体上钻孔后，用尼龙胀管螺钉直接把门窗框固定在墙体之上。

（3）假框法：先用一个假框与墙连接，然后再将组装好的成品框与假框连接。如图 5.19 所示。

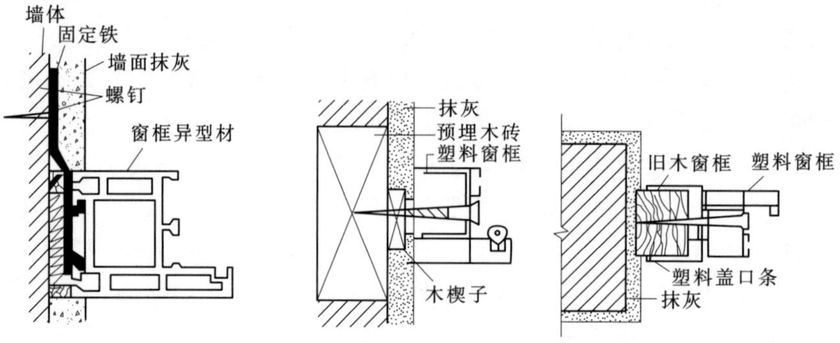

(a)连接件法　　(b)直接固定法　　(c)假框法

图 5.19　塑钢门窗框与墙体的连接固定

2. 框与墙间隙及其处理

由于 PVC 塑钢门窗的膨胀系数较大，必须在框与墙之间留有一定的间隙作为适应 PVC 伸缩变形的安全余量。间隙宽一般取 10mm 左右，在间隙内填入矿棉等材料作为缓冲保温层。在间隙的外侧应用弹性封缝材料加以密封，最后再进行墙面抹灰封缝。

3. 塑钢门窗构造形式，见图 5.20。

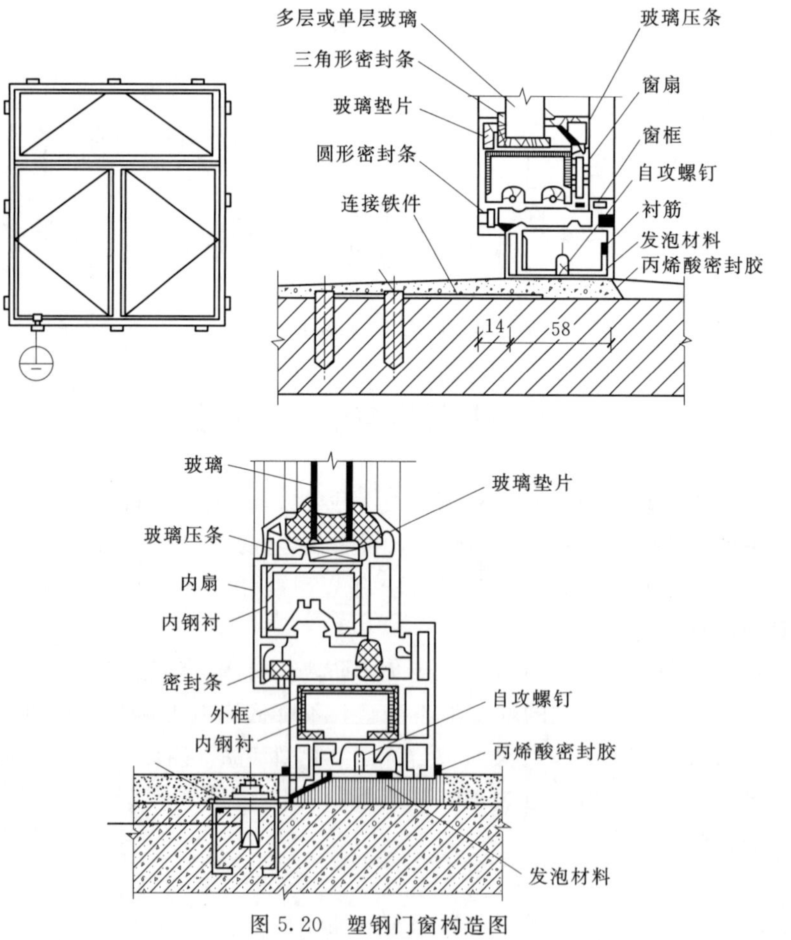

图 5.20　塑钢门窗构造图

5.5 全玻璃门的组成与构造

在现代室内装饰工程中，采用全玻璃装饰门的施工日益普及。全玻璃装饰门也称为厚玻璃门（无框门），是指用12mm以上厚度的钢化玻璃装饰门。一般由活动扇和固定玻璃两部分组合而成，其门框分不锈钢、铜和铝合金等饰面。

5.5.1 厚玻璃装饰门

厚玻璃装饰门又称无框玻璃门，是用厚玻璃板做门扇，仅设置上下冒头及连接门轴，而不设置边挺。玻璃一般为12mm的厚质平板白玻璃、雕花玻璃及彩印图案玻璃等，具体厚度视门扇的尺寸而定；上下冒头和门框均采用不锈钢或钛合金板罩面，拉手也用不锈钢或钛合金成品件；用地弹簧作为固定连接与开启门扇的装置（图5.21）。

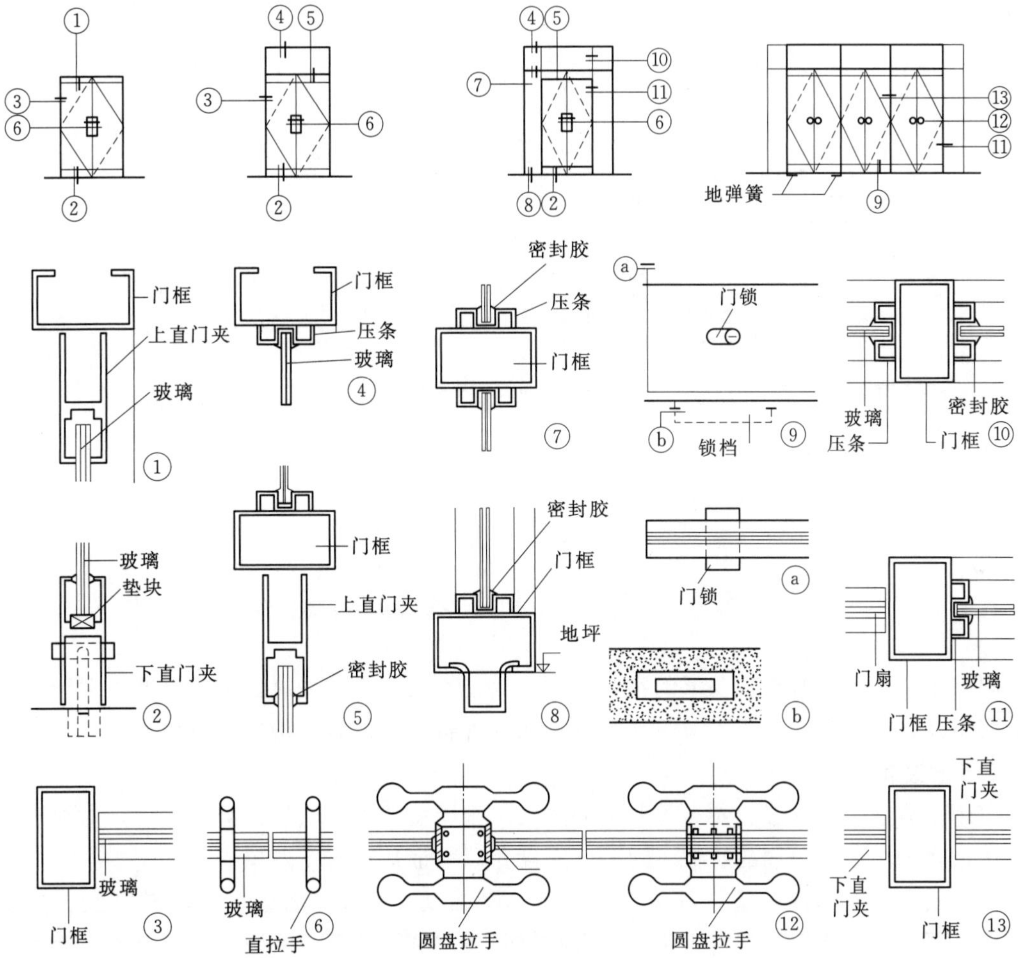

图5.21 厚玻璃装饰门节点图

5.5.2 自动推拉门

自动推拉门的门扇采用铝合金或不锈钢做外框，也可以是无框的全玻璃门，其开启控制有超声波控制、电磁场控制、光电控制、接触板控制等方式。当今比较流行的是微波自动推拉门，即用微波感应自动传感器进行开启控制。当人或其他移动物体进入传感器感知范围内时，门扇自动开启；人或其他移动物体离开传感器感知范围内时，门扇自动关闭。

微波感应自动门地面上装有导向性下轨道，其长度为开启门宽的2倍。自动门上部机箱部分可用18号槽钢做支撑横梁，横梁两端与墙体内的预埋钢板焊接牢固，以确保稳定。

感应自动推拉门可以起到保温、隔热的作用，同时具有良好的装饰效果，宜用于人流较少、装饰高雅的宾馆、办公楼主入口处。

1. 全玻璃自动门的组成

全玻璃自动门的里面分为两扇型、四扇型、六扇型等。在自动门扇的顶部设有通常的机箱层，用以安置自动门的机电装置。

2. 全玻璃自动门的安装

全玻璃自动门的安装主要包括地面导向轨道安装和上部横梁的安装两个部分。

在做地坪时应预埋断面尺寸为50mm×70mm的木条一根。安装自动门时，撬开木条，在木条形成的凹槽内架设轨道。轨道的长度为开扇宽度的2倍。

门上部机箱主梁安装是全玻璃自动门安装中的重要环节。支撑横梁的土建支撑结构应达到一定的强度和稳定性要求。在砖混结构中，横梁应放在缺口的埋件上并焊接牢固；在钢筋混凝土结构中，横梁应焊于墙或柱边的埋件上。

3. 全玻璃自动门构造形式，见图5.22。

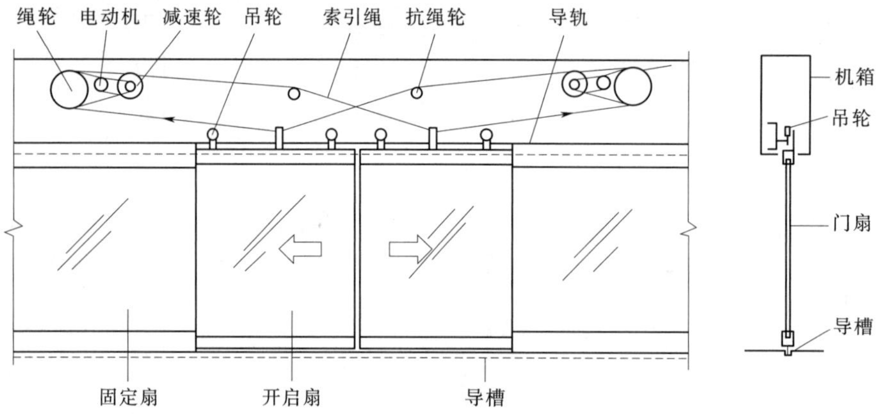

图5.22 全玻璃自动门构造

5.6 特种门窗装饰构造

特种门窗主要是用于有特殊要求的室内，用来满足不同室内的功能要求。因此，对于这些门窗的装饰构造用料及设计非常严格。本节只介绍常见的6种特种门窗装饰构造，以供参考。

5.6.1 密闭窗装饰构造

密闭窗用于有防尘、保温、隔声等要求的房间。密闭窗的构造应尽量减少窗缝，对缝隙采取密闭措施，选用适当的窗扇及玻璃的层数、间距、厚度，以保证达到密闭效果。

对缝隙一般用富有弹性的垫料嵌填，如毛毡、厚绒以及橡胶、海绵橡胶、硅橡胶、聚氯乙烯塑料、泡沫塑料等，并将弹性材料制成条状、管状以及适宜密闭的各种断面。玻璃与窗扇间可用各种防水油膏、压条、卡条、油灰等进行密闭处理（图5.23）。

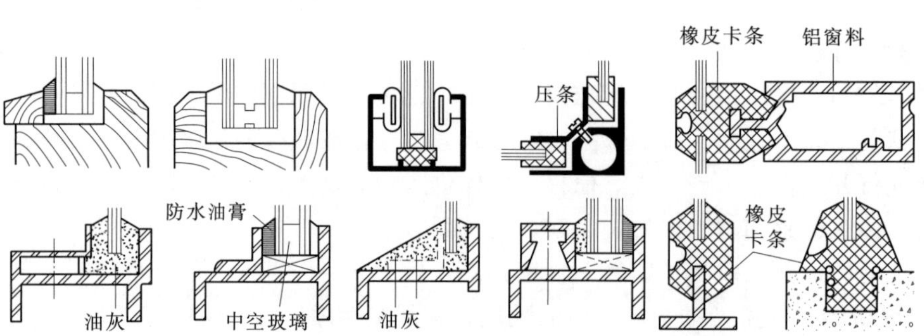

图5.23 密封处理构造

窗扇与窗框的密闭处理有贴缝式、内嵌式、垫缝式三种方式（图 5.24）。

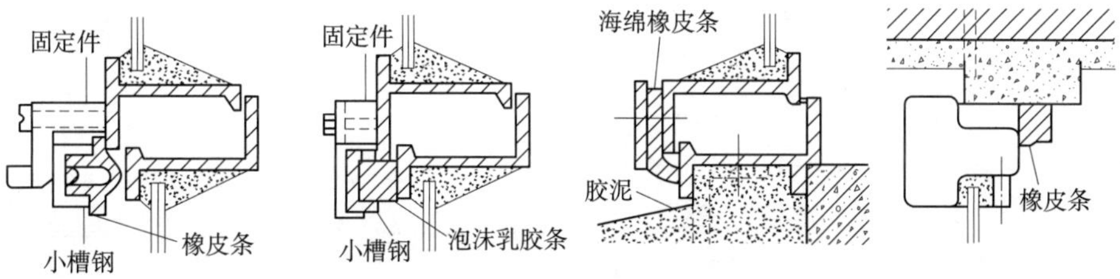

(a)贴缝式

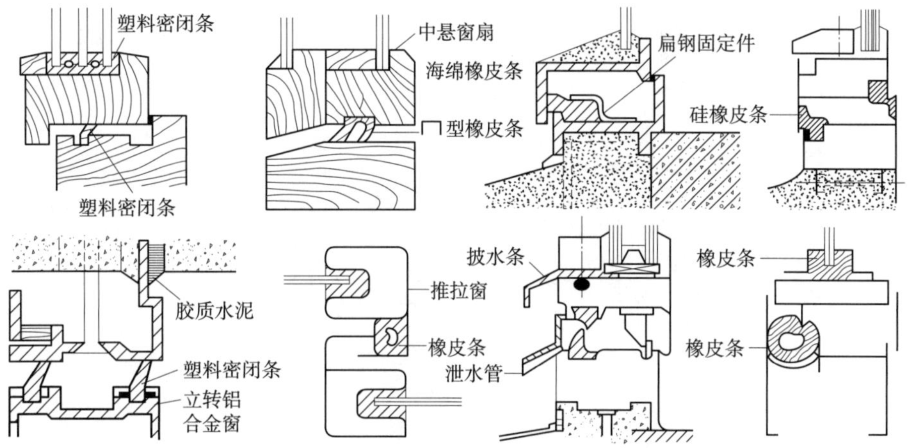

(b)内嵌式

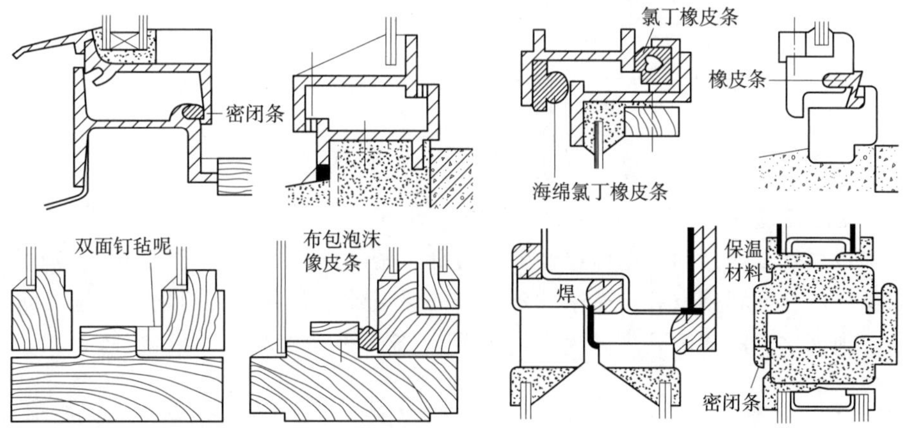

(c)垫缝式

图 5.24　窗扇与窗框的密闭处理

5.6.2　隔声门装饰构造

隔声门常用于室内噪声要求较高的房间中，如播音室、录音室等。主要的构造问题是保证门扇的隔声能力和门缝隙密闭性能。

隔声门门扇越重隔声效果越好，但过重又不便于开启。通过采用多层复合结构、合理利用空腔构造及吸声材料的方法来提高门扇的隔声效果。饰面材料采用整体板材，如硬质木纤维板、胶合板、钢板等，不宜采用拼接的木板。

隔声门的门缝隙之间应密闭而连续，主要应考虑门扇与门框之间、对开门门扇之间以及门扇与地面之间的缝隙处理。

在同一门框中做两道隔声门，或在建筑平面内布置具有吸声处理的隔声间，都是提高隔声效果的好办法（图 5.25）。

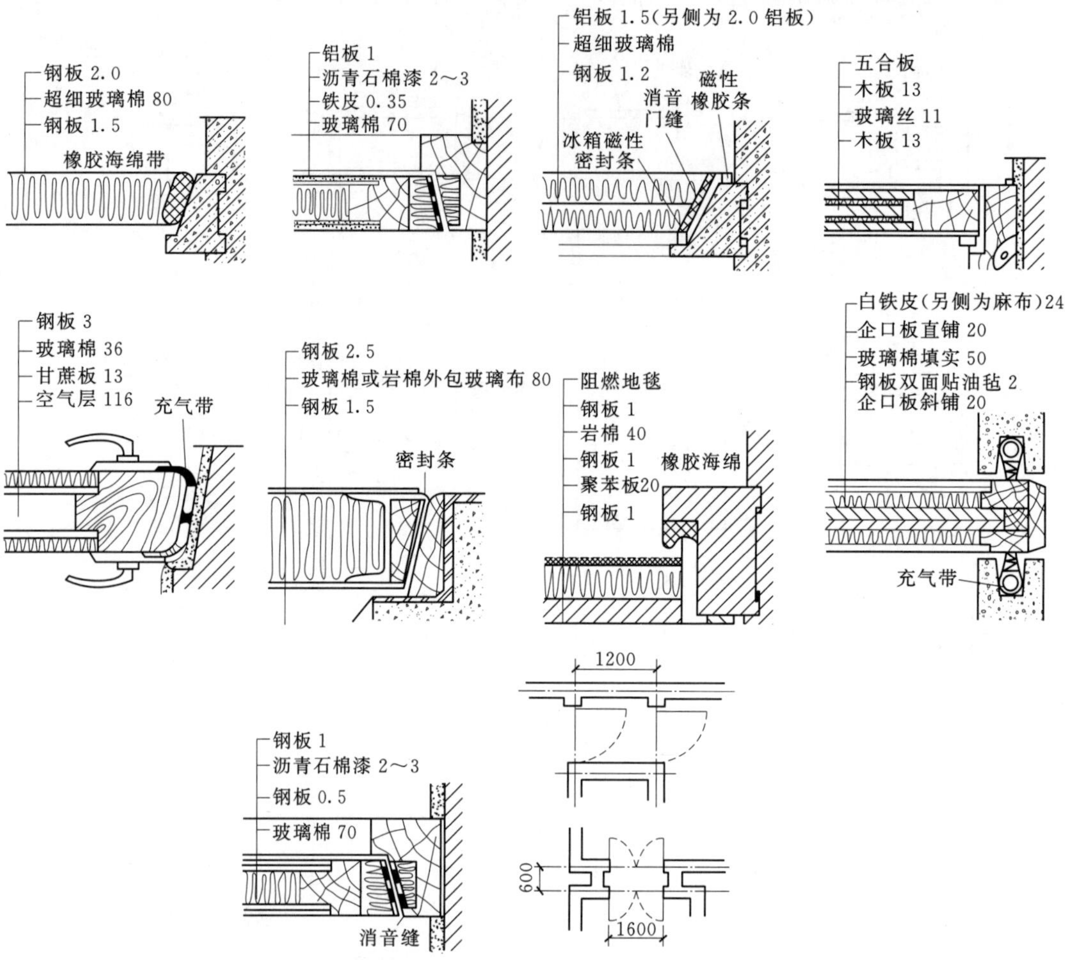

图 5.25　隔声门装饰构造

5.6.3　保温门装饰构造

保温门的构造要点是保证门扇的保温性能和门缝隙密闭性能。保温门门扇一般采用质轻、疏松多孔、容重小的材料或合理利用空腔构造来达到门扇的保温效果。保温门门扇与门框之间、对开门门扇之间以及门扇与地面之间的缝隙处理同隔声门（图 5.26、图 5.27）。

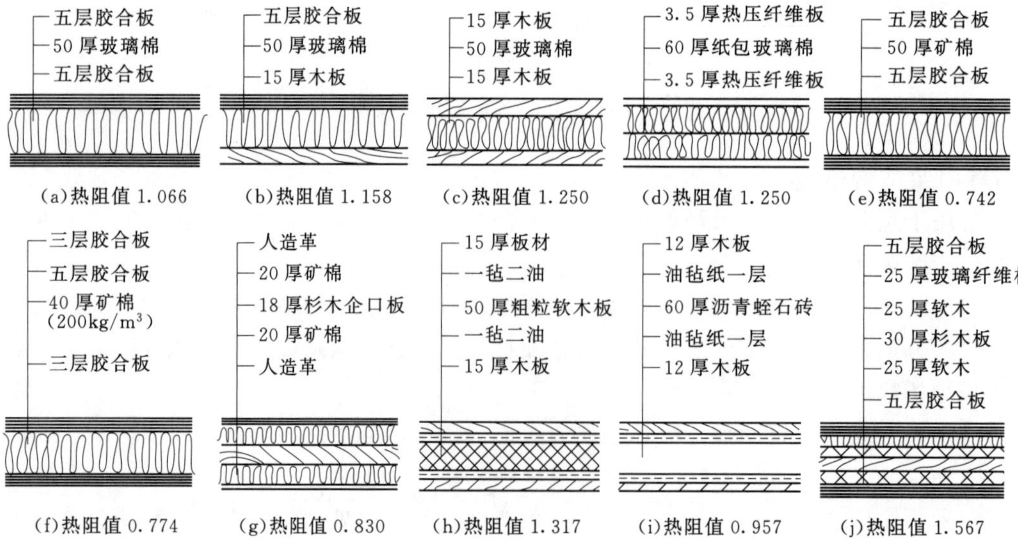

图 5.26　保温门常见材料

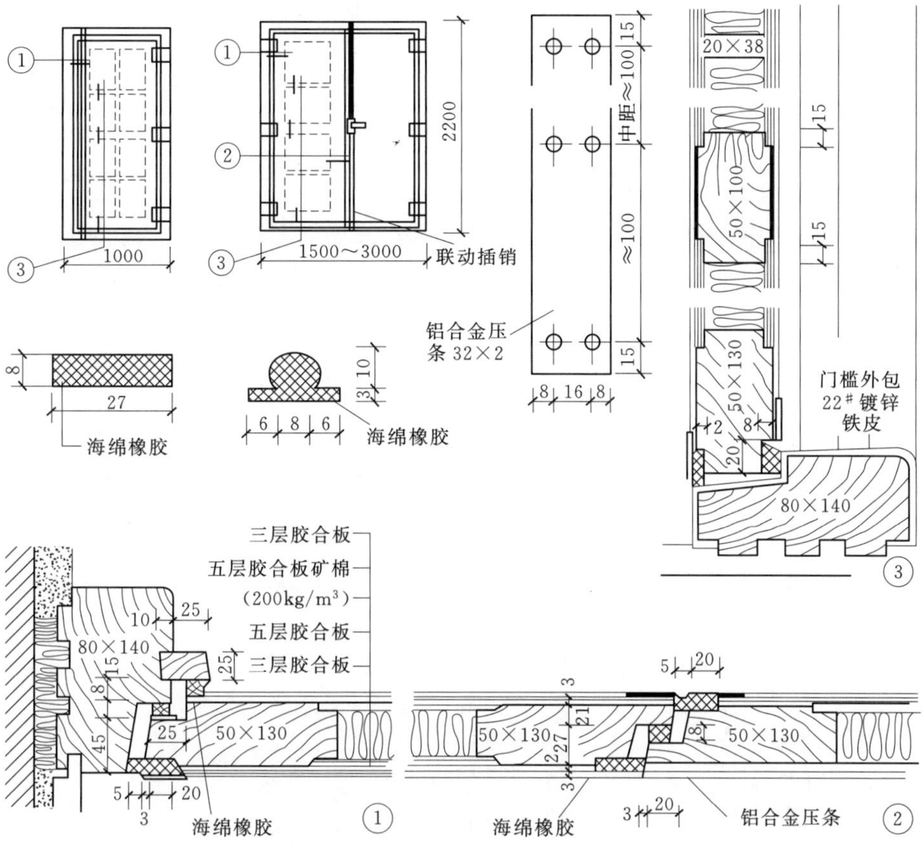

图 5.27　胶合板保温门构造

5.6.4　防火门装饰构造

根据防火规范要求，为了减少火灾在建筑物内蔓延，在建筑空间内设置防火墙和防火门，将建筑物划分成几个防火区。防火门应与烟感、光感、温感报警器和喷淋器等消防报警装置配套设置，洞口高度和宽度采用建筑标准常用尺寸。

1. 防火门类型

防火门按耐火极限分三个等级：甲级防火门的耐火极限为 1.3h，乙级防火门的耐火极限为 0.9h，丙级防火门的耐火极限为 0.6h。甲级防火门门扇不设玻璃小窗，乙丙级防火门可在门扇上设面积不大于 200cm^2 的玻璃小窗，玻璃为夹丝玻璃或复合防火玻璃。

按面材及芯材的不同，防火门可分为木板铁皮门、骨架铁皮填充门、金属门和木质门等。

2. 防火门构造

木质防火门是采用优质的云杉，经过难燃化学浸渍处理后做成门扇骨架，面板采用涂有防火漆的阻燃胶合板或镀锌铁皮，内填阻燃材料而成。

钢木质防火门是采用钢木组合制造，门扇采用钢骨架，面板采用阻燃胶合板，内填阻燃材料，门扇总厚度为 45mm，门框料采用 1.5mm 厚钢板冷弯成型。

钢质防火门是采用优质冷压钢板，经冷加工成型。一般采用框架组合式结构，门扇料钢板厚度为 1mm，门框料厚度为 1.5mm，门扇总厚度为 45mm，表面涂有防锈剂。根据需要配置耐火轴承合页、不锈钢防火门锁、闭门器、电磁释放开关等。这种防火门整体性好，高温状态下支撑强度高。

常见几种防火门的构造层次如图 5.28 和图 5.29 所示。

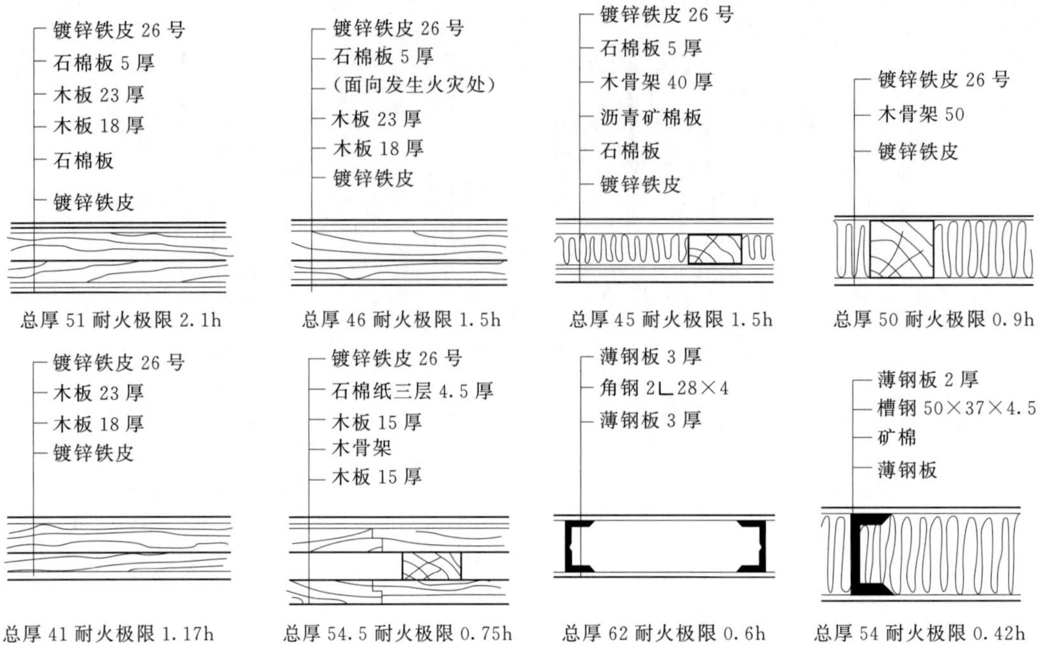

图 5.28　几种防火门的构造层次及耐火极限

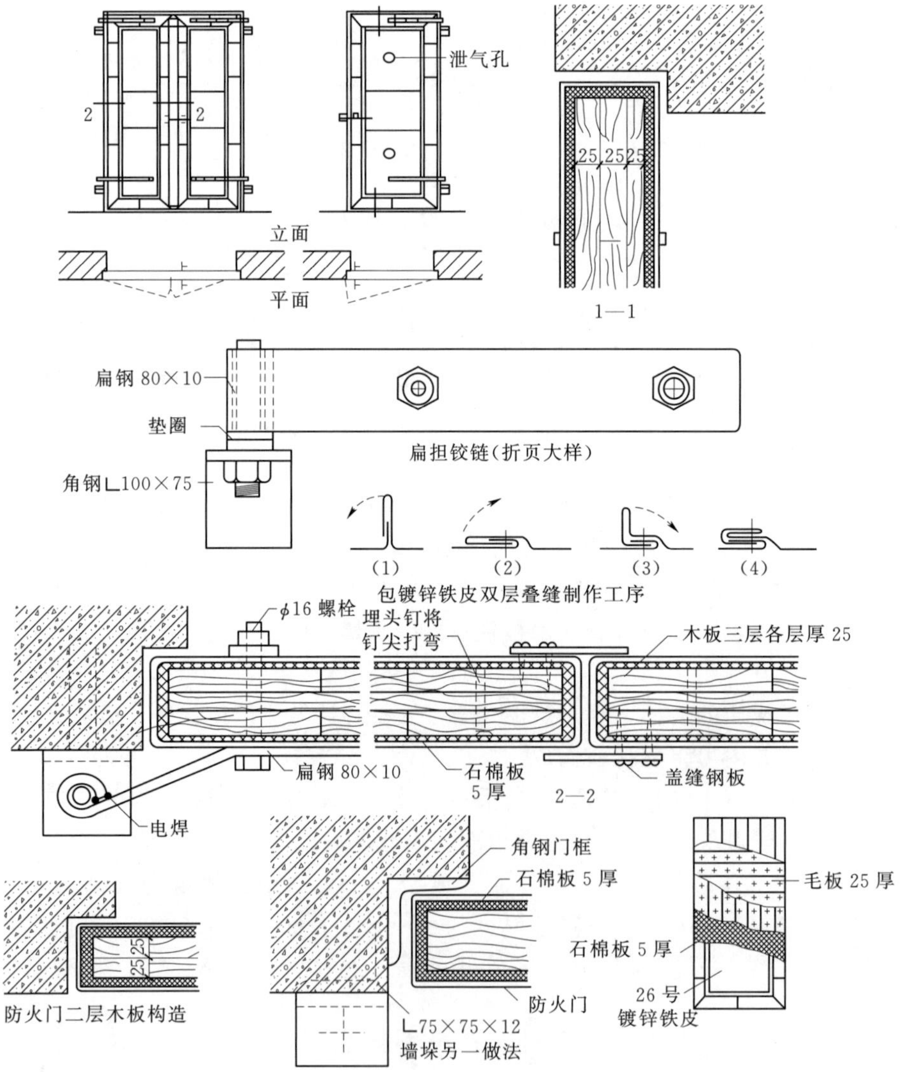

图 5.29　平开式防火门构造

5.6.5 防火卷帘门装饰构造

防火卷帘门由帘板、卷筒体、导轨、电力传动等部分组成。帘板由 1.5mm 的钢带轧制成 C 形钢扣片，重叠连锁而成。也可采用钢质 L 形串联式组合构造。这种门刚度和密闭性能优异，还可配置温感、烟感、光感报警系统和水幕喷淋系统。

防火卷帘门一般安装在墙体预埋铁件上或混凝土门框预埋件上（图 5.30）。

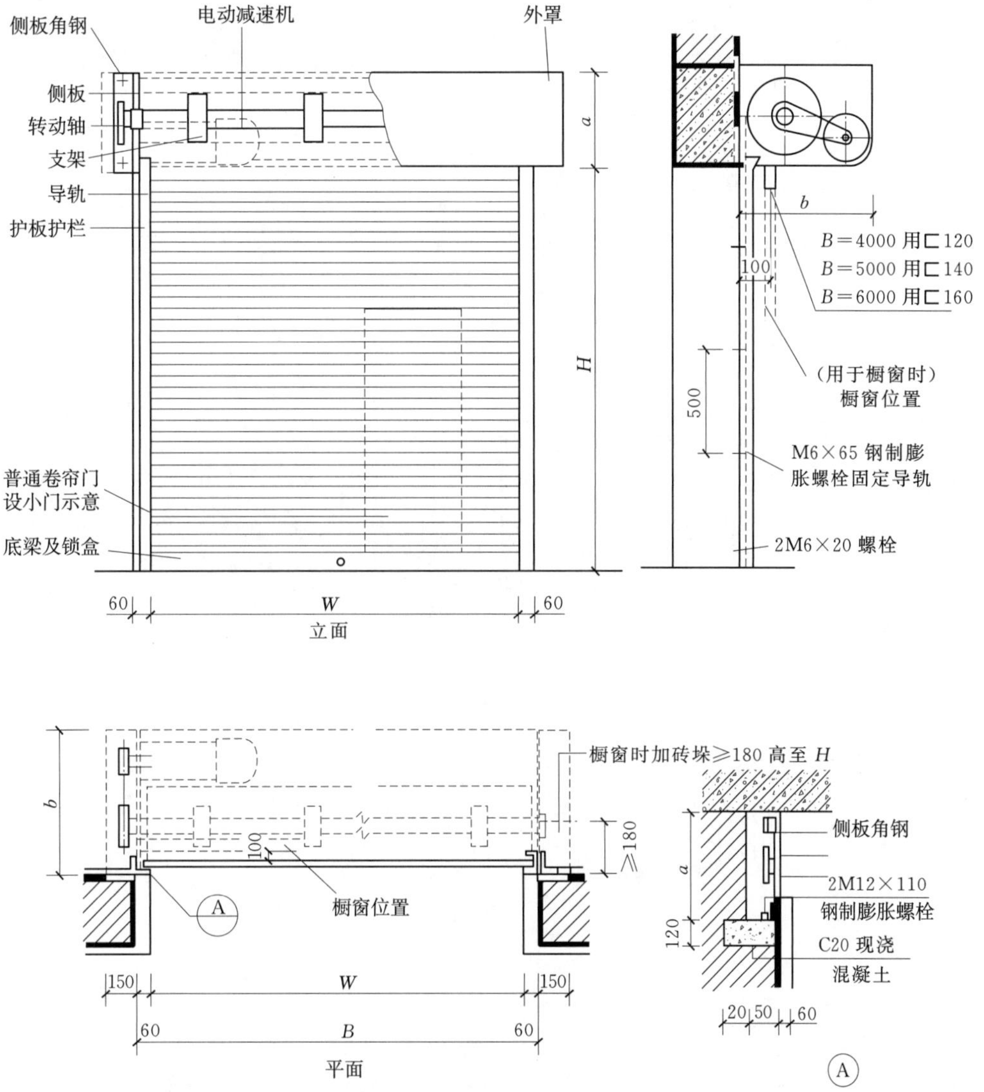

图 5.30　防火卷帘门构造

5.6.6 商业橱窗装饰构造

商业橱窗是商业建筑内展示商品或进行宣传摆放展品的专用窗，具有一定的陈列空间、通风口、大面积玻璃和防护栏等。橱窗构造设计主要应考虑：橱窗尺度，橱窗的防雨和遮阳，与营业厅通风、采光的关系，冷凝水的排除，橱窗灯光布置等问题。

橱窗尺度主要根据陈列品的性质和品种而定，一般陈列面的高度距室外地坪 300～450mm，最高 800mm，同时距离室内地面不小于 200mm，橱窗深度一般为 600～2000mm。

橱窗框料有木、钢、铝合金、不锈钢、塑料等品种，断面尺寸根据橱窗大小和装玻璃有无填料而定。橱窗的玻璃一般厚度为 6～12mm，玻璃间可平接，过高时可用铜或金属夹逐段连，也可加设中槛（横档）分隔。安装较大玻璃最好采用橡皮、泡沫塑料、毛毡等填条，以免破碎（图 5.31）。

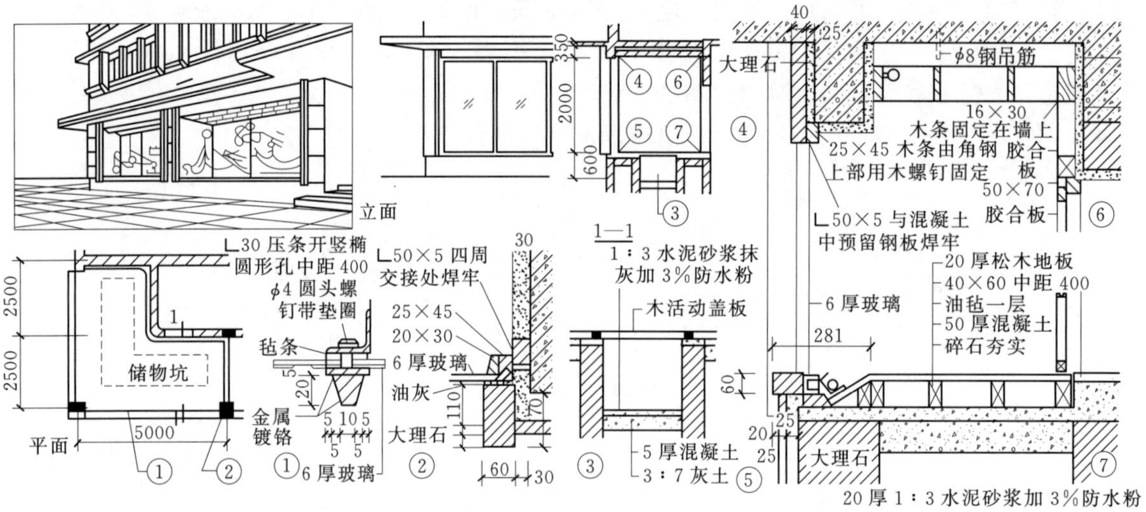

实例一

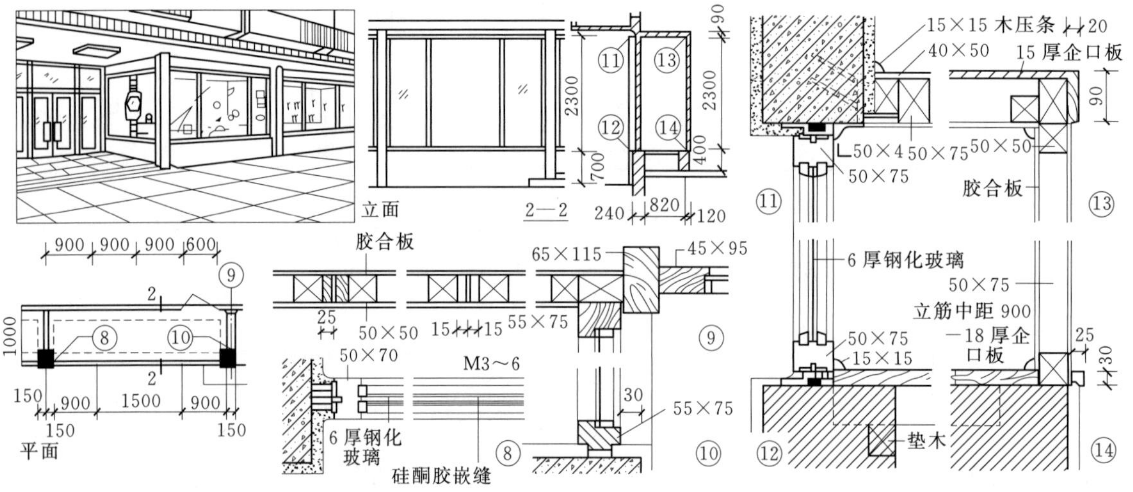

实例二

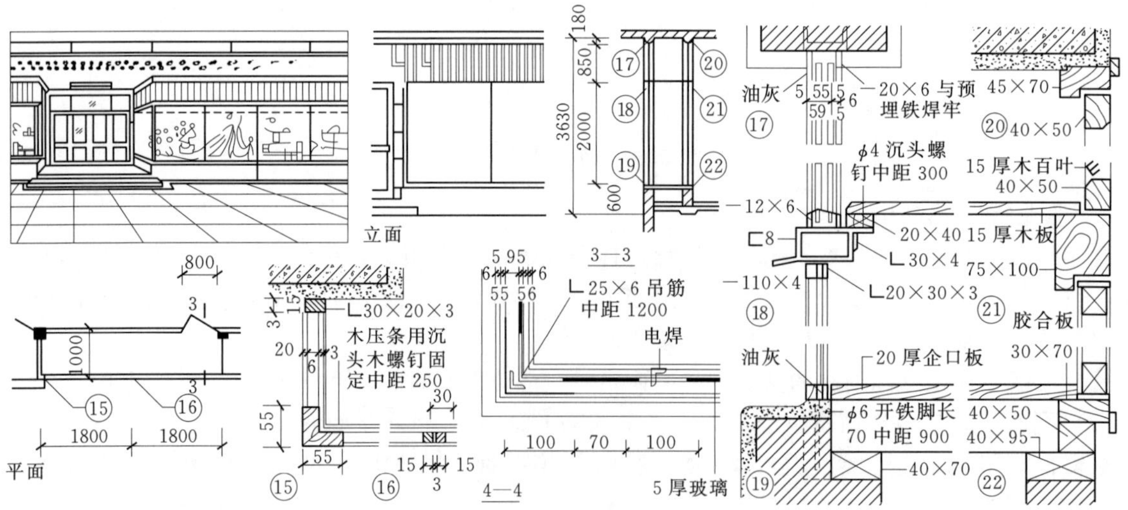

实例三

图 5.31 商业橱窗

【本章重点】 常见门窗的类型以及实木门、推拉门、厚玻璃装饰门、自动推拉门、塑钢门及铝合金门的构造及特点，介绍了几种特殊用途的门窗构造，主要包括保温门、隔声门、防火门、商业橱窗、密封窗等。

思考题

1. 门窗主要类型有哪些？
2. 简述木门类型及特点。
3. 简述铝合金门窗的构造及材料特性。
4. 简述塑钢门窗的构造及材料特性。

第6章

隔墙与隔断装饰材料与构造

【教学目标】

- ✧ 隔墙与隔断的类型设计要求
- ✧ 隔墙的种类
- ✧ 轻钢龙骨隔墙的材料及构造
- ✧ 隔断的种类

6.1 隔墙与隔断装饰概述

装饰隔墙与隔断是室内装饰中经常运用的手段，它们虽然都是起着分隔室内空间的作用，但产生的效果大不相同。轻质隔墙是近几年发展起来的一种新型隔墙，并在建筑装饰工程中起着越来越重要的作用。

6.1.1 隔墙与隔断的区别

隔墙是将分隔体直接做到顶，是一种完全封闭式的分隔；隔断是半封闭的留有通透的空间，既联系又分隔空间。简单地说，从楼地面到顶棚全封的分隔墙体为隔墙，不到顶的分隔墙体为隔断。在工程上习惯将隔断视为隔墙的另一种形式。

隔墙与隔断在设计上都应力求质轻壁薄，以减轻其对板、梁的荷载，并增加房间中的使用面积。由此可见，隔墙与隔断两者在功能和结构上有许多共同之处，但也存在许多不同的地方，主要表现在以下两个方面。

1. 分隔空间的程度不同

隔墙都是从底到顶的，使其既能在较大程度上限定空间，又能在一定程度上满足隔声、保温和遮挡视线等方面要求；而隔断限定空间的程度比较弱，在隔声、保温和遮挡视线等方面往往无要求；甚至有的隔断还具有一定的通透性，以使两个分隔空间有一定的视觉交流。

2. 拆装的灵活性不同

隔墙大多数是比较固定的，既是可活动的隔墙也是不能经常变动；而隔断在分隔空间上则比较灵活，容易移动和拆装，还能是被分割的相邻空间连通，从而获得隔而不断的效果。

6.1.2 隔墙与隔断的类型

轻质隔墙按其构造方式可分为三大类，即砌块式隔墙（如普通黏土砖、空心砖、加气混凝土砌块等砌筑的非承重墙）、立筋式隔墙（如灰板条抹灰隔墙以及木龙骨、轻钢龙骨、石膏龙骨各种面板隔墙等）、条板式隔墙（如加气混凝土条板隔墙、空心石膏板隔墙、碳化石灰板隔墙、石膏珍珠岩隔墙及各种复合板隔墙）。

隔断的种类很多，从限定程度上划分，有空透隔断和隔墙式隔断；从固定方式上划分，有固定式隔断和移动式隔断；从隔断开闭方式考虑，移动隔断又有折叠式、直滑式、拼装式等多种。如果从材料角度划分，则有金属隔断、竹木隔断、玻璃隔断等多种。另外，还有诸如硬质隔断与软质隔断、家具式隔断与屏风式隔断等（图 6.1～图 6.3）。

图 6.1　玻璃隔断

图 6.2　活动隔断

图 6.3　竹木隔断

6.1.3　隔墙的设计要求

隔墙对已建成的建筑物内部空间进一步划分是装饰工程的重要内容，可使室内空间在满足使用功能的同时也符合人们的视觉和心理需求。设计要求如下：

（1）墙体薄、自重轻。

（2）强度、刚度、稳定性好。

（3）隔声性能好。

（4）满足防火、防水、防潮等特殊要求。

（5）便于拆除。

6.2　隔墙的构造

轻质隔墙按其构造方式可分为三大类，即砌块式隔墙、立筋式隔墙和条板式隔墙。

6.2.1　砌块式隔墙

砌块式隔墙是指采用普通黏土砖、空心砖、加气混凝土块及玻璃砖等块材砌筑而成的非承重墙。块材式隔墙构造简单，应用时要注意块材之间的结合、墙体的稳定性、墙体质量及刚度对楼盖与主体结构的影响等几个问题。

6.2.1.1　加气混凝土块隔墙

加气混凝土块是自重较轻、便于切割、造价较低和施工简单的墙体材料，被广泛应用在填充和隔墙工程中。由于它质地松软多孔，与砌筑砂浆的胶结力较差，因而削弱了墙体的稳定性和抹面砂浆的附着牢固性。为此，应在砌筑和抹面时采取相应的加固和补救措施。

加气混凝土块吸湿性大，不宜用于浴室、厕所灯有水的房间；如使用，则须在墙面加设防水层。在干燥房间，也应在底脚部位砌筑 2～3 皮普通砖，一是防止楼地面潮气上升，二是便于踢脚水泥砂浆黏结。

为保证加气混凝土块隔墙的稳定，沿墙高度每 1m 左右应设置配筋带，即在此处水平灰缝中置入两根直径为 6mm 的钢筋，并伸入到两端主题墙内。同时，在隔墙两端每 500～600mm 的高度设置两根直径为 6mm 的钢筋与墙体连接。

在门窗洞口上方应将砌块隔成倒梯形，且应有配筋带通过过梁处。隔墙砌至顶板时，应留 30mm 的空隙，用对楔塞紧。

加气混凝土块隔墙在底层抹灰前，应先满刷 TG 胶浆一道，并用 TG 砂浆打底；或者在砌块墙上满钉镀锌铁丝网，再作混合砂浆底层抹灰。

安装门窗框时，应在门窗洞口处预埋带木楔混凝土块，或用膨胀螺栓直接与墙体连接（图 6.4）。

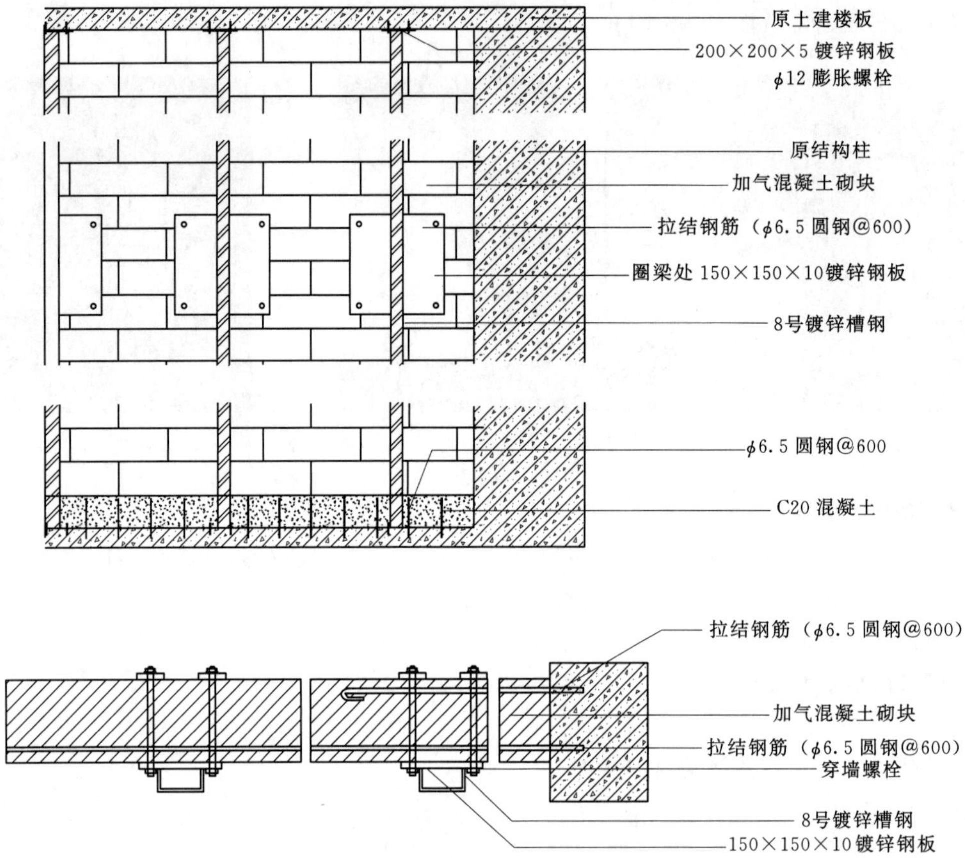

图 6.4　加气混凝土块隔墙构造

6.2.1.2　空心砖隔墙

空心砖有承重空心砖和非承重空心砖两大类，前者为竖孔砌筑，后者可竖孔也可横孔砌筑。用在隔墙的空心砖多由矿渣、炉渣或灰砂制成，自重轻、造价低且施工方便。空心砖隔墙的施工方法与加气混凝土块隔墙相似，不同的是在门窗洞口处应用黏土砖包角，过梁宜采用钢筋砖过梁，墙面抹灰可直接用石灰膏砂浆或混合砂浆打底。

6.2.1.3　玻璃砖隔墙

玻璃砖也称特厚玻璃，主要使用于室内隔墙或其他局部墙体。其特点是可以提供自然采光，并兼具隔声、隔热及美化空间的作用，以其色彩、光泽和晶体质感，尤其是透光与散光现象所形成的视觉效果，使装饰部位别具风格。

玻璃砖有实心砖和空心砖之分。当前应用最广泛的是空芯玻璃砖。空心玻璃砖系由两块分开压制的玻璃，在高温下封接加工而成，具有优良的隔声、抗压、耐磨、透光、折光、透光不透明、防火及避潮等特性，有方形和矩形，并有白、茶、蓝、绿和灰等颜色及各种精美条纹图案。

玻璃砖的四周侧面设有凹槽，用以灌注黏结砂浆和穿人增强钢筋。不采取增强措施的室内空心玻璃砖隔断墙尺寸应符合规定。当隔断墙的尺寸超过规定时，应采用 ϕ6 或 ϕ8 的钢筋增强。

当隔断墙体的高度超过规定时，应在垂直方向上每两层空心玻璃砖水平设置 1 根钢筋；当隔断墙体的长度超过规定时，应该水平方向上每 3 个缝至少设置 1 根钢筋。

空心玻璃砖隔墙的基本构造基本上可分为砌筑和胶筑两种做法。前者施工繁琐，后者施工较为简便。

1. 砌筑做法

砌筑做法是将空心砖用 1∶1 白水泥石英彩砂浆（白砂或彩砂）黏合，并借助加固钢筋砌筑成空心玻璃隔墙的一种构造做法。空心玻璃砖隔墙外框封口、收边，通常采用不锈钢、钛金板或硬木脚线，硬木饰边（图 6.5）。

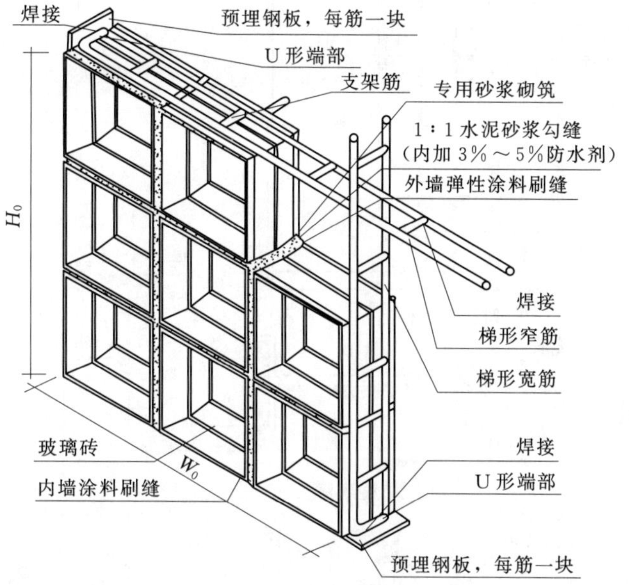

图 6.5 玻璃砖墙砌筑轴侧示意图

2. 胶筑做法

胶筑做法是将空心玻璃砖用大力胶加石英彩砂调匀成胶砂浆（胶砂配合比按设计要求），黏结砌筑成空心玻璃砖隔墙（或隔断）的一种新型构造做法，其基本构造（图 6.6）。

空心玻璃砖墙四周均需增加两根直径为 6mm 的加强钢筋，中间纵、横两个方向每隔 2～3 块玻璃砖设置一道钢筋，钢筋两端套丝锚固。

为了保证玻璃砖墙的平整度和砌筑方便，每层玻璃砖在砌筑之前，要在玻璃砖上放置木垫块。木垫块可用胶合板制作，其宽度为 20mm 左右，长度由砌筑玻璃砖墙的厚度确定。玻璃砖厚 50mm 时木垫块长 35mm 左右，玻璃砖厚 80mm 时木垫块长 60mm 左右。

在砌筑第一层玻璃砖后摆放木垫块，每块玻璃砖上放 2～3 块。在放置木垫块时应在木垫块的地面涂少许胶液，将其粘贴在玻璃砖的凹槽内。然后摊铺砂浆并将上层玻璃砖压在下层玻璃砖上，同时将玻璃砖中间的槽卡在木垫块上。

6.2.2 立筋式隔墙

立筋隔墙由龙骨和罩面板组成。立筋隔墙的龙骨有轻钢龙骨、铝合金龙骨、木龙骨等种类。

6.2.2.1 木龙骨隔墙

1. 木龙骨架结构形式

木龙骨隔断墙的木龙骨由上槛、下槛、主柱（墙筋）和斜撑组成（图 6.7）。按立面构造，木龙骨隔断墙分为全封隔断墙、有门窗隔断墙和半高隔断墙三种类型。不同类型的隔墙与隔断，其结构形式也不尽相同，在室内装饰工程中常见的有大木方结构、小木方双层结构和小木方单层结构（图 6.8 和图 6.9）。

2. 木龙骨隔墙的构造

隔墙木龙骨架所用木材的树种、材质等级、含水率以及防腐、防虫、防火处理必须符合设计要求和《木结构工程施工质量验收规范》GB 50206—2012 的有关规定。接触砖、石、混凝土的骨架和预

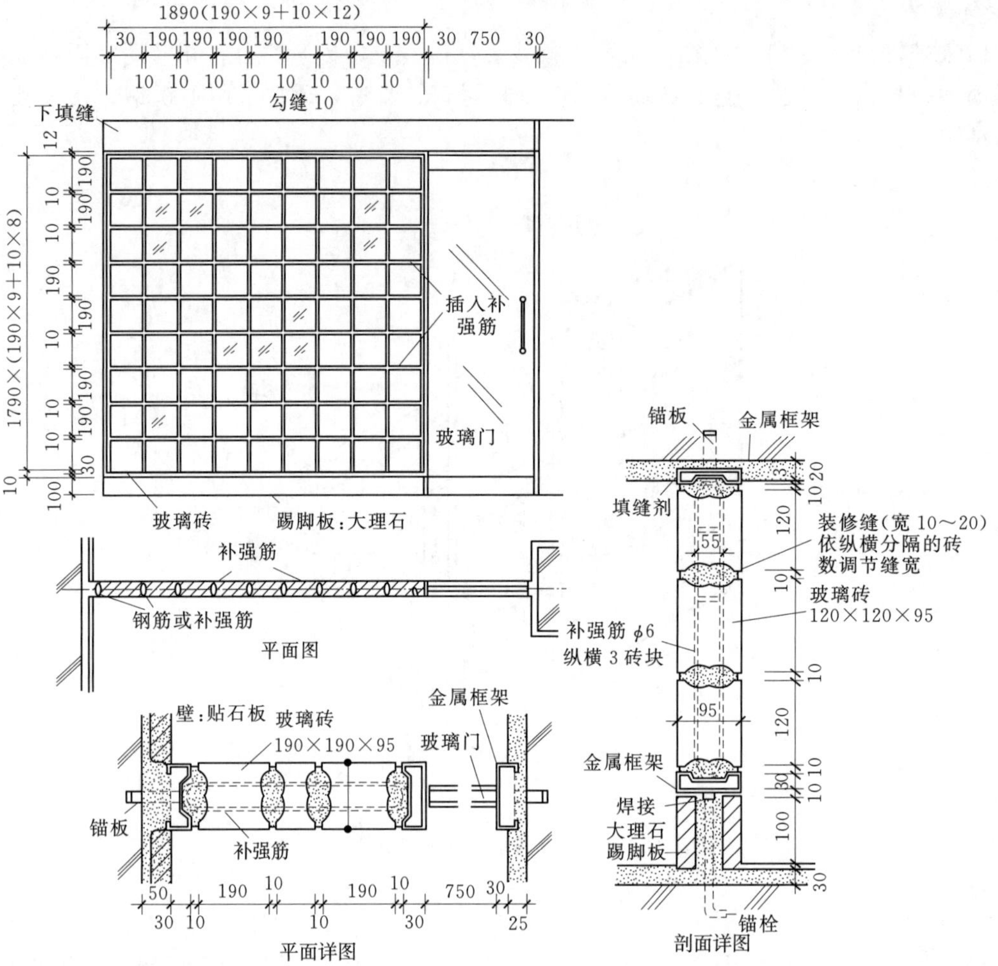

图 6.6　玻璃砖墙胶筑法

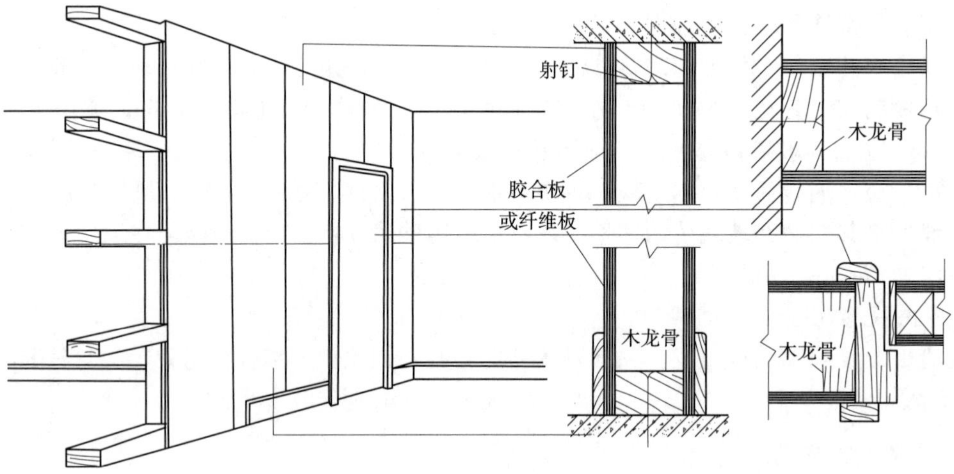

图 6.7　木龙骨结构示意图

埋木砖应经防腐处理，连接用的铁件必须经镀锌或防锈处理。

(1) 木龙骨的连接。木龙骨的横截面尺寸规格视房间高度而定，通常可选择 50mm×70mm 或 100mm×100mm。木龙骨中心间距一般为 400～500mm，斜撑间距约 1.5m。半高矮隔墙主要靠地面固定和端头的建筑墙面固定。如果矮隔断墙的端头处无法与墙面固定，常采用铁件来加固端头处。加固部分主要是地面与竖向方木连接处。

图 6.8　大木方结构骨架

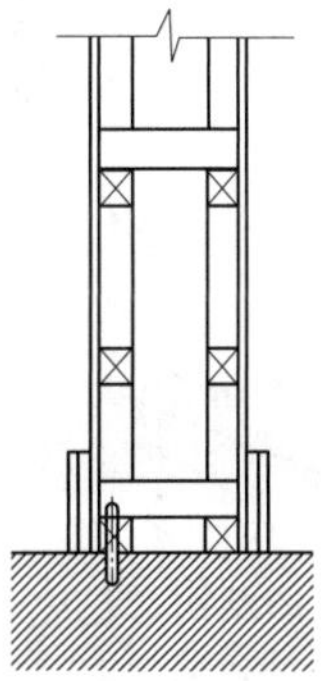

图 6.9　双层小木方结构骨架

（2）木骨架与吊顶的连接。在一般情况下，隔墙木龙骨的顶部与建筑楼板底的连接可有多种形式，采用射钉固定连接件，或采用膨胀螺栓，或采用木楔圆钉等做法均可。如隔墙上部的顶端不是建筑结构，而是与装饰吊顶相接触时，其处理方法需要根据吊顶结构确定（图 6.10）。

对于不设开启门扇的隔墙，当其与铝合金或轻钢龙骨吊顶接触时，只要求与吊顶接触面间的缝隙要小而平直，隔墙木骨架可独自通过吊顶内与建筑楼板以木楔圆钉固定。当其与吊顶的木龙骨接触时，应将吊顶木龙骨与隔墙木龙骨的沿顶龙骨钉接起来，如果两者之间有接缝，还应垫实接缝后再钉钉子。

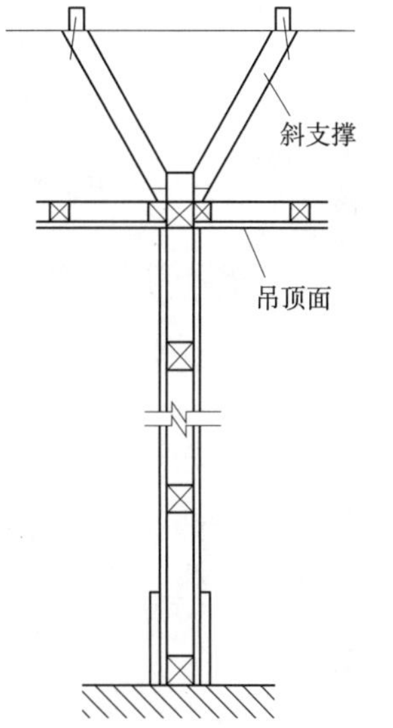

图 6.10　带木门隔墙与建筑顶面的连接固定

对于设有开启门扇的隔墙，考虑到门的启闭振动及人的往来碰撞，其顶端应采取较牢靠的固定措施，一般做法是其竖向龙骨穿过吊顶面与建筑楼板地面固定，需采用斜角支承。斜角支承的材料可以是方木，也可以是角钢，斜角支承杆件与楼板底面的夹角以 60°为宜。斜角支承与基体的固定方法可用木楔铁钉或膨胀螺栓。

（3）板材的固定方法。木龙骨隔断墙的饰面基层板通常采用木夹板、中密度纤维板等木质板材。

1）以各种人造装饰板饰面：直接安装在木龙骨上或有基层板的骨架上，无须重新饰面。

2）以木夹板为基层板：安装方式有明缝和拼缝两种。明缝的要求缝隙宽度一致，大小由设计规定。拼缝的，要求对木夹板正面进行倒角处理，便于在进行基层处理时，可将木夹板之间的缝隙补平。固定时，最好采用射钉，布钉要均匀，钉距为 100mm 左右。

3）岩棉或玻璃棉的安装：一侧木夹板安装固定完毕后，在固定另一侧木夹板之前，为了提高隔墙的耐火极限，并达到设计上的隔音的要求，在隔墙中安装岩棉或玻璃棉。方法是用 401 胶粘贴岩棉钉，再将切割好的岩棉或玻璃棉填入龙骨间。岩棉或玻璃棉填好之后，再安装另一侧木夹板。安装时，两侧木夹板的竖缝、横缝必须错开。

3. 木隔墙门窗的构造做法

（1）门框构造。木隔墙的门框是以门洞口两侧的竖向木龙骨为基体，配以挡位框、饰边板或饰边线组合而成的。传统的大木方骨架的隔墙门洞竖龙骨断面大，其挡位框的木方可直接固定于竖向木龙骨上。对于小木方双层构架隔墙，由于其木方断面较小，应该现在门洞内侧钉固 12mm 厚的胶合板或实木板之后，才可在其上固定挡位框。如对木隔墙门框的设置要求较高，其门框的竖向木方应具有较大断面，并必须采取铁件加固法，这样做可以保证不会由于门的频繁启闭振动而造成隔墙的颤动或松动。

木质隔墙门框在设置挡位框的同时，为了收边、封口和装饰美观，一般都采取包框饰边的结构形式。常见的有厚胶合板加木线包边、阶梯式包边、大木线条压边等。安装固定时可使用胶黏剂进行钉

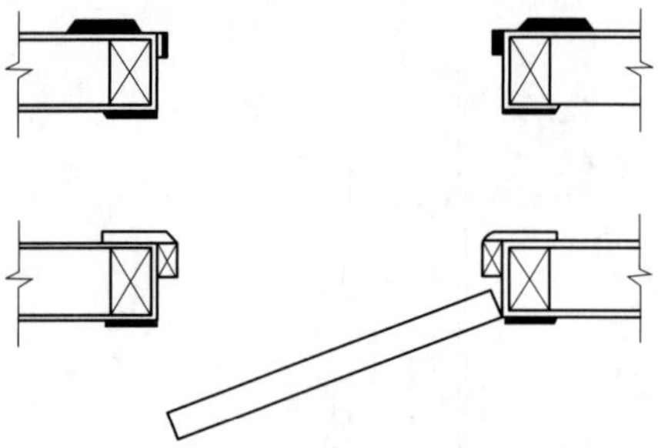

图 6.11　门框的结构与包边形式

合，为装设牢固，铁钉应冲入面层（图 6.11）。

（2）窗框构造。木隔断中的窗框是在制作木隔断时预留出来的，然后用木夹板和木质线条进行压边或定位。根据隔断墙的需要不同，木隔断墙的窗有固定式和活动窗扇式。固定窗是用木条把玻璃定位在窗框中，活动窗扇的形式与普通活动窗扇基本相同。

4. 饰面的种类

在木龙骨夹板墙身基面上可进行的饰面种类有涂料饰面、裱糊饰面、镶嵌饰面、镶嵌各种罩面板等。

6.2.2.2　轻钢龙骨隔墙

轻钢龙骨隔墙，也称为墙体轻钢龙骨，是以厚度为 0.5～1.5mm 的镀锌钢带、薄壁冷轧退火卷带或彩色喷塑钢带为原料，经龙骨机辊压而制成的轻质隔墙骨架支承材料。薄壁轻钢龙骨与玻璃或轻质板材组合，即可组成隔断墙体（图 6.12）。

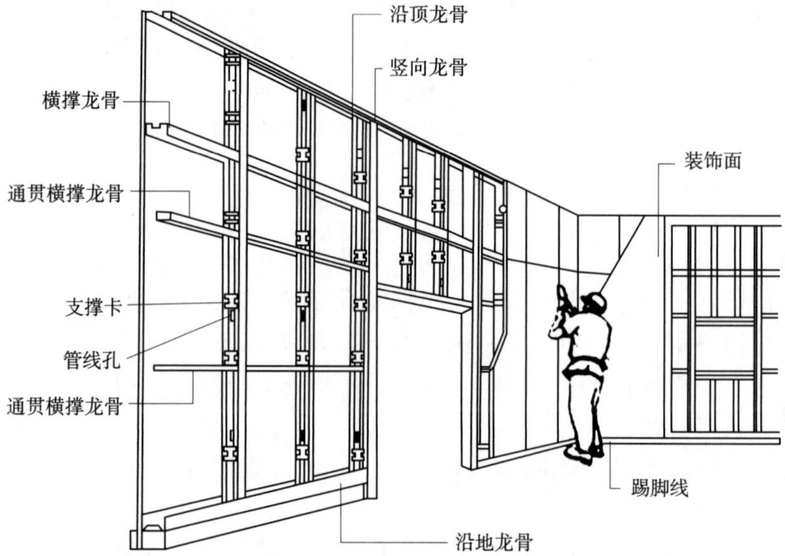

图 6.12　隔墙构造轴测图

1. 墙体轻钢龙骨及其配件

墙体轻钢龙骨，是以厚度为 0.5～1.5mm 的镀锌钢板（带）、冷轧钢板（带）或彩色喷塑钢板（带）为原料，经冷弯工艺生产的薄壁型钢。按其断面形状不同分为 C 形和 U 形；按其使用功能不同，分为横龙骨、竖龙骨和通贯龙骨等。

根据 C 形竖龙骨及 U 形横龙骨宽度尺寸（A 尺寸）的不同，主要分为 Q50（50 系列）、Q75（75 系列）、Q100（100 系列）、Q150（150 系列）。有的墙体龙骨产品还配有加强龙骨，断面呈不对称的 C 形，使用时常将两根加强龙骨扣合安装，故也称为扣盒子式龙骨。

2. 轻钢龙骨纸面石膏板隔墙构造

（1）墙体龙骨的布置。轻钢龙骨骨架由沿顶龙骨、沿地龙骨、竖向龙骨、横撑龙骨及加强龙骨和各种配件组成。一般情况下，均是以 U 形横龙骨作沿顶龙骨和沿地龙骨，以 C 形竖龙骨作沿墙（柱）龙骨，由它们组成墙体骨架的边框，中间设置竖龙骨作承重骨架，竖龙骨间距由板面尺寸而定，一般为 400～600mm，通常在竖向铺板时，在罩面板材的边部和中部各设置一根。当墙面装饰层质量较大（如镶贴瓷砖）时，竖龙骨的间距适当减小（图 6.13）。

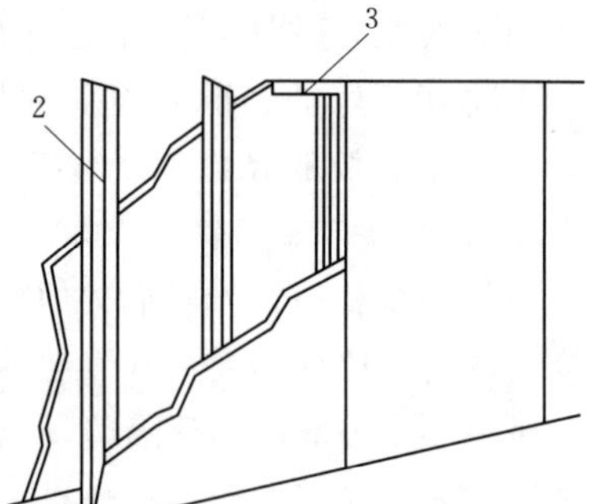

图 6.13　隔墙龙骨布置示意图（一）
1—沿地龙骨；2—竖龙骨；3—沿顶龙骨

当墙体较高且设置有门窗时，应加设横撑龙骨或通贯龙骨（采用通贯龙骨系列时）。同时在重要的承重部位，其竖向龙骨可以并用密排，或采用加强龙骨（图 6.14）。

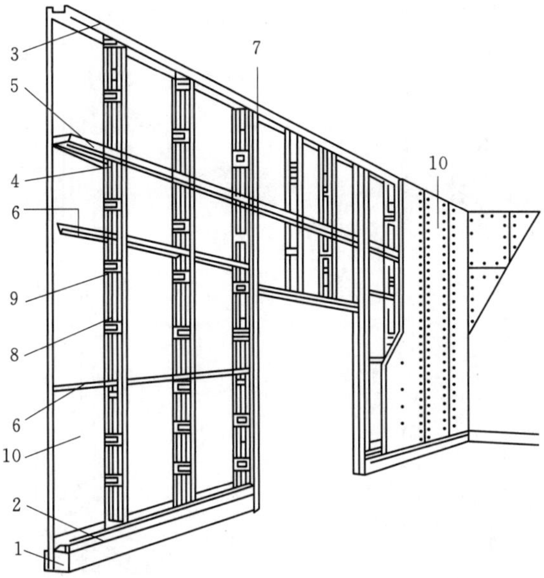

图 6.14　隔墙龙骨布置示意图（二）

1—混凝土踢脚座；2—沿地龙骨；3—沿顶龙骨；4—竖龙骨；5—横撑龙骨；6—通贯横撑龙骨；7—加强龙骨；8—贯通孔；9—支撑卡；10—石膏板

（2）隔墙的构造组成。隔墙竖龙骨可以单层设置，也可以双排布置。罩面石膏板可以单层铺设，也可以双层铺设。由此，既可以组成单排龙骨单层（或双层）纸面石膏板墙，也可以组成双排龙骨单层（或双层）纸面石膏板墙，这取决于墙体厚度要求及使用功能等因素。图 6.15（a）所示为单排龙骨单层纸面石膏板隔墙构造，图 6.15（b）为双排龙骨双层纸面石膏板构造。

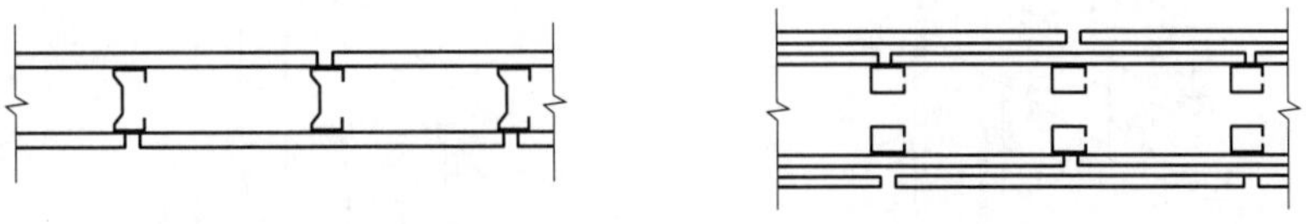

(a)单排龙骨单层石膏板墙　　(b)双排龙骨双层石膏板墙

图 6.15　龙骨的设置

（3）安装构造节点：

1）龙骨与结构的连接节点（图 6.16）。沿地龙骨与楼地面、沿顶龙骨与楼板（板底）及沿墙（柱）龙骨与墙或柱的连接构造做法一般有两种：一种是在结构施工时设有预埋件，将其固定在预埋件上；另一种未设预埋件，其做法是采用射钉或金属膨胀螺栓来固定。

2）龙骨与龙骨的连接节点（图 6.17）。竖龙骨与沿顶或沿地龙骨的连接固定，可采用自攻螺钉或抽芯铆钉，并用支撑卡锁紧竖龙骨与横龙骨的相交部位。

竖龙骨与横撑龙骨的连接，可在横竖龙骨相接处的龙骨背面采用角托连接固定，在龙骨的开口面则以卡托连接，并以支撑卡锁紧。

通贯龙骨与竖龙骨的连接，可通过支撑卡将通贯龙骨与竖龙骨锁紧。

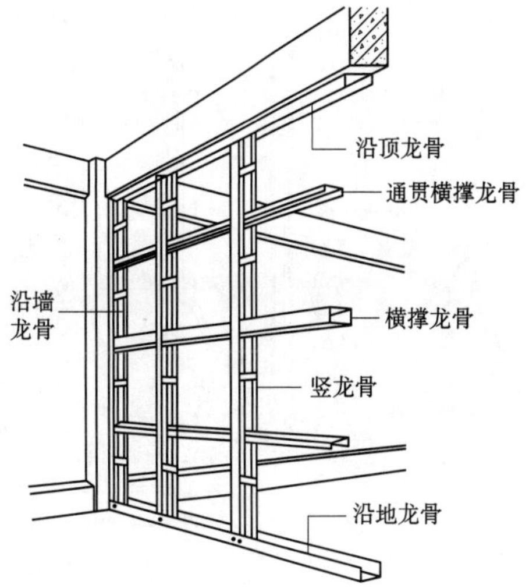

图 6.16　龙骨结构示意图

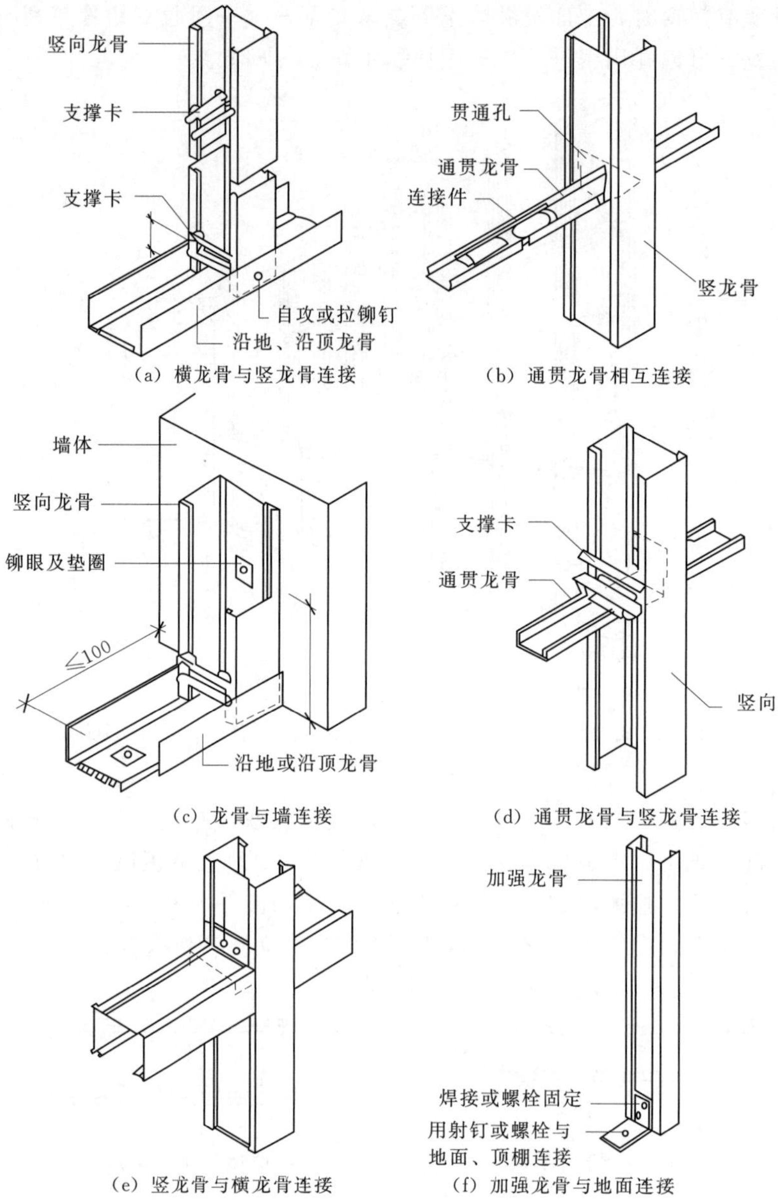

(a) 横龙骨与竖龙骨连接　(b) 通贯龙骨相互连接

(c) 龙骨与墙连接　(d) 通贯龙骨与竖龙骨连接

(e) 竖龙骨与横龙骨连接　(f) 加强龙骨与地面连接

图 6.17　龙骨连接构造

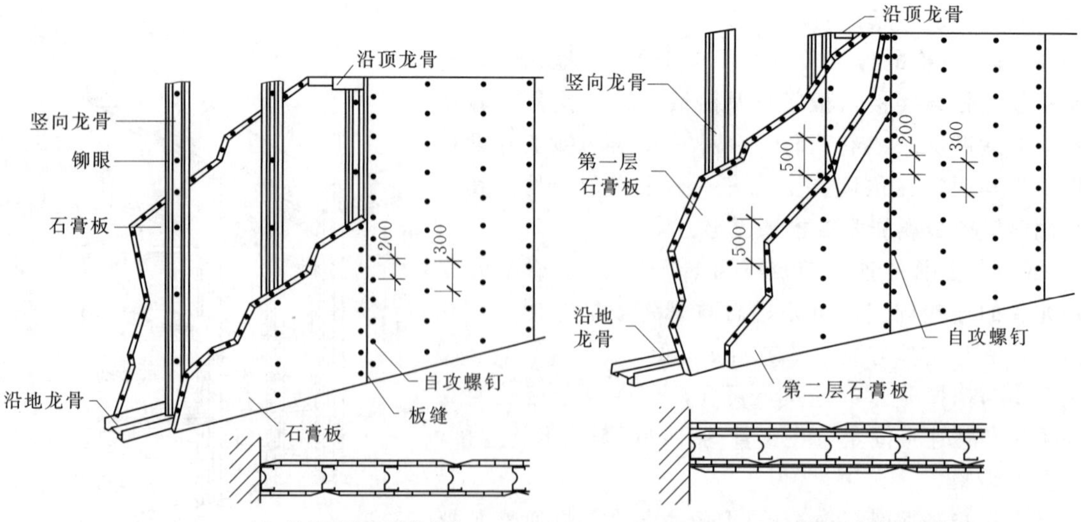

(a) 单层石膏板隔墙构造　(b) 双层石膏板隔墙构造

图 6.18　纸面石膏板隔墙构造

对于有门窗的隔墙墙体骨架，门框部位的竖龙骨应采用双根并立或扣盒子式龙骨加强。

3）隔墙与隔墙连接节点。隔墙转角及丁字（或十字）墙体连接，是在相应部位设置竖龙骨，并用自攻螺钉或螺栓连接牢固（图6.18）。

4）龙骨与板材的连接点。纸面石膏板可以用自攻螺钉直接将其钉在金属龙骨上，有单层板隔墙和双层板隔墙两种。采用双层纸面石膏板时，两层板的接缝一定要错开，竖向龙骨中间通常还需设置横向龙骨，一般距地1.2m左右。石膏板块之间接缝分明缝和暗缝两种，为避免石膏板吸水导致变形，石膏板墙安装后宜随即做防潮处理（图6.19）。

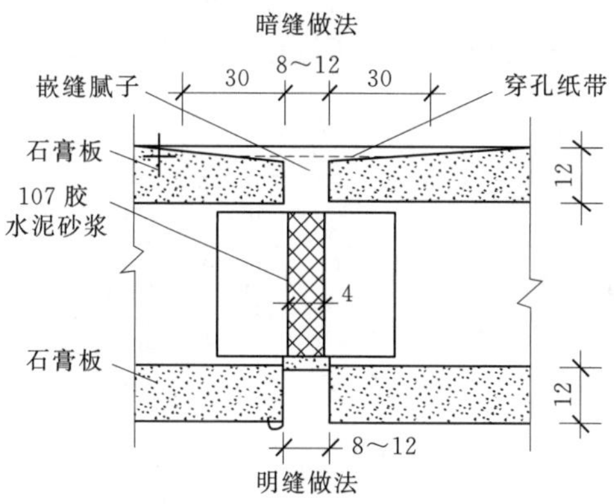

图6.19　板缝节点构造

6.2.3　板材式隔墙

1. 加气混凝土条板

加气混凝土条板是以钙质材料（水泥、石灰）、含硅材料（石英砂、尾矿粉、粉煤灰、粒化高炉矿渣、页岩等）和加气剂作为原料，经过磨细、配料、搅拌、浇筑、切割和压蒸养护（8atm或15atm下养护6～8h。1atm＝101325Pa，下同）等工序制成的一种多孔轻质墙板。

（1）加气混凝土条板构造及规格。加气混凝土条板可以做室内隔墙，也可以作为非承重的外墙板。由于加气混凝土能利用工业废料，产品成本比较低，能大幅度降低建筑物自重，生产效率较高，保温性能较好，因此具有较好的技术经济效益。

加气混凝土条板按其原材料不同可分为水泥-矿渣-砂加气混凝土条板、水泥-石灰-沙和水泥-石灰-粉煤灰加气混凝土条板；加气混凝土隔墙条板的规格有：厚度一般为75mm、100mm、120mm、125mm、150mm；宽度一般为600mm；长度一般为2700mm、3000mm、3300mm等，也可以根据设计要求而定。

条板之间黏结砂浆层的厚度一般为2～3mm，要求饱满、均匀，以使条板与条板黏结牢固。条板之间的接缝可做成平缝，也可做成倒角缝。条板内应配有适量的钢筋，钢筋宜预先经过防锈处理，并用点焊加工成网片。

（2）加气混凝土条板隔墙的构造。加气混凝土条板隔墙一般采用垂直安装，板的两侧应与主体结构连接牢固，板与板之间用黏结砂浆黏结，沿板缝上下各1/3处按30°角钉入金属片，在转角墙和丁字墙交接处，在板高上下1/3处，应斜向钉入长度不小于200mm、直径8mm的铁件，如图6.20所示。

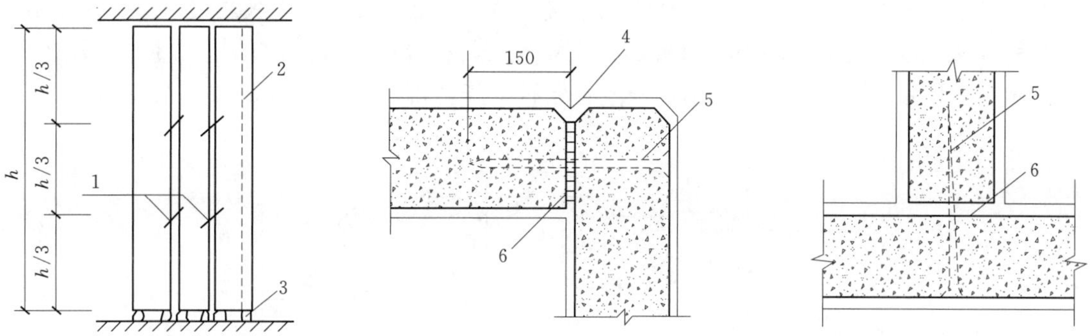

（a）加气混凝土条板隔墙横向连接　（b）转角墙节点构造　（c）丁字墙节点构造

图6.20　加气混凝土条板墙的构造

1—铁销；2—铁钉；3—木楔；4—八字缝；5—用直径8mm钢筋打尖；6—黏结砂浆

加气混凝土条板上下部的连接，一般采用刚性节点做法：即在板的上端抹黏结砂浆，与梁或楼板的底部黏结，下部两侧用木楔顶紧，最后在下部的缝隙用细石混凝土填实，如图 6.21 所示。

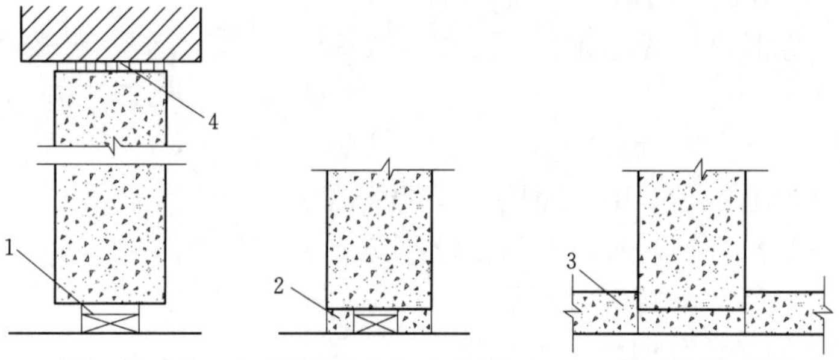

(a) 侧向对打木楔 (b) 木楔间空隙塞豆石混凝土 (c) 细石混凝土硬结后取出木楔，做地面

图 6.21 隔墙板上下联结构造方法

1—木楔；2—豆石混凝土；3—地面；4—黏结砂浆

2. *石膏板条*

石膏板是以建筑石膏（$CaSO_4 \cdot \frac{1}{2}H_2O$）为主要原料生产制成的一种质量轻、强度高、厚度薄、加工方便、隔声、隔热和防火性能较好的建筑材料。石膏板有纸面石膏板、无面纸纤维石膏板、装饰石膏板、石膏空心条板等多种。

我国常用石膏空心条板。它是以天然石膏或化学石膏为主要原料，掺加适量水泥或石灰、粉煤灰为辅助胶结料，并加入少量增强纤维（也可加入适量膨胀珍珠岩），经加水搅拌制成料浆，再经浇筑成型、抽芯、干燥而成。

（1）石膏空心条板的规格与特点。石膏空心条板的一般规格，长度为 2500～3000mm，宽度为 500～600mm，厚度为 60～90mm。石膏空心条板表面平整光滑且具有质轻（表观密度 600～900kg/m^3）、比强度高（抗折强度 2～3MPa），隔热［热导率为 0.22W/(m·K)］、隔声（隔声指数大于 30dB）、防火（耐火极限 1.00～2.25h）、加工性好（可锯、刨、钻）、施工简便等优点。其品种按原材料分有石膏粉煤灰硅酸盐空心条板、磷石膏空心条板和石膏空心条板，按防潮性能可分为普通石膏空心条板和防潮空心条板。

（2）石膏空心条板隔墙的构造。石膏空心条板一般用单层板作为分室墙和隔墙，也可用双层空心条板，内设空气层或矿棉，组成分护墙。单层石膏空心板隔墙也可用割开的石膏板条作为骨架，板条宽为 150mm，整个条板的厚度约为 100mm，墙板的空心部位可穿电线，板面上固定开关及插销等，可按需要钻成小孔，填塞木楔固定于上。

石膏空心条板隔墙板与梁（板）的连接一般采用下楔法，即下部与木楔塞紧后，灌注或填入干硬性混凝土。其上部固定方法有两种：一种为软连接，另一种为直接顶在楼板或梁下。为施工方便较多采用后一种方法。墙板之间，墙板与顶板以及墙板侧边与柱、外墙等之间均用 108 胶水泥砂浆黏结。凡墙板宽度小于条板宽度时，可根据需要随意将条板锯开再拼装黏结（图 6.22～图 6.26）。

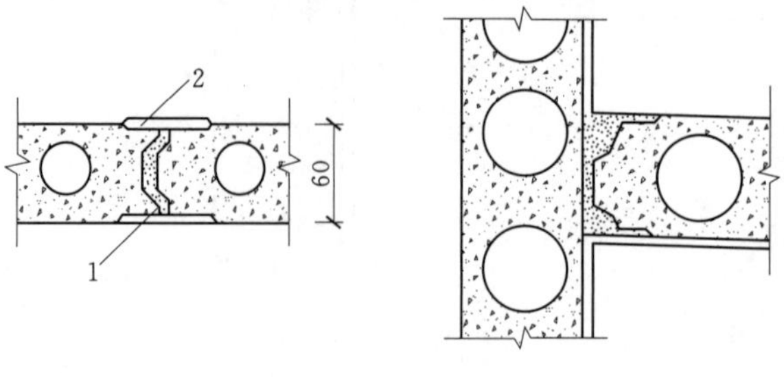

图 6.22 墙板与墙板的连接

1—107 胶水泥砂浆黏结；2—石膏腻子嵌缝

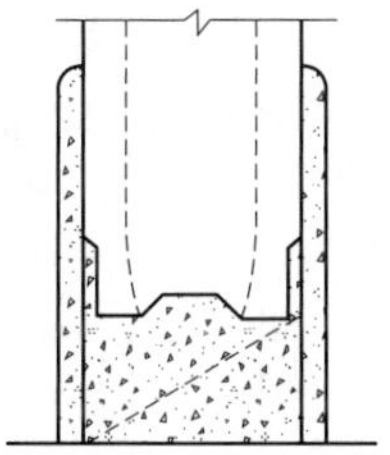

图 6.23　墙板与地面的连接

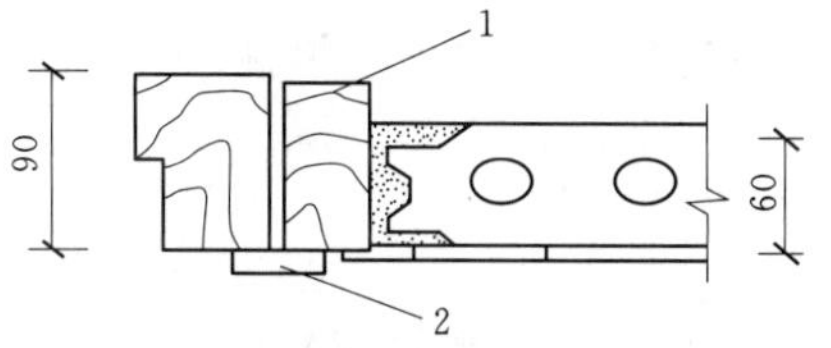

图 6.24　墙板与门口的连接

1—通天板；2—木压条

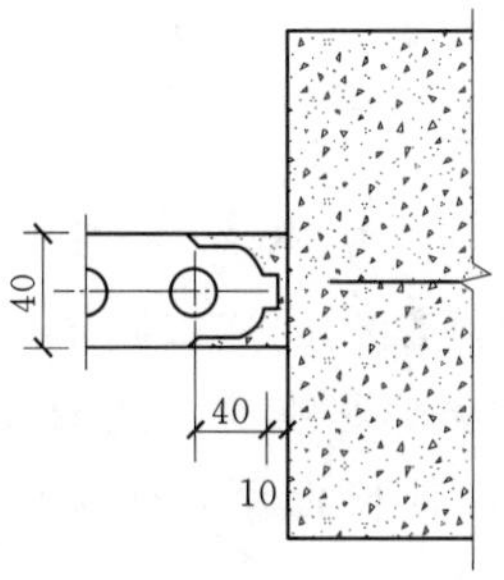

图 6.25　墙板与柱的连接

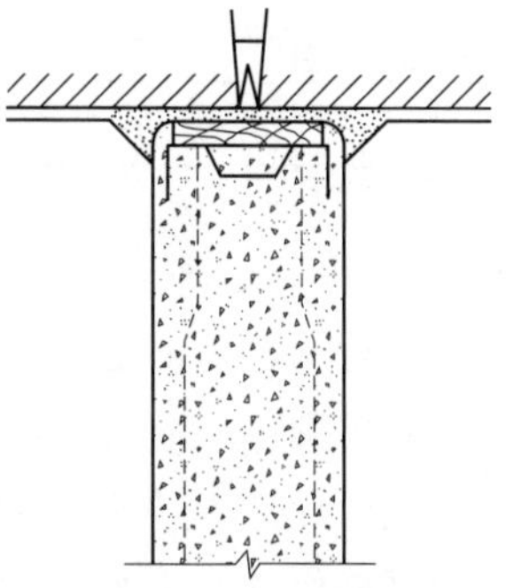

图 6.26　墙板与顶板的连接（软节点）

3. 泰柏板隔墙

泰柏板是以自熄型泡沫塑料聚苯乙烯为芯材，以焊接网状钢丝笼为骨架组成的夹芯板类复合轻质墙板。泰柏板自重轻，并具有良好的耐火、保温隔热、隔声、防震及抗潮性能，是一种很好的隔墙板材。板材面层通常为22mm厚的水泥砂浆（由工厂预制或于施工现场铺抹），表面可再做各种饰面，如涂饰、裱糊及贴砖等（图 6.27）。

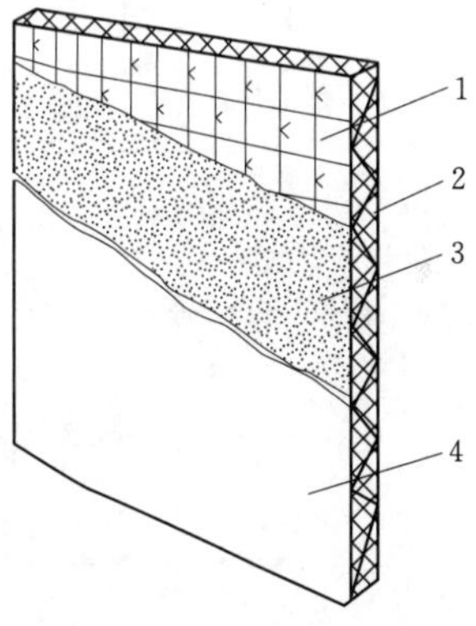

图 6.27　泰柏墙板的构造图

1—14#镀锌钢丝制成的桁条网龙骨架；2—中间厚57mm聚苯乙烯泡沫塑料；3—水泥砂浆层；4—外表面层可做成各种饰面

泰柏板隔墙的安装节点构造有如下六个方面。

（1）墙板与墙板的连接。在相连接的泰伯墙板拼缝两侧，用箍码将之字条同横向钢丝桁条连接［图 6.28(a)］。

（2）隔墙与实体墙（柱）的连接。当泰柏板隔断墙体的边端与建筑实体墙或柱连接时，泰柏板的边端采用U码以金属胀管螺栓（对于混凝土基体可用射钉）与主体结构连接固定，同时在抹（或喷）水泥砂浆前尚应在连接处铺设钢板网补强［图 6.28(b)］。

（3）墙体的转角部位构造。泰柏板隔墙的转角处，其阴角部位采用蝶形桁条用箍码与板材的横向钢丝连接；在其阳角部位，采用50.8mm×50.8mm网格的角网（平联结网做成102mm×204mm的L形网片）补

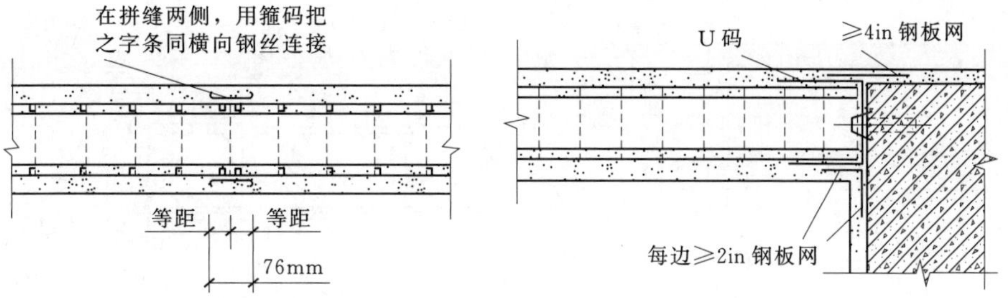

（a）泰柏板墙与墙板连接　　（b）泰柏板墙与实体墙连接

图 6.28　泰柏板墙的连接

强，用箍码与板材桁条固定（图 6.29）。

（4）丁字墙构造。泰柏板隔墙的丁字相接部位，对于接缝两侧的两阴角处，均采用蝴蝶网（蝶形桁条）进行连接并补强，使用箍码与板材的钢丝桁条固定（图 6.30）。

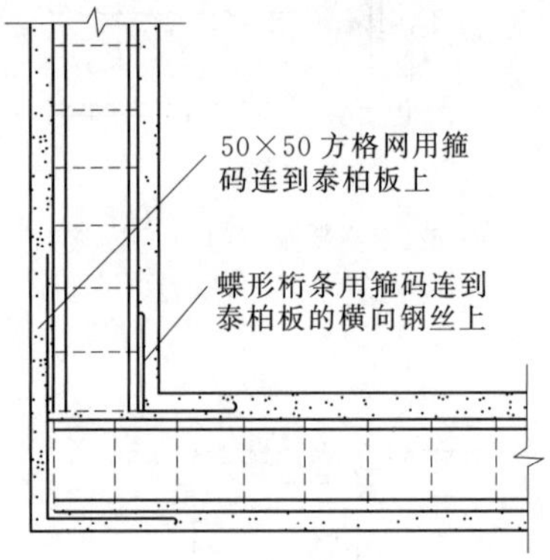

图 6.29　泰柏板墙转角的构造

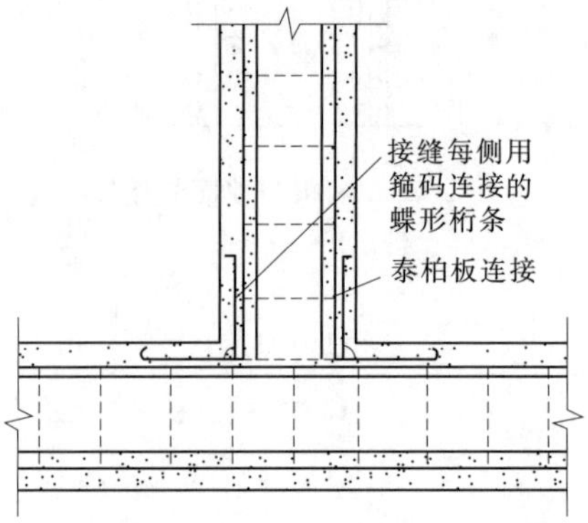

图 6.30　泰柏板隔墙丁字墙构造

（5）隔墙与建筑顶、地的连接。泰柏板隔墙与主体结构楼板底或梁底的连接固定，可采用金属膨胀螺栓或射钉；与下部楼地面或混凝土踢脚台连接固定，可采用金属膨胀螺栓、地脚螺栓或射钉。安装时先用 U 码加压片以箍码与墙板的横向钢丝连接固定，泰柏板两侧应使用两个箍码。较小型的隔断墙体，可采用钢筋码取代 U 码以连接墙体与建筑结构主体（图 6.31）。

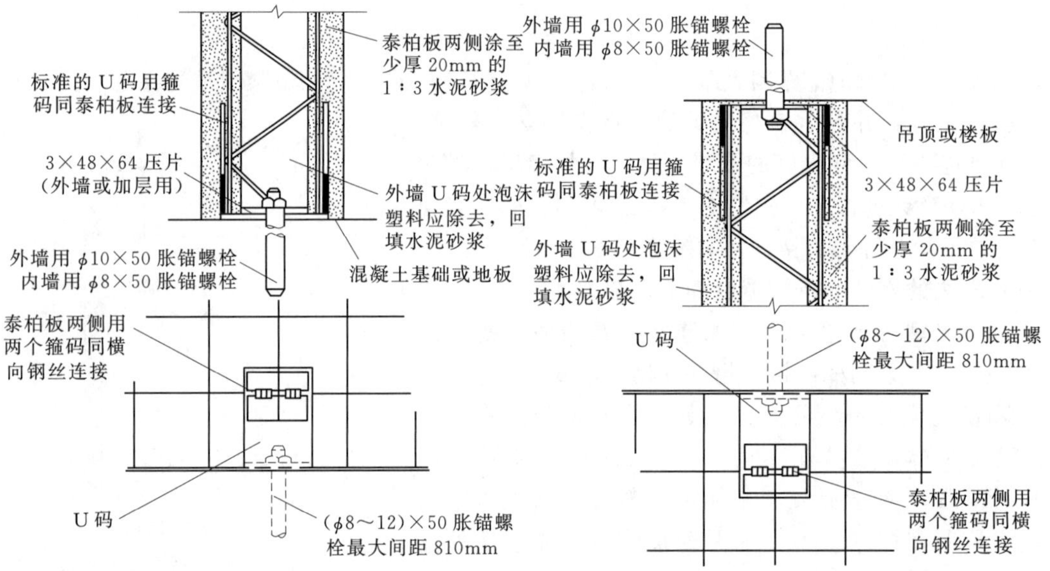

图 6.31　泰柏板墙与建筑顶、地的连接

（6）隔断墙体与门窗框的连接。泰柏板墙与木窗框、木门框、钢窗框、钢门框及铝合金门窗框的连接构造做法（图 6.32）。

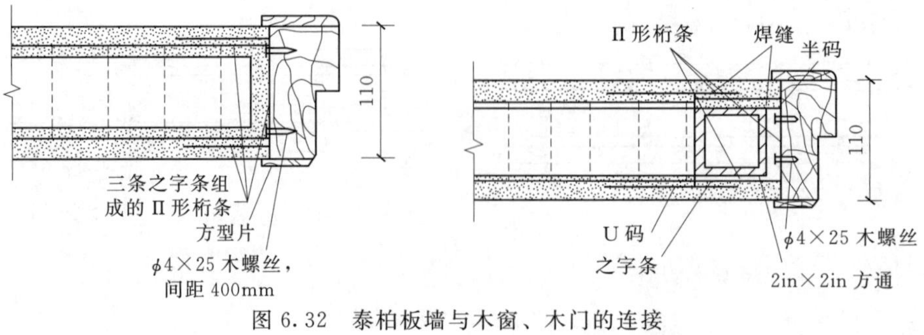

图 6.32　泰柏板墙与木窗、木门的连接

6.3 隔断的构造

用隔断来划分室内空间可形成灵活而丰富的空间效果，与隔墙相比，隔断是隔而不断，能增加室内空间的层次和深度，创造一种似隔非隔、似断非断、虚虚实实的装饰意境。

现代建筑隔断的类型很多，按隔断的固定方式划分有固定式隔断和活动式隔断；按隔断的开启方式分，有推拉式隔断、折叠式隔断、直滑式隔断、拼装式隔断；按隔断的材料分，有木隔断、竹隔断、玻璃隔断、金属隔断等。另外，还有硬质隔断、软质隔断、家具式隔断、屏风式隔断等。

6.3.1 木隔断

木隔断主要用于室内的隔断。随着室内使用功能的变化，业内采用不同形式的木隔断将室内空间进行分隔，以满足使用要求，或起到装饰的效果。常见的有拼装式木隔断、可拆式木隔断、博古架式木隔断，以及用于卫生间的半截隔断等。

1. 拼装式木隔断

将方形钢立柱与墙体固定，上、下纵向连接，再将单元木隔断逐扇嵌入上下槽钢内。单扇隔断与隔断间填入通长的橡胶条（图 6.33）。

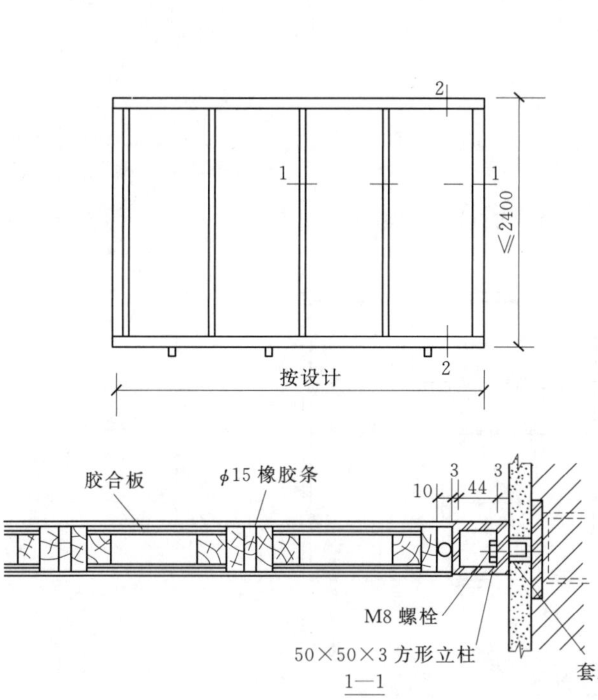

图 6.33 拼装式木隔断

2. 可拆式木隔断

在混凝土梁和地面中埋入预埋件，焊上钢管和槽钢。单元隔断上下各安装两个钢管，拆装时将隔断上的钢管套入已在地面上和槽钢下固定的钢管中，用垫木垫稳（图 6.34）。

3. 博古架式木隔断

博古架式木隔断主要作为室内装饰作用，可按需要的位置、尺寸将木方钉在墙上（可用预埋木砖钉圆钉，也可用水泥钉直接钉入砌体内）。然后用车箱板或中密度板做隔板，正面用水曲柳等花纹美丽的硬木起线封边（图 6.35）。

4. 半截木隔断

一般用于卫生间的隔断，四周用 41mm×51mm 的方木起槽，将 10mm 厚的薄木板企口拼合后装入槽内即可（图 6.36）。

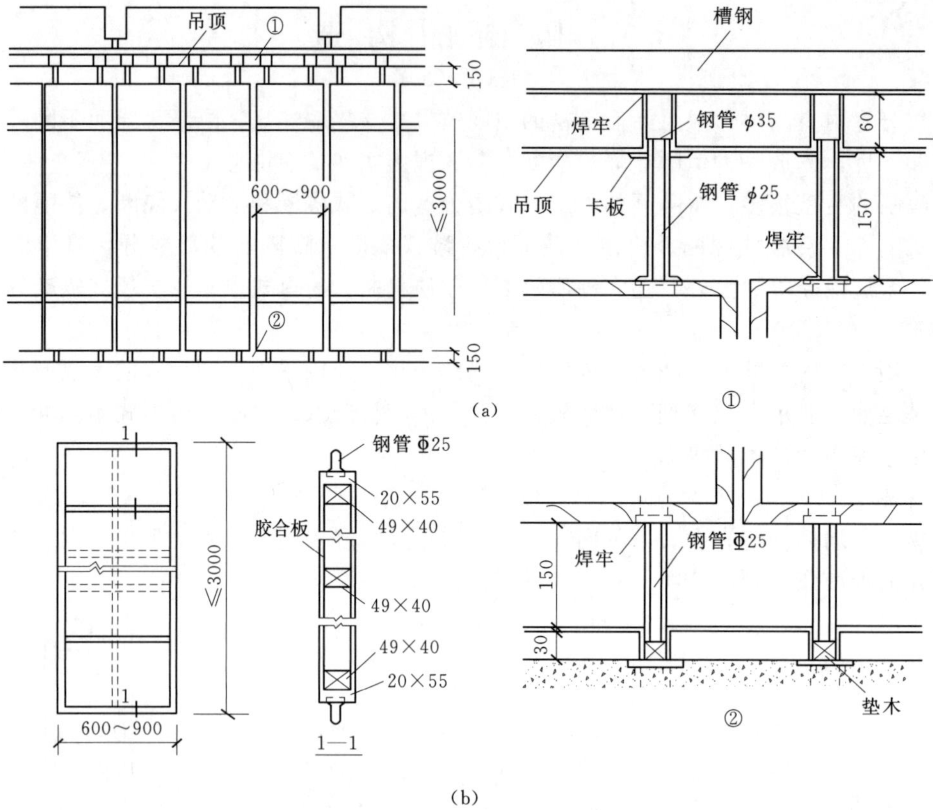

图 6.34　可拆装木隔断

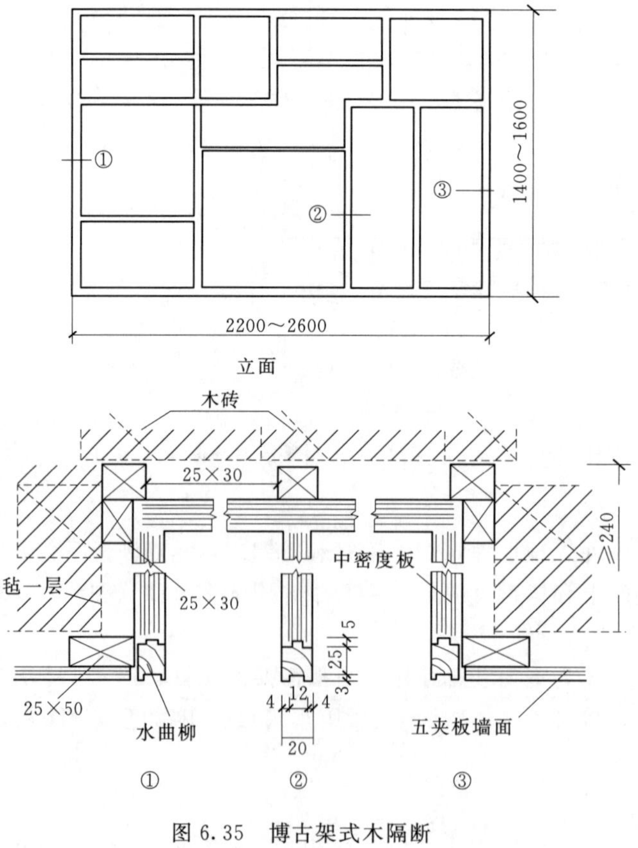

图 6.35　博古架式木隔断

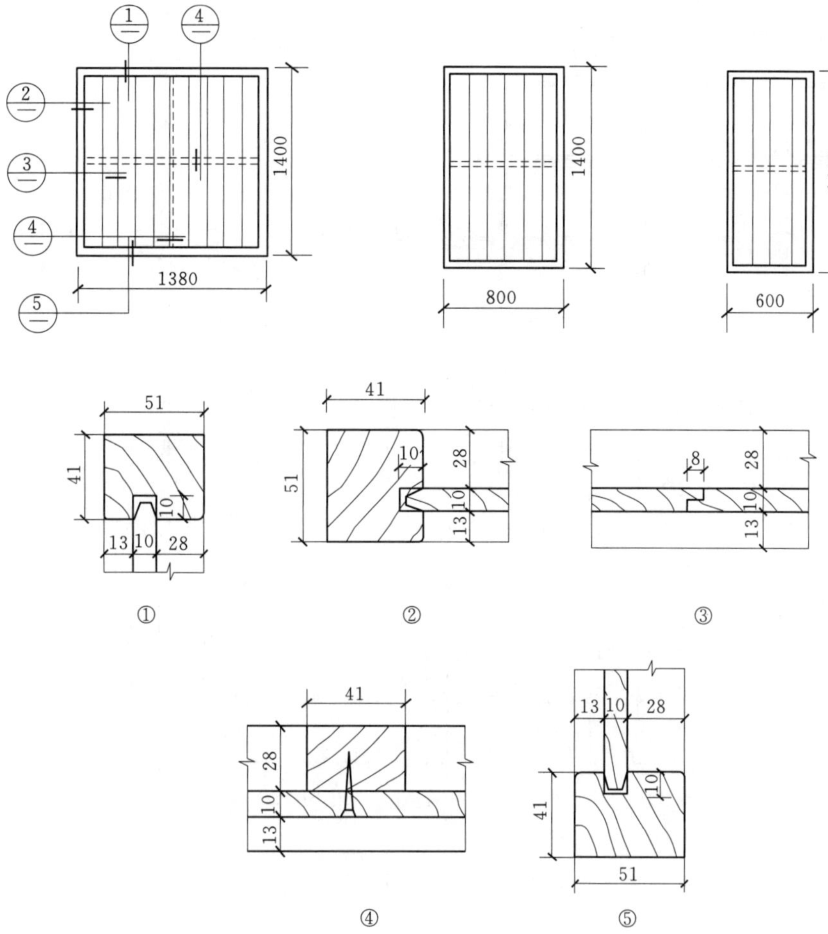

图 6.36　半截木隔断

6.3.2　玻璃隔断

玻璃隔断是将玻璃安装在框架上的空透式隔断。这种隔断可到顶或不到顶，其特点是空透、明快，而且在光的作用下色彩有变化，装饰效果强。玻璃隔断构造分为框架式和全玻式。框架式分为木框架和铝合金框架，全玻式分为玻璃肋式和吊挂式。

（1）木框架：用木框安装玻璃时，在木框上要裁口或挖槽，其上镶玻璃，玻璃四周常用木压条固定（图 6.37 和图 6.38）。

（2）铝合金框架：用铝合金框安装玻璃时，玻璃嵌压后应用橡胶带固定玻璃（图 6.39）。

（3）玻璃肋式：全玻隔断的大片玻璃与玻璃框架在层高较低时，玻璃安装在下部的镶嵌槽内，上部镶嵌槽槽底与玻璃之间留有伸缩的空隙（图 6.40）。

（4）吊挂式：当层高较高时，由于玻璃较高、长细比较大，如玻璃安装在下部的镶嵌槽内，玻璃自重会使玻璃变形，导致玻璃破坏，需采用吊挂式。即大片玻璃与玻璃框架在上部设置专用夹具，将玻璃吊挂起来，下部镶嵌槽槽底与玻璃之间留有伸缩的空隙（图 6.41）。

6.3.3　花格

建筑花格是建筑整体中一个颇具艺术表现力的组成部分。一般有水泥或混凝土花格、竹木花格、金属花格和玻璃花格等，通常用于建筑内部或外部空间的局部点缀。建筑花格不仅可用来装饰空间、美化环境、增进建筑艺术效果，同时还能起到联系和扩展空间的作用，并增加空间的层次和流动感，有的还兼有吸声、隔热的效果。

1. 竹木花格

竹木花格格调清新，玲珑剔透，与传统图案相结合形成具有浓郁的民族或地方特色，多用于室内

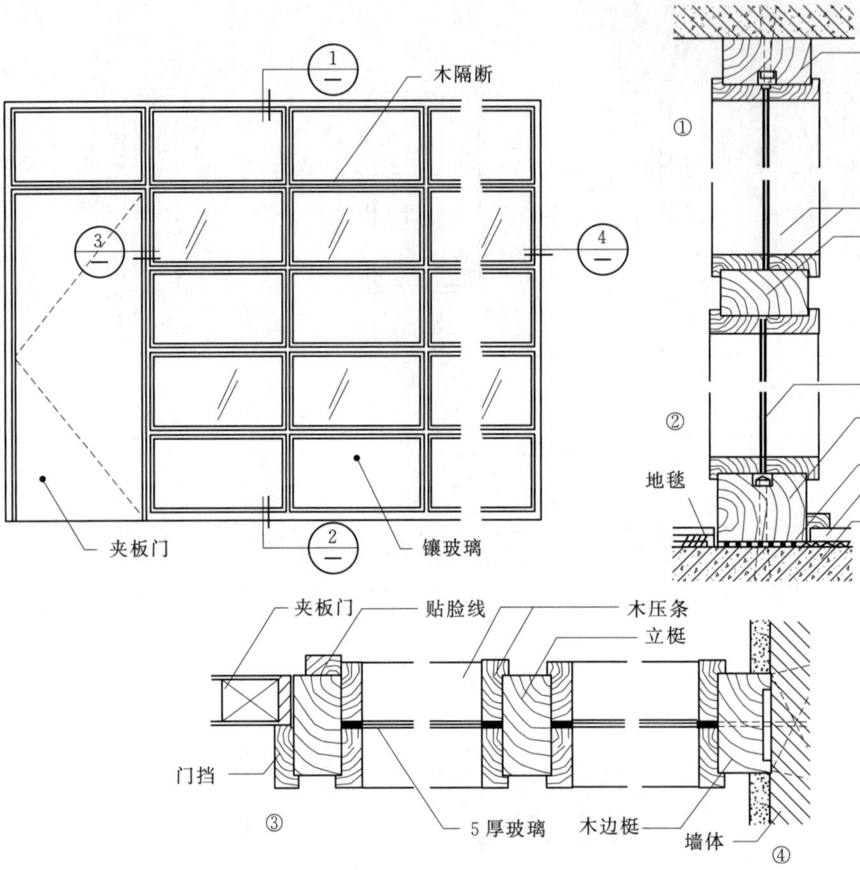

图 6.37　木框架隔断构造（一）

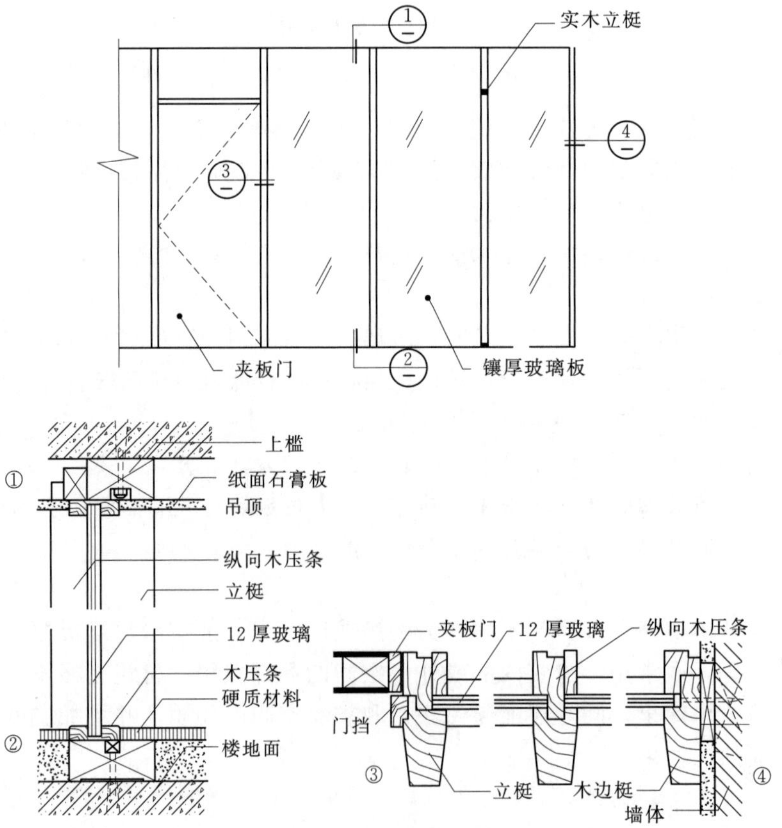

图 6.38　木框架隔断构造（二）

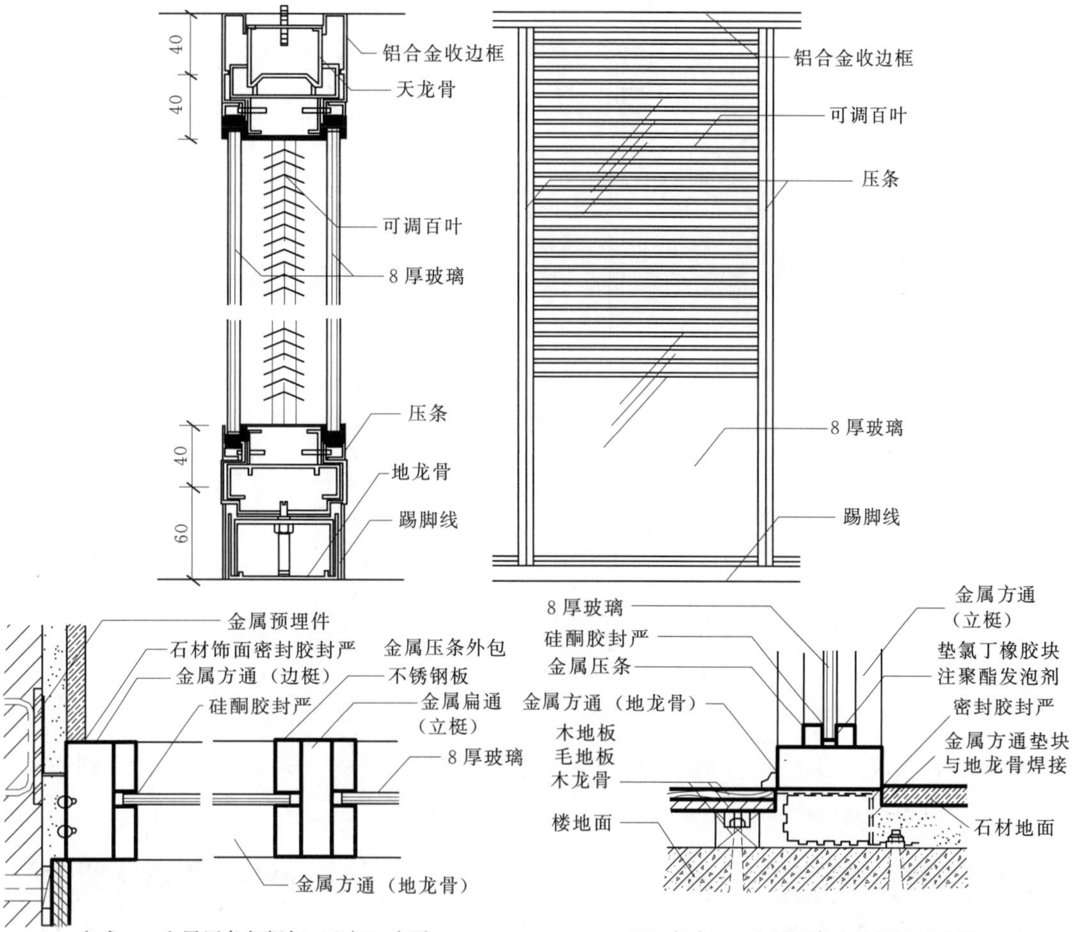

(a) 方式一：金属压条与框架（立梃）齐平　　(b) 方式二：金属压条小于框架（下槛）

图 6.39　铝合金框架隔断构造

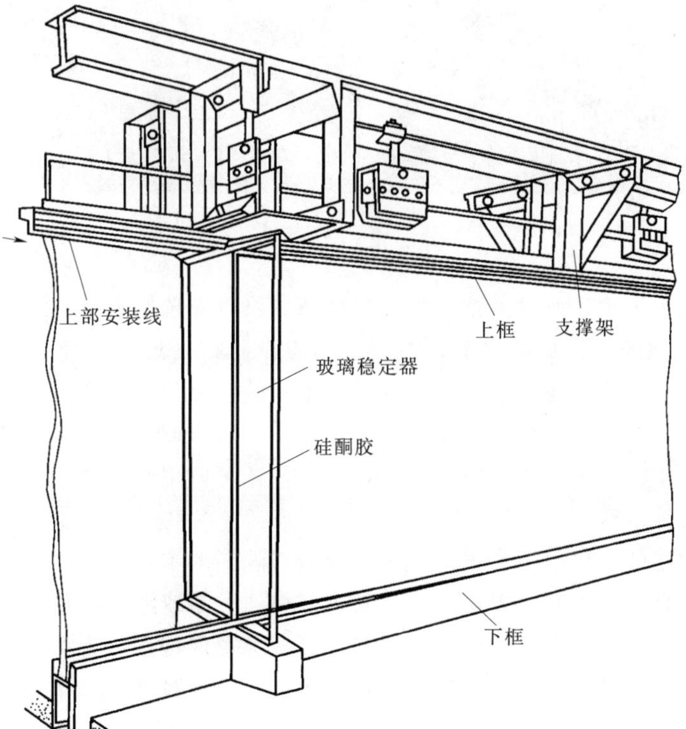

图 6.40　玻璃肋式

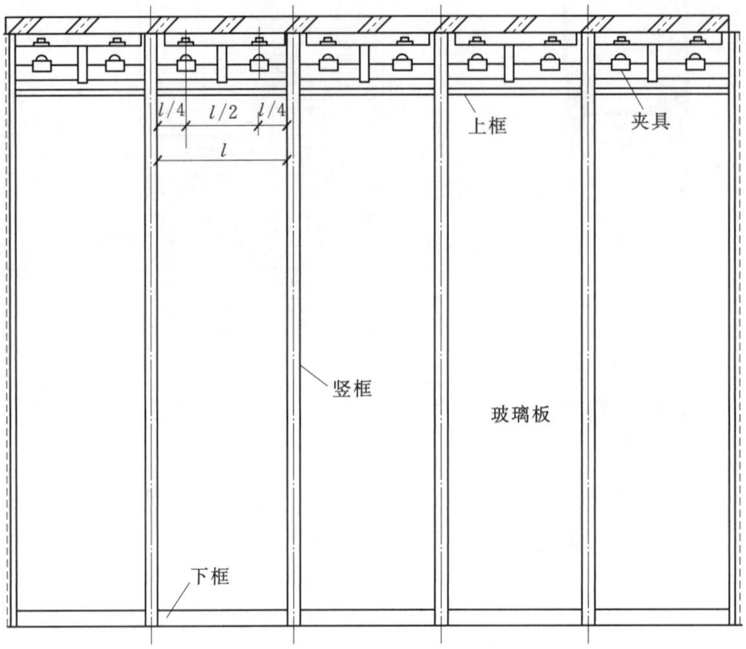

图 6.41　吊挂式

的隔断和隔墙。竹木花格很适于与绿化相配合从而满足人们迫切希望“回归自然”的心理需求，因此在一些特定场合应用广泛（图 6.42）。

图 6.42　竹木花格

（1）竹花格。竹属于禾本科植物，竹材用于装修及花格时应选用竹竿均匀、质地坚硬、竹身光洁且直径在 10～50mm 之间的。竹材易生虫，在制作前应做防蛀处理，如经石灰水浸泡等。竹材表面可涂清漆，烧成斑纹、斑点或刻花、刻字等。利用竹本身的色泽和形象特点，可获得清新自然、生动典雅的装饰效果。同时，与其他要素如木材、花盒相结合，可形成丰富的立面造型及空间的层次感。

竹材的结合方法通常以竹销（或钢销）为主，此外，还可以用套、塞、穿等方法，或者将竹材烘弯，或者用胶进行结合。

（2）木花格。木花格的造型也极为丰富，用于通透式隔断的木材多为硬质杂木，造型处理可与雕刻（浮雕或透雕）相结合达到不同的风格要求，其表面可涂色漆或清漆。

木材的连接方法多以榫接为主，此外还有胶接、钉接和螺栓连接等方法。

竹木花格还可与其他材料如玻璃、金属等结合，通过材质的对比效果丰富花格隔断的立面效果。

2. 金属花格

金属花格的种类与造型多种多样。其种类根据所用金属材料来分，有铁花格（俗称铁艺）、钢花格、铜花格、铝合金花格。其造型效果根据图案、材料的不同而情调各异，还可与其他材料相结合，如彩色玻璃、有机玻璃或硬杂木饰件等，或通过涂漆、烤漆、镀铬或鎏金、包塑、贴铜箔或铝箔来取得多样的装饰效果。

金属花格的成型方法有两种：一种是浇铸成型，即利用模型铸出铁、铜或铝合金花格，另一种是弯曲成型，即用型钢、扁钢、钢管或钢筋，预先弯成小花格，再用小花格拼装成大隔断，或者直接用弯曲成形的办法制成大隔断。

金属花格连接方法有三种：焊接、铆接和螺栓连接（图 6.43）。

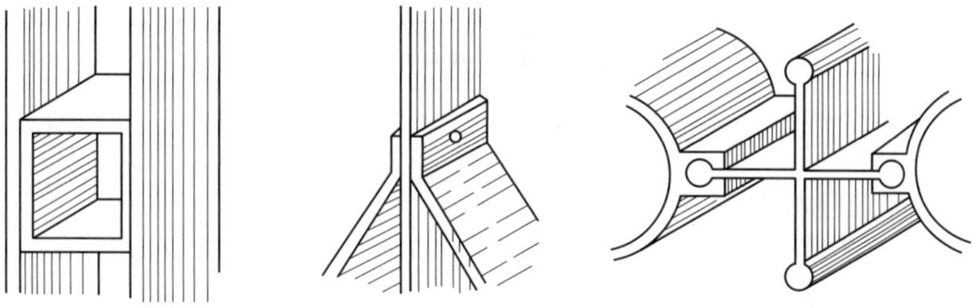

(a) 焊接　　(b) 栓接或铆接　　(c) 套接

图 6.43　金属花格连接构造

【本章重点】 隔墙与隔断的类型、隔墙的设计要求；砌块式隔墙包括加气混凝土块隔墙、空心砖隔墙、玻璃砖隔墙；立筋式隔墙包括木龙骨隔墙和轻钢龙骨隔墙；板材式隔墙包括加气混凝土条板、石膏板条、泰柏板；隔断常见的包括木隔断和玻璃隔断；花格常见的有竹木花格和金属花格。

思考题

1. 简述木龙骨隔墙的构造。
2. 简述轻钢龙骨隔墙的构造和细部处理。
3. 隔断的种类都有哪些？
4. 简述花格的种类和连接方式。

第7章

地面装饰材料与构造

【教学目标】

- ✧ 地面的功能及组成
- ✧ 地面的分类
- ✧ 板块式楼地面的装饰材料及构造
- ✧ 楼地面的细部构造

7.1 地面装饰概述

建筑的室内楼地面是建筑物的底层地面和楼层地面的总称，它直接承受荷载、经常受到摩擦、清洗，是使用最频繁，与人接触最直接的部分。因此，楼地面装饰设计是室内装饰中重要的组成部分，它除了要符合使用功能的要求外，还必须考虑人们在精神上的追求和享受，满足视觉、触觉方面的需求。

7.1.1 楼地面的功能及要求

楼地面与人、家具、设备等直接接触，承受各种荷载及物理、化学作用，并且在人的视线范围内所占比例比较大，故它一般具有以下三方面的功能。

1. 保护楼板和地秤

保护楼板和地秤是楼地面饰面的基本要求。建筑结构构件的使用寿命与使用条件、使用环境息息相关。楼地面的饰面层覆盖在结构构件的表面之上，在一定程度上缓解了外力对结构构件的直接作用，可以起到耐磨、防碰撞破坏及防止因渗透而引起的楼板内钢筋锈蚀等作用。这样便保护了结构构件，尤其是材料强度较低或材料耐久性较差的结构构件，从而提高了结构构件的使用耐久性。

2. 满足装饰方面的要求

楼地面的装饰是整个工程的重要组成部分，在室内设计时要综合考虑空间形态、交通流线、建筑使用性质及家具陈设等因素，合理设计选择其颜色、纹理、质感效果。它与顶棚共同构成了室内空间的上、下水平要素，通过相互呼应、巧妙组合，使室内产生优美的空间序列感。楼地面的装饰与空间的实用机能紧密关联，例如，室内行走的路线标志具有视觉诱导的功能。楼地面的图案、色彩及质感设计，影响着室内环境气氛。

3. 满足使用要求

(1) 热工性能：从材料的特性角度考虑，木地板、地毯等地面饰面面层的蓄热性和保温性较好，但热传导性能较差；水磨石、玻化砖、花岗岩等材料的热传导性能好，蓄热性和保温性能较差。在住宅设计时，应选用蓄热性和保温性好的材料，提高地面温度，提升脚感舒适度。对于我国北方寒冷地区的冬季采暖建筑，地面层和温差较大的楼层应在楼面垫层中放置保温材料，达到热阻效应。

(2) 隔声吸声：隔声包括隔绝空气传声和固体传声两个方面。隔绝空气传声应避免地面裂缝、孔洞，并增加楼板层容重。固体隔声包括三种：一是采用弹性垫层处理，也称浮筑楼层；二是采用空气夹层处理；三是采用弹性面层。最后一种做法以其隔声效果好、构造施工简单、造价低而得到广泛应用。对于标准较高、室内音质控制要求严格的建筑，应选择和布置具有吸声作用的地面材料，如化纤地毯、软木地板等。一般来说，表面质密光滑、刚性较大的材料，如大理石、花岗岩地面，对声波的反射能力较强，吸声能力较差。而软质地面能起到很好的吸声效果。

(3) 弹性要求：弹性材料具有吸收冲击能量的性能，当一个力作用于弹性地面材料（如木地板、地毯等）上，反作用力要小于原来所施加的力，因此，人在具有一定弹性的地面上行走，感觉会比较舒适。对于一些装饰标准要求较高的建筑室内地面，如篮球比赛场地、演出舞台等，应尽可能采用具有一定弹性的材料作为地面的装饰面层（图 7.1）。

(4) 特殊功能要求：根据不同的室内使用要求，地面装饰也需要具有不同的性能。例如一些特别潮湿的房间，如卫生间、浴室、厨房等楼地面需要具有防水防潮功能（图 7.2）；化学实验室的楼地面需要具有耐酸耐碱性能；计算机房、监控室的楼地面需要具有防静电性能（图 7.3）；其他还有保温、隔声、防尘、防射线等特殊功能要求。

图 7.1　运动地板

图 7.2　卫生间瓷砖地面

图 7.3　机房防静电地板

7.1.2　楼地面基本构造组成

楼地面构造基本上可以分为基层和面层两个主要部分。为满足找平、结合、防水、防火、防潮、弹性、保温隔热及管线敷设等功能上的要求，往往还要在基层与面层之间增加相应的附加构造层，亦称为中间层。楼地面的组成类型及主要构造层次见图 7.4。

1. 基层

底层地面的基层指素土夯实层。对于较好的填土如砂质黏土，只要夯实即可满足要求，土质较差时，可掺碎砖和石子等骨料夯实。夯实要分层进行，层厚一般为 300mm。楼层地面的基层是钢筋混凝土的楼板。基层的作用是承受其上的全部荷载，因此要求基层坚固稳定，以保证安全与正常使用。

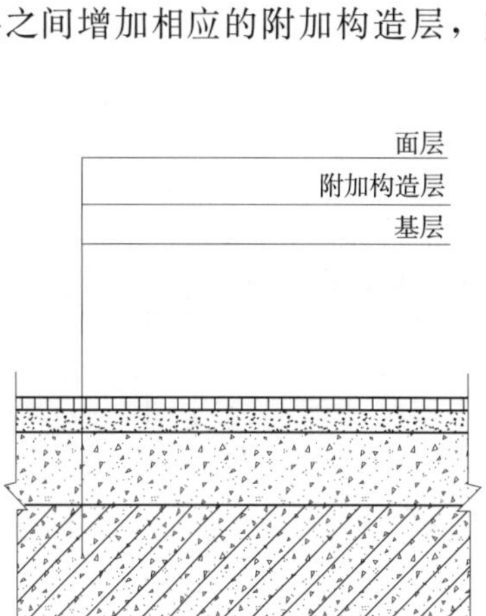

图 7.4　楼地面构造

2. 附加构造层

附加构造层有垫层、找平层、隔离层（防水防潮层）、填充层及结合层等，其设置应考虑实际需要。各类附加构造层虽然所起的作用不同，但都必须承受并传递由面层传来的荷载，要有较好的刚性、韧性和较大的蓄热系数，有隔声、保温、防潮及防水的能力。

(1) 垫层。垫层是指承受并均匀传布荷载给基层的构造层，分刚性垫层和柔性垫层两种。

刚性垫层的整体刚度要好，受力后不产生塑形变形。常采用 C10～C15 低强度素混凝土，厚度一般为 50～100mm。

柔性垫层整体刚度较小，受力后易产生塑性变形。常用砂、碎石、炉渣、矿渣及碎（卵）石等松散材料，厚度为 50～150mm 不等。

(2) 找平层。找平层是起找平作用的构造层。通常设置于粗糙的基层表面，用水泥砂浆（约 20mm 厚）弥补取平，以利于铺设防水层或较薄的面层材料。

(3) 隔离层。隔离层是用于卫生间、厨房、浴室、盥洗室和洗衣间等地面的构造层，起防潮、防渗透的作用。隔离层通常采用环保型高分子卷材或直接涂饰水性防水涂料。

(4) 填充层。填充层是起隔声、保温、找坡或敷设暗管线等作用的构造层。填充层的材料可用松散材料或板块材料，如水泥石灰炉渣、加气混凝土及膨胀珍珠岩块等。

(5) 结合层和黏结层。结合层是指促使上、下两层之间结合牢固的媒介层，如在混凝土找坡层上抹水泥砂浆找平层，其结合层的材料是素水泥浆；在水泥砂浆找平层上涂刷热沥青防水层，其结合层以冷底子油为材料。

黏结层是采用胶结材料，将上、下层材料粘贴在一起的构造层，如粘贴陶瓷地砖于找平层上所用的水泥砂浆层。

3. *面层*

面层是人们生活、生产或工作直接接触的结构层次，也是地面承受各种物理化学作用的表面层。因此，根据不同的使用要求，面层的构造也各不相同。然而无论何种构造的面层，都应具有耐磨、不起尘、平整、热工、隔声、防水、防潮等性能。

7.1.3 地面装饰分类及材料种类

楼地面的种类很多，可根据材料和施工方法进行分类。

根据饰面所采用材料不同，可分为水泥砂浆楼地面、水磨石楼地面、地毯楼地面、大理石楼地面、木地板楼地面等。

根据施工方法的不同，可分为整体式楼地面、块材式楼地面、木地板楼地面、卷材类楼地面等（表 7.1）。

表 7.1　　地面装饰材料品种

类　型	常用材料
整体类	水泥砂浆、水磨石、细石混凝土
块材类	陶瓷面砖、马赛克、大理石板、花岗石板、人造石材板、复合板材、玻璃、木地板
卷材类	地毯、毛毡
涂料类	777 地面涂层材料、苯丙地面涂料、过氧乙烯地面涂料、聚氨酯弹性地面涂料

7.2 整体式楼地面构造

按设计要求选用不同材质和相应配合比，经过施工现场整体浇筑的楼地面面层称为整体式楼地面。整体式楼地面构造的做法多属于土建施工工艺，楼地面面层无接缝，构造的做法分基层和面层。基层对任何面层而言都要求具有一定的强度及表面平整度。这类楼地面包括水泥砂浆楼地面、现制水磨石楼地面及涂布楼地面等。

7.2.1 水泥砂浆楼地面

水泥砂浆楼地面是应用最普及和最广泛的一种地面，具有构造简单、施工便捷及造价低的优点。缺点是导热系数大，热工性能较差，冬天脚下感觉寒凉；在空气湿度相对较大的地方容易反潮；易起砂、起灰，不易清洁。

7.2.1.1 装饰材料

1. 水泥

水泥是粉状水硬性无机胶凝材料，即加水搅拌后成为浆体，能在空气中硬化或者在水中更好地硬化，并能把砂、石等材料牢固地胶结在一起的粉状水硬性无机胶凝材料。用它胶结碎石制成的混凝土，硬化后不但强度较高，而且还能抵抗淡水或含盐水的侵蚀。长期以来，它作为一种重要的胶凝材料，被广泛应用于土木建筑、水利、国防等工程。

(1) 水泥的分类。水泥的种类很多，按其用途和性能可分为通用水泥、专用水泥及特性水泥三大类。通用水泥为用于大量土木建筑工程一般用途的水泥，如硅酸砧水泥、普通硅酸砧水泥、矿渣硅酸砧水泥、火山灰质硅酸砧水泥、扮煤灰硅酸砧水泥等。专用水泥是指有专门用途的水泥。

(2) 水泥主要技术指标：

比重与容重：普通水泥比重为3.1，容重通常采用3100kg/m^3。

细度：指水泥颗粒的粗细程度。颗粒越细，硬化得越快，早期强度也越高。

凝结时间：水泥加水搅拌到开始凝结所需的时间称初凝时间。从加水搅拌到凝结完成所需的时间称终凝时间。硅酸盐水泥初凝时间不早于45min，终凝时间不迟于6.5h。实际上初凝时间在1～3h，而终凝为4～6h。水泥凝结时间的测定由专门凝结时间测定仪进行。

强度：水泥强度应符合国家标准GB/T17671—1999。

体积安定性：指水泥在硬化过程中体积变化的均匀性能。水泥中含杂质较多，会产生不均匀变形。

水化热：水泥与水作用会产生放热反应，在水泥硬化过程中，不断放出的热量称为水化热。

标准稠度：指水泥净浆对标准试杆的沉入具有一定阻力时的稠度。

(3) 通用硅酸盐水泥。国家标准《通用硅酸盐水泥》(GB175—2007/XG1—2009) 规定硅酸盐水泥强度等级分为42.5、42.5R、52.5、52.5R、62.5、62.5R六个等级。普通硅酸盐强度等级分为42.5、42.5R、52.5、52.5R四个等级。

矿渣硅酸盐水泥、火山灰质硅酸盐水泥、粉煤灰硅酸盐水泥、复合硅酸盐水泥的强度等级分为32.5、32.5R、42.5、42.5R、52.5、52.5R六个等级。

不同品种不同强度等级的通用硅酸盐水泥，其不同龄期的强度应符合表7.2的规定。

表7.2　通用硅酸盐水泥各龄期强度　单位：MPa

品　种	强度等级	抗压强度		抗折强度	
		3d	28d	3d	28d
硅酸盐水泥	42.5	≥17.0	≥42.5	≥3.5	≥6.5
	42.5R	≥22.0		≥4.0	
	52.5	≥23.0	≥52.5	≥4.0	≥7.0
	52.5R	≥27.0		≥5.0	
	62.5	≥28.0	≥62.5	≥5.0	≥8.0
	62.5R	≥32.0		≥5.5	
普通硅酸盐水泥	42.5	≥17.0	≥42.5	≥3.5	≥6.5
	42.5R	≥22.0		≥4.0	
	52.5	≥23.0	≥52.5	≥4.0	≥7.0
	52.5R	≥27.0		≥5.0	

续表

品　　种	强度等级	抗　压　强　度		抗　折　强　度	
		3d	28d	3d	28d
矿渣硅酸盐水泥、火山灰质硅酸盐水泥、粉煤灰硅酸盐水泥、复合硅酸盐水泥	32.5	≥10.0	≥32.5	≥2.5	≥5.5
	32.5R	≥15.0		≥3.5	
	42.5	≥15.0	≥42.5	≥3.5	≥6.5
	42.5R	≥19.0		≥4.0	
	52.5	≥21.0	≥52.5	≥4.0	≥7.0
	52.5R	≥23.0		≥4.5	

（4）自流平水泥。自流平水泥是科技含量高、技术环节比较复杂的高新绿色产品。它是由多种活性成分组成的干混型粉状材料，现场拌水即可使用。稍经刮刀展开，即可获得高平整基面。硬化速度快，24h以后即可行走，3d后才可以继续进行后续工程（如铺木地板、金刚板等）。因为如果地面未干透就装上地板会导致地板受潮起鼓，施工快捷、简便是传统人工找平所无法比拟的。安全、无污染、美观、快速施工与投入使用是自流平水泥的特色。

自流平水泥是自由粉体状，色泽分为灰色、绿色、红色等其他颜色，黏结料采用普硅水泥和高铝水泥，骨料为石英砂（最大粒径0.4mm以下），添加剂为多种表面活性助剂及分散乳胶粉。使用时，水料比为6.5L/25kg，干基密度为1.5kg/L。

自流平水泥施工简单易为，加适量的水即可形成近似自由流体浆料，能快速展开而获得高平整度地坪。施工速度快，经济效益好，较传统人工找平高5～10倍，且在短时间内即可供通行、荷重，大幅缩短工期。预混产品，质量均匀稳定，施工现场干净整洁，有利于文明施工，是绿色环保产品。抗返潮性佳，对面层保护性强，实用性强，适用范围广。自流平水泥用途广泛，可用于工业厂房、车间、仓储、商业卖场、展厅、体育馆、医院、各种开放空间、办公室，也可用于居家、别墅、温馨小空间等。可作为饰面面层，亦可作为耐磨基层。

2. 砂子

砂子一般分为人工砂和天然砂两类。人工砂即机制砂，是指经除土处理，由破碎机破碎，筛分制成的粒径小于4.75mm的岩石颗粒，但不包含软质岩石和风化岩石的颗粒。由自然条件作用（主要是岩石风化）而形成的，粒径在5mm以下的岩石颗粒，称为天然砂。砂子的空隙率取决于砂料各级粒径的搭配程度。级配好的砂子，不仅可以节省水泥，还提高了混凝土和砂浆的密实度及强度。

砂子多为人工制造，或是人工从某些石块上打磨下来的，颗粒相对更大一些，饱满感更强一些，拿在手中能清晰地感觉到有颗粒存在。砂子的粗细按细度模数分为粗、中、细三种规格。其中，粒径大于0.5mm，颗粒含量超过全重50%的为粗砂；粒径为0.25～0.5mm，细度模数为3.0～2.3的，颗粒质量超过全重50%的为中砂；粒径大于0.075mm，细度模数为2.2～1.6的，颗粒质量超过全重85%的为细砂。普通混凝土一般以中砂为宜。

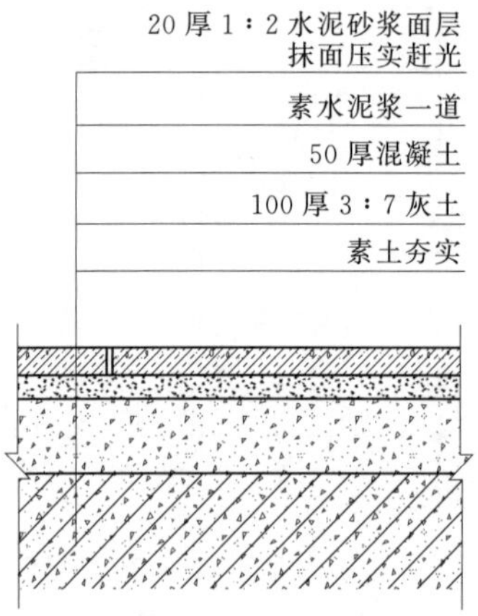

图7.5　水泥砂浆地面构造

7.2.1.2　装饰构造

水泥砂浆地面的构造见图7.5。需要注意的地方如下：

（1）水泥砂浆面层采用的水泥宜为硅酸盐水泥和普通硅酸盐水泥，其标号不应小于425#，并严禁混用不同品种和不同等级的水泥。应采用中粗砂，其含泥量不应大于3%。

（2）面层厚度不应小于20mm，面层太薄，则容易开裂。当水泥砂浆面层内埋设管线等出现局部厚度减薄时，需按设计要求做防止面层开裂的处理。

(3) 水泥砂浆面层体积比宜为 1：(2～2.5)，强度等级不应小于 M15。

(4) 水泥砂浆随铺随拍实，抹平工作应在初凝前完成，压光工作应在终凝前完成。

(5) 表面可做抹光面层，也可做瓦垄状、齿痕状纹理的防滑水泥砂浆地面，或加色浆形成有色面层，按缝采用勾缝或压缝条的方式。如果水泥砂浆厚度超过 30mm，则须分层施工。

(6) 对于有水的房间，为了增加防水能力，可以在普通水泥砂浆中加入 5%防水剂形成防水水泥砂浆地面。

7.2.2 现制水磨石楼地面

水磨石楼地面具有平整光滑、整体性好、坚固耐久、耐污染、不起尘和易清洁等优点。现制水磨石地面石粒密实，显露均匀，拥有天然石材的质感。黑、白石渣水磨石素雅朴实，彩色石渣水磨石色泽鲜艳、美观大方，装饰效果优于水泥砂浆地面。其缺点是地面容易产生泛湿现象、表面坚硬、弹性差、吸热性强、有水时容易打滑，常用于教室、会议室、实验室、车站大厅及一般性公共建筑的门厅、走廊等空间。

7.2.2.1 装饰材料

水磨石是以水泥为胶结剂，混入不同粒径的石屑，经搅拌、成型、养护、研磨、抛光等主要工序制成一定形状的人造石材，属水泥型人造石材。彩色水磨石的加工可通过掺入彩色颜料或彩色石屑的方法制得（图 7.6）。

图 7.6 水磨石

1. 水磨石的分类

按面层效果，可分为普通水磨石和美术水磨石。普通水磨石是采用普通硅酸盐水泥为胶结料，一般呈灰色；美术水磨石是以白水泥或彩色水泥为胶结料，掺入不同色彩的石子制成，通过不同色彩的组合、图案的布置来获得丰富的变化，最终达到令人满意的艺术装饰效果。

按石碴的形状和大小，可分为小尖石碴水磨石、小圆石碴水磨石（石碴颗粒直径在 3.5～15mm)、大尖石碴水磨石、大圆石碴水磨石（石碴颗粒直径在 16～30mm)。

按设计要求，可分为普通型水磨石和异型水磨石。正方形或长方形的地面、墙面等，只有单一大面加工的板材，均属普通型；带曲线边或多边形的地面、镶边以及柱子板、柱垂、踏脚板、台面、门窗套、压顶扶手等属于异型水磨石。

按结构处理划分，可分为普通磨光水磨石、粗磨面水磨石、水刷石板、花格板、大拼花板、全面层板、大坯切割板、聚合物面层板和聚合物表层人造花纹板等。

2. 水泥

白色或浅色的水磨石面层，应用白水泥；深色的水磨石面层，宜采用硅酸盐水泥、普通硅酸盐水泥或矿渣硅酸盐水泥，其等级不应小于 425。相同颜色的面层应使用同一批水泥。

3. 石渣

水磨石面层的石渣，需采用坚硬可磨的白云石和大理石等岩石加工而成。石渣要洁净无杂物、色泽一致且粗细均匀，其粒径除特殊要求外，宜为 4～14mm。

4. 分割条

分隔条的镶固，是按设计要求的分格或图案用水泥砂浆固定，水泥砂浆顶部应低于条顶4～6mm，并做成30°～40°。分格条应平直、牢固及接头严密。常用的分格条有铜条、铝条和玻璃条三种，常见规格有1000mm×12mm×1.5mm、1000mm×12mm×2.0mm、1200mm×10mm×3.0mm。

7.2.2.2 装饰构造

水磨石地面的构造包括找平层和面层。找平层是面层与基层之间的过渡层。找平层一般用砂浆或细石混凝土。厚度在20mm左右时，一般用水泥砂浆，如果超过30mm，宜用细石混凝土。面层是装饰层，起装饰作用的石碴分布在面层，因此面层要有一定的厚度，以便使石碴被水泥浆充分包裹，这样才能牢固地固定在面层中。当石碴的粒径不同时，对面层的厚度要求也是不一样的。通常情况下，面层厚度较石碴粒径大1～2mm为宜。

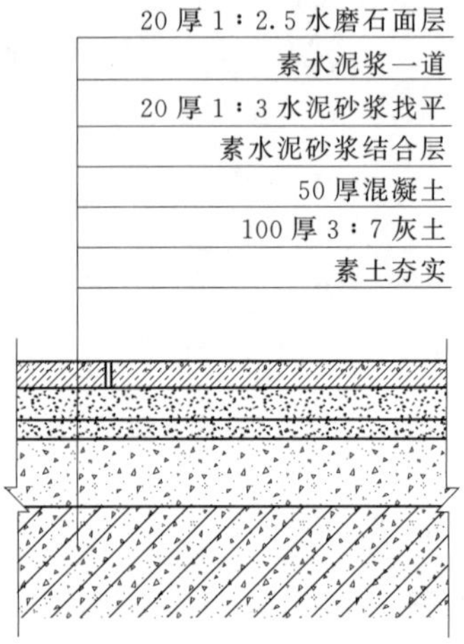

图7.7 水磨石地面构造

水磨石地面的施工主要包括找平层施工、面层施工和打磨施工三个阶段。

现制普通水磨石一般要经过不少于“两浆三磨”才能达到理想的效果。除选用硅酸盐水泥为黏结剂外，还可选用铝酸盐水泥。这种水磨石光泽度高、花纹耐久、抗风化、耐火性、防潮性都很好，这是因为铝酸盐水泥的主要矿物组成氧化钙和三氧化二铝水化产生了氢氧化铝胶体的缘故。在凝结硬化过程中，氢氧化铝胶体不断填充碎石的毛细孔隙，形成致密结构，与光滑模板的接触表面形成氢氧化铝凝胶层，因此形成的水磨石表面光滑，有光泽，呈半透明状。而以硅酸盐水泥或白水泥为黏结剂时，由于不能形成氢氧化铝凝胶层，所以形成不了光滑的表面，但可通过打蜡抛光工序获得光亮的表面（图7.7）。

7.2.3 涂布楼地面

涂布楼地面是指在水泥楼地面面层之上，为改善水泥地面在使用与装饰质量方面的某些不足，而加做的各种挂涂层饰面。整体涂布楼地面可保护地面，丰富装饰效果，具有自重轻、维修方便、施工简便及工效高等特点。

7.2.3.1 地面涂料

1. 溶剂型地面涂料

溶剂型地面涂料是以合成树脂为主要成膜物质，加入颜料、填料、各种助剂和有机溶剂后制成的。溶剂型地面涂料的常用品种有过氯乙烯水泥地面涂料、苯乙烯地面涂料、聚氨酯-丙烯酸酯地面涂料和丙烯酸硅地面涂料。

（1）过氯乙烯水泥地面涂料。过氯乙烯水泥地面涂料是以过氯乙烯树脂（含氯量为61%～65%）为主要成膜物质，以二甲苯、200号轻溶剂油为溶剂，再加入颜料（氧化铁黄、氧化锌、氧化铁红、氧化铁黑等）、填料（滑石粉）、增塑剂（邻苯二甲酸二丁酯）和稳定剂（二盐基性亚磷酸铅）等，经过捏合、混炼、塑化、切粒、溶解、过滤等加工工艺制成。这种涂料的施工简便、干燥速度快，有较好的耐水性、耐磨性、耐化学腐蚀性，但由于挥发性溶剂易燃、有毒、因而在施工时应注意做好防毒、防火工作。

（2）聚氨酯-丙烯酸酯地面涂料。聚氨酯-丙烯酸酯地面涂料是以聚氨酯-丙烯酸酯树脂溶液为主要成膜物质，以二甲苯、醋酸丁酯等为溶剂，再加入颜料（钛白粉、氧化铁黄、氧化铁红、氧化铁黑等）、填料（滑石粉、沉淀硫酸钡、重质碳酸钙等）和各种助剂等，经过一定的加工工序制成。聚氨酯-丙烯酸酯地面涂料的耐磨性、耐水性、耐酸碱腐蚀性能好，它的表面有瓷砖的光亮感，因而又称仿瓷地面涂料。这种涂料的组成为双组分，施工时可按规定的比例进行称量，然后搅拌混合，做到随拌随用，用多少配多少，配好的涂料必须在4h内用完，防止涂料过早固化，影响施工质量。聚氨酯-丙烯酸酯地面涂料在施工前应使基层表面坚实、平整、干净，基层表面的裂缝及不平整处应用相应的腻子填嵌平整，并打磨平整，基层表面应保持干燥。涂刷该涂料时一般刷2～3遍，每遍间隔时间约2h（图7.8）。

(3) 丙烯酸硅地面涂料。丙烯酸硅地面涂料是以丙烯酸酯系树脂和硅树脂进行复合的产物为主要成膜物质，再加入溶剂、颜料、填料和各种助剂等，经过一定的加工工序制成。丙烯酸硅地面涂料的耐候性、耐水性、耐洗刷性、耐酸碱腐蚀性和耐火性能好，渗透性较强，与水泥砂浆等材料之间的黏结牢固，具有较好的耐磨性。这种涂料耐候性能好，可用于室外地面的涂饰，施工方便。

图 7.8 聚氨酯-丙烯酸酯地面

2. 合成树脂厚质地面涂料

合成树脂厚质地面涂料是以环氧树脂、聚氨酯、不饱和聚酯等合成树脂为主要成膜物质，加入颜料、填料和各种助剂后制成。该涂料通常可用刮涂方式进行涂饰，又称无缝塑料地面或塑料涂布地板。合成树脂厚质地面涂料的常用品种有环氧树脂地面厚质涂料、聚氨酯弹性地面涂料和不饱和聚酯地面涂料。

(1) 环氧树脂地面厚质涂料。环氧树脂地面厚质涂料是以环氧树脂为主要成膜物质，以二甲苯、丙酮为稀释剂，再加入颜料（钛白粉、氧化锌、锌钡白、氧化铁黄、氧化铁红、氧化铁黑等）、填料（石英砂、滑石粉）、增塑剂（邻苯二甲酸二丁酯）和固化剂（乙二胺、二乙烯二胺、三乙烯四胺）等，经过一定的制作工艺制成。环氧树脂地面厚质涂料是一种双组分常温固化型涂料，甲组分有清漆和色漆，乙组分是固化剂。它的涂膜坚硬，有较好的耐水性、耐磨性、耐化学腐蚀性和耐久性，涂膜与水泥基层的黏结力强，但施工操作比较复杂。

(2) 聚氨酯地面涂料。将含有端异氰酸酯基预聚体和含有端羟基或胺类的固化物进行混合，以此缓和作为聚氨酯地面涂料的主要成膜物质，以二甲苯或醋酸丁酯为溶剂，再加入颜料（钛白粉、硫化锌、锌钡白、氧化铁黄、氧化铁红、氧化铁黑等）、填料（石英粉）和增塑剂（邻苯二甲酸二丁酯）等，经过一定的制作工艺便形成聚氨酯地面涂料。聚氨酯地面涂料有薄型和厚质弹性两种。薄型聚氨酯地面涂料主要用于木地板表面的涂饰；厚质弹性聚氨酯涂料则用于水泥地面的装饰，它能在地面上形成无缝弹性的装饰面，因而又称聚氨酯弹性地面装饰。

聚氨酯地面涂料也是一种双组分常温固化型涂料，甲组分为聚氨酯预聚体，乙组分是颜料、填料和助剂等。它的涂膜具有很好的弹性，脚感舒适，有极好的耐水性、耐磨性、耐化学腐蚀性和耐久性，涂膜与水泥基体的黏结性能好，可用于室内外的楼地面装饰。这种涂料由于含有易燃有机溶剂，所以在施工时应采取防火措施。甲乙组分应按规定进行称量配置。

3. 聚合物水泥地面涂料

将水溶性合成树脂或聚合物乳液和水泥一起混合，形成有机与无机复合水性胶凝材料，以此混合物作为聚合物水泥地面涂料的主要成膜物质，再加入颜料、填料和各种助剂后即能制成聚合物水泥地面涂料。聚合物水泥地面涂料可涂饰在水泥基层上，形成无接缝的各色涂层。装饰工程中使用较多的是聚醋酸乙烯聚合物水泥地面涂料（图 7.9）。

聚醋酸乙烯水泥地面涂料是由聚醋酸乙烯涂料、普通硅酸盐水泥、颜料、填料等配置而成的一种地面涂料。该涂料的质地细腻、无毒，施工方便，与水泥基层之间的黏结牢固，涂膜的弹性好，外形美观，有良好的耐磨性、抗冲击性能。

聚醋酸乙烯水泥地面涂料的成品组成有甲组分和乙组分。甲组分是聚醋酸乙烯乳液、颜料、助剂和水等，乙组分是普通硅酸盐水泥（425 号）。施工时将甲组分和乙组分按照规定的比例进行称量，再搅拌混合均匀后即可使用。为了提高聚合物水泥地面涂料的涂膜质量，常常在涂层的表面涂饰罩面材料。罩面材料的种类有地板蜡、水乳型罩面材料（丙烯酸地面涂料及其清漆、聚氨酯地面涂料及其清漆等）。

7.2.3.2 水泥自流平地面构造

在涂布前，先对基层进行处理，如为光滑基层，建议做凿毛或拉毛处理。推荐使用 EC－1 表面处理剂，使用时按 EC－1：水：水泥：细砂＝1：1：1：1 的比例搅拌均匀，涂刷或喷涂在基面上即可。表面不粘手时，即可进行自流平施工。将涂料搅拌后，均匀的铺开，用专用齿口刮板控制厚度，本品施工厚度不小于 3mm，一次施工厚度 3～30mm（图 7.10）。

图 7.9　聚合物水泥地面

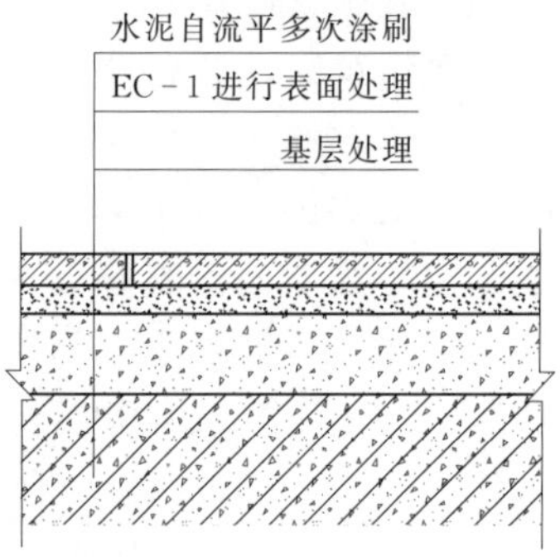

图 7.10　水泥自流平构造

7.3　板块式楼地面构造

板块材地面是指胶结材料将预加工好的板块状地面材料（如大理石板、花岗石板、陶瓷地砖、锦砖等）用铺砌或粘贴的方式，使之与基层连接固定形成的地面。块材类材料属于中、高档材料，一般适用于人流活动量较大、磨损频率高的地面或较潮湿的场所；不宜用于寒冷地区的居室、宾馆客房，也不宜用于人们要长时间逗留或需要保持高度安静的地方。

7.3.1　陶瓷地面砖楼地面

陶瓷是指以黏土及天然矿物为原料，经过粉碎混炼、成型或焙烧等工艺过程制得的各种制品。陶瓷地砖产品具有强度高、耐火、耐久、耐酸碱腐蚀、耐水、耐磨、易于清洗，加之生产简单，常应用于酒店大堂、卫生间、厨房、浴室、游泳馆等地面。

7.3.1.1　陶瓷地面材料

陶瓷地砖产品总的发展趋势是尺寸增大、精度提高、品种多样、色彩丰富、图案新颖、强度提高及收缩减少。施工对产品的要求是便于铺贴，黏结牢固，不易起鼓脱落。目前常见的陶瓷地面材料有以下几种。

1. 釉面砖

釉面砖又称为瓷片或釉面陶土砖，是一种传统的卫生间、浴室地面砖，是以黏土或高岭土为主要原料，加入一定的助溶剂，经过研磨、烘干、筑模、施釉、烧结成型的精陶制品。釉面砖的正面有釉，背面呈凸凹方格纹，由于釉料和生产工艺不同，一般有白色釉面砖、彩色釉面砖、印花釉面砖等多种（图 7.11）。

根据原材料的不同又分为陶制釉面砖和瓷制釉面砖。其中，由陶土烧制而成的釉面砖吸水率较高，强度较低，背面为红色；由瓷土烧制而成的釉面砖吸水率较低、强度较高，背面为灰白色。现今主要用于墙地面铺设的是瓷制釉面砖，其质地紧密、美观耐用、易于保洁、孔隙率小、膨胀不显著。釉面地面砖规格一般为（长×宽×厚）250mm×250mm×6mm、300mm×300mm×6mm、500mm×500mm×8mm、600mm×600mm×8mm、800mm×800mm×10mm 等。

2. 通体砖

通体砖是表面不上釉的陶瓷砖，而且正反两面的材质和色泽一致，是一种耐磨砖，虽然现在还有渗花通体砖等品种，但花色比不上釉面砖。不过目前的室内设计越来越倾向于素色设计，所以通体砖也成为一种时尚，被广泛使用于厅堂、过道和室外走道等装修项目的地面，一般较少使用在墙面上，

图 7.11　釉面砖地面效果图

而多数的防滑砖都属于通体砖。通体砖的一般规格有（长×宽×厚）300mm×300mm×5mm、400mm×400mm×6mm、500mm×500mm×6mm、600mm×600mm×8mm、800mm×800mm×10mm 等。

3. *仿古砖*

仿古砖是从彩釉砖演化而来的，实质上是上釉的瓷质砖。属于普通瓷砖类，和磁片基本相同。所谓仿古指的是砖的效果，所以实际上应该叫具有仿古效果的瓷砖。唯一不同的是在烧制过程中，仿古砖技术含量要求相对较高，用数千吨液压机压制后，再经千度高温烧结，使其强度高，具有极强的耐磨性，经过精心研制的仿古砖兼具了防水、防滑、耐腐蚀的特性。仿古砖仿造以往的样式做旧，用带着古典的独特韵味吸引着人们的目光，为体现岁月的沧桑、历史的厚重，仿古砖通过样式、颜色、图案营造出怀旧的氛围。

仿古砖通常指的是有釉装饰砖，其坯体可以是瓷质的，分为炻瓷、细炻和炻质。釉以亚光的为主；色调以黄色、咖啡色、暗红色、土色、灰色、灰黑色等为主；仿古砖蕴藏着文化、历史内涵和丰富的装饰手法，使其成为欧美市场的瓷砖主流产品，在国内也得到了迅速的发展。仿古砖的图案以仿木、仿石材、仿皮革为主；也有仿植物花草、仿几何图案、纺织物、仿墙纸、仿金属等。烧成后图案可以柔抛，也可以半抛和全抛。仿古砖的表面，有做成平面的，也有做成小凹凸面的；仿古砖多为一次烧成，烧后的瓷砖多采用全封闭式除尘的干式磨边工艺（图 7.12）。

图 7.12　仿古砖地面效果图

4. *玻化砖*

玻化砖的出现是为了解决抛光砖出现的易脏问题，又称为全瓷砖，它是由优质高岭土强化高温烧制而成，表面光洁又不需要抛光，因此不存在抛光气孔的问题，其吸水率小、抗折强度变高，质地比抛光砖更硬、更耐磨，并且原材料不含对人体有害的放射性元素，玻化砖与抛光砖类似，但是制作要求更高，要求压机更好，能够压制更高的密度，同时烧制的温度更高，需要做到全瓷化（图 7.13）。

图 7.13　玻化砖地面效果图

7.3.1.2　陶瓷地面装饰构造

陶瓷地面的装饰构造见图 7.14。

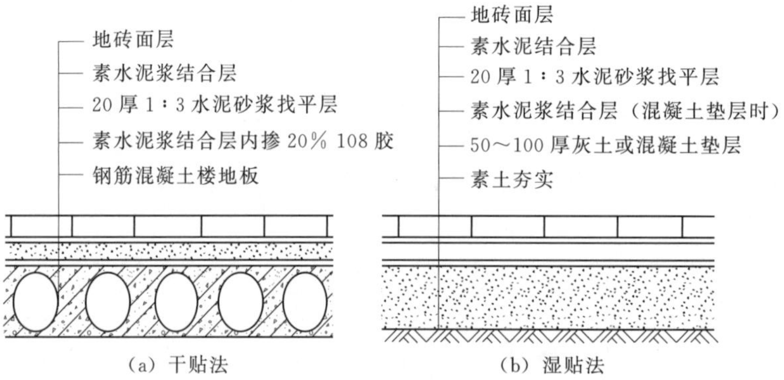

图 7.14　陶瓷地面装饰构造

地砖的基层处理：地砖在铺贴前应对基层表面较光滑部位进行凿毛处理，然后再用 1∶3 的水泥砂浆均匀涂刷于地面，厚度不小于 10mm 为宜。在水泥砂浆内可加入适量的胶黏剂，以增加其粘黏度。

铺贴地砖：根据尺寸大小分湿贴法和干贴法两种。

(1) 湿贴法：适用于尺寸为 400mm×400mm 以下的小尺寸地砖。用 1∶2 水泥砂浆摊铺在地砖背面，将其镶贴在找平层上。同时用橡胶锤轻轻敲击地砖表面，使其与地面粘贴牢固，以防止出现空鼓和裂纹。

(2) 干贴法：适用于尺寸为 400mm×400mm 以上的大尺寸地砖。首先在浆好的地面上用 1∶3 的硬干性水泥砂浆铺一层厚度为 20～50mm 的垫层。水泥的性状以手握成团，落地开花为好。找平层的砂浆应采用虚铺方式，即把干硬性水泥砂浆轻轻而均匀地铺在地面上，不可压实。然后将纯水泥刮在地砖背面，按地面纵横十字筋通铺一行地砖于硬性水泥砂浆上作为基准板，再沿基准板的两边进行大面积铺贴。

7.3.2　陶瓷锦砖（马赛克）楼地面

陶瓷马赛克也称作陶瓷锦砖，源自古罗马和古希腊的镶嵌艺术如今的马赛克经过现代工艺的打造，在色彩、质地、规格上都呈现出多元化的发展趋势，而且品质优良。

7.3.2.1　陶瓷锦砖材料

陶瓷锦砖具有质地坚硬、表面光滑、耐磨、耐酸、耐碱、不变色及经久耐用等优点，主要用于浴室、厕所、盥洗室及走廊等楼地面。它有挂釉和不挂釉两种，厨房、卫生间和盥洗室的地面，多用釉面制品。陶瓷锦砖有多种规格颜色，主要有正方形、长方形、多边形、六角形和梯形，一般小块方形为19mm×19mm×5mm和39mm×39mm×5mm，长方形为9mm×19mm×5mm，六角形的边长为25mm。出厂前已按各种规格和各种图案组合反贴在牛皮纸版上，拼成一联，每联约为305mm×305mm。根据它的花色品种拼成的常用拼花图案（图7.15）。

图7.15　陶瓷锦砖地面效果图

7.3.2.2　陶瓷锦砖地面装饰构造

陶瓷锦砖楼地面的构造做法如图7.16所示。在垫层或结构层上铺一层20mm厚1：3～1：4的干硬性水泥砂浆兼找平层，上撒素水泥面并洒适量清水，以加强粘结力，然后将陶瓷锦砖整联铺贴，压实拍平，使水泥浆挤入缝隙。待水泥浆硬化后，用水喷湿纸面，揭去牛皮纸，后用白水泥浆嵌缝。

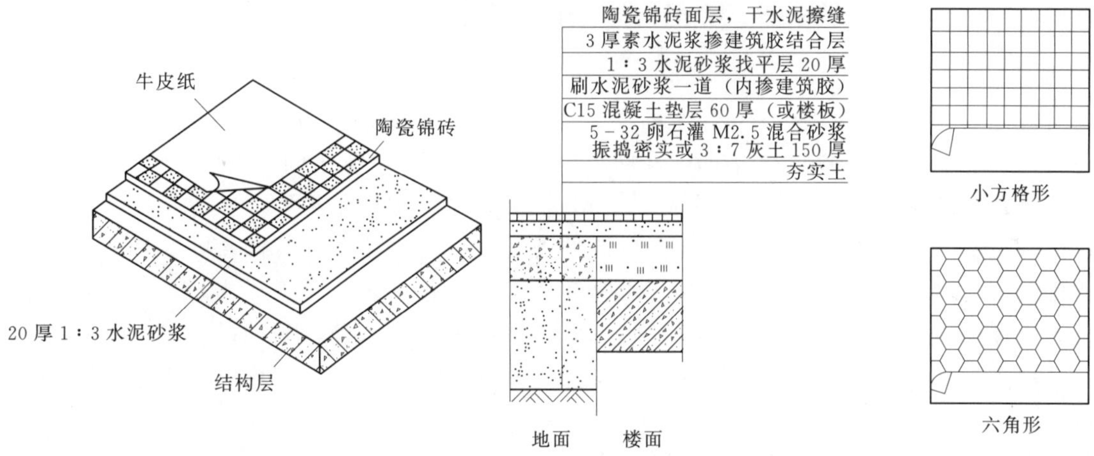

图7.16　陶瓷锦砖地面构造

7.3.3　石材楼地面

室内装修中所用的饰面石材分为天然石材和人造石材。石材地面色彩自然而丰富，表面质感视需要可光滑、可粗糙，肌理效果富于变化，具有强度高、耐腐蚀、耐污染、施工简便等特点，一般用于装修标准较高的公共建筑的门厅、大堂、休息厅、营业厅或要求较高的卫生间等房间地面及道路和踏步等部位。

7.3.3.1　天然石材地面材料

天然石材具有质地坚硬、色泽丰富，纹理、质感美观等优点，用天然石材作地面装饰，使建筑物显得庄重、富丽堂皇，并给人们以回归大自然的美的享受。天然石材包括大理石、花岗岩、文化石。

1. **大理石**

大理石原指产于云南大理的白色带有黑色花纹的石灰岩，古代常选取具有成型花纹的大理石用来制作画屏或镶嵌画，后来“大理石”逐渐发展成称呼所有带有颜色花纹的、用来做建筑装饰材料的石灰岩，白色大理石一般称为汉白玉。大理石呈层状结构，有明显的结晶和纹理，主要成分为方解石和白云石，属中硬石材。天然大理石的主要化学成分为 CaO 和 MgO，其含量占总量的 50%，属酸性石材，主要成分为 $CaCO_3$。

除汉白玉、艾叶青等品种外，大理石不宜用作室外装饰，城市空气中的 SO_2 会与大理石中的 $CaCO_3$ 发生反应，生成易溶于水的石膏，使大理石表面失去光泽、粗糙多孔，从而降低大理石的表面强度并直接影响大理石的装饰效果。

天然大理石装饰板是用天然大理面石荒料经过工厂加工，表面经粗磨、细磨、半细磨、精磨和抛光等工艺而成。天然大理石质地致密但硬度不大，容易加工、雕琢和磨平、抛光等，但强度不及花岗岩，如用在磨损率高、碰撞率高的部位应慎重考虑。大理石抛光后光洁细腻，纹理自然流畅，有很好的装饰性（图 7.17）。

图 7.17　大理石地面效果图

2. 花岗岩

花岗岩石是指以从火成岩中开采出来的花岗岩、安山岩、辉长岩、片麻岩为原料，经过切片、加工、磨光、修边后成为不同规格的石板。花岗石的化学成分因其产地不同也不尽相同，但各种花岗石的主要成分为 SiO_2 和 Al_2O_3，Fe_2O_3 和 CaO、MgO 仅为含量极少的杂质。

花岗岩在室内装修中应用广泛，具有良好的硬度，抗压强度好、孔隙率小、吸水率低、导热快、耐磨性好、耐久性高、抗冻、耐酸、耐腐蚀、不易风化、表面平整光滑、棱角整齐、色泽持续力强且色泽稳重大方，一般使用年限约数十年至数百年，是一种较高档的装饰材料。但花岗岩一般存于地表深层处，具有一定的放射性，大面积用在居室的狭小空间里，对人体健康会造成不利影响。

花岗岩的大小可随意加工，用于铺设室内地面的厚度为 20～30mm，铺设家具台柜的厚度为 18～20mm 等。市场上零售的花岗岩宽度一般为 600～650mm，长度在 2000～5000mm 不等。特殊品种也有加宽加长型，可以打磨边角。

天然花岗岩建筑板材作为装饰装修材料时，其放射性应符合 GB6566 的规定。国家标准规定，根据所具有的放射性大小，花岗岩分为 A、B、C 三类，并明确了使用范围。A 类花岗岩的生产、销售、使用范围不受限制，即可以任何场合应用；B 类花岗岩的放射性高于 A 类，不得用于Ⅰ类民用建筑物的内墙面装饰，但可用于Ⅰ类民用建筑物的外墙面装饰和其他所有建筑物的内饰面装饰；C 类花岗岩的放射性高于 A、B 类的规定，只能用于建筑物的外饰面和室外其他装饰（图 7.18）。

3. 文化石

文化石以开采天然岩石或无机材料配置加工而成，其表面粗犷凝重，纹理起伏，既自然又多变化，色泽丰富，绚烂多彩，为设计师提供了一个无限的构想理念和表现空间。

天然文化石包括从天然岩体中开采出来的具有特殊的片理层状结构的板岩、砂岩、碳酸岩、石英岩、片麻岩等，以及鹅卵石、化石等种类，具有耐酸、耐寒、吸水率低、不易风化等特点，是一种自然防水、会呼吸的环保石材（图 7.19）。

图 7.18　花岗岩地面效果图

图 7.19　文化石地面效果图

7.3.3.2　人造石材地面材料

人造石材是以不同的黏结剂，配以天然大理石或方解石、白云石、硅砂、玻璃粉等无机物粉料，以及适量的阻燃剂、颜色等，经配料混合、瓷铸、振动压缩、挤压等方法成型固化制成的。与天然石材相比，人造石具有色彩艳丽、光洁度高、颜色均匀一致，抗压耐磨、韧性好、结构致密、坚固耐用、比重轻、不吸水、耐侵蚀风化、色差小、不褪色、放射性低等优点。具有资源综合利用的优势，在环保节能方面具有不可低估的作用，也是名副其实的绿色环保产品，已成为现代建筑装饰装修首选的饰面材料。

人造石根据胶黏剂不同，可分为五类：树脂型人造石材、复合型人造石材、水泥型人造石材、烧结型人造石材、微晶玻璃型人造石材（图 7.20 和图 7.21）。

图 7.20　树脂型人造石

图 7.21　烧结型人造石

7.3.3.3 石材地面装饰构造

石材地面的构造做法见图7.22。板材在铺砌前应先浸水湿润，阴干后备用。铺贴方法如下：先在刚性平整的垫层或楼板基层上铺30mm厚1∶3～1∶4的干硬性水泥砂浆结合层，赶平压实，上撒素水泥面并洒适量清水，然后铺贴大理石或花岗石板，并用水泥浆灌缝。板材间的缝隙当设计无规定时不应大于1mm。铺砌后，其表面应加保护，待结合层的水泥砂浆强度达到要求，并且做完踢脚板后，方可打蜡使其光滑亮洁。

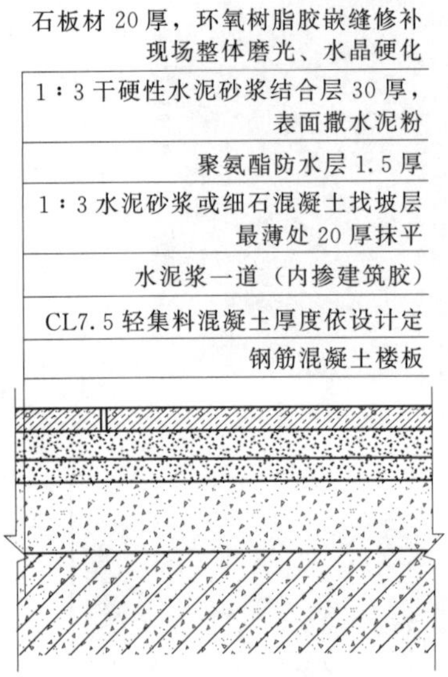

图7.22 石材地面装饰构造

7.3.4 木质地板楼地面

在地面材料中，由于木质地板具有自然高雅、多变化、能与多种室内风格相协调的装饰效果和优良的综合物理性能而深受人们喜爱，成为最热销的地面装饰材料之一。但是，我国木材资源匮乏，不宜采用大量的优质木材做地板。因此，要使具有名贵木材美丽纹理与色泽、并且性能又好的木质地板能走进千家万户，必须节约木材，大力发展仍保持木质地板固有特色、性能更佳的新型木质地板来满足市场的需要。

7.3.4.1 实木地板

实木地板是天然木材经烘干、加工后形成的地面装饰材料。它呈现出的天然原木纹理和色彩图案，给人以自然、柔和、富有亲和力的质感。同时，由于它冬暖夏凉、触感好的特性使其成为卧室、客厅、书房等地面装修的理想材料（图7.23）。

图7.23 实木地板

1. 实木地板分类

（1）按形状：实木地板可分为榫接实木地板、平接实木接板。

（2）按表面有无涂饰：实木地板可分为涂饰实木地板、未涂饰实木接板。涂饰实木地板分为淋漆和辊涂板，即地板的表面已经涂刷了地板漆，可以直接安装后使用；未涂饰实木地板是素板，即木地板表面没有进行淋漆处理，在铺装后必须经过涂刷地板漆后才能使用。

（3）按加工工艺：

1）企口实木地板（也称榫接地板或龙凤地板）：该地板在纵向和宽度方向都开有榫槽，榫槽一般都小于或等于板厚的1/3，槽略大于榫。绝大多数背面都开有抗变形槽（图7.24）；

2）指接地板：该地板由等宽、不等长度的板条通过榫槽结合、胶粘而成的地板块，接成以后的结构与企口地板相同；

3）集成材地板（拼接地板）：该地板由等宽的小板条拼接起来，再由多片指接材横向拼接，这种地板幅面大、尺寸稳定性好；

4）拼方、拼花实木地板：该地板由小块地板按一定图形拼接而成，其图案有规律性和艺术性。这种地板生产工艺复杂，精密度也较高（图 7.25）；

5）仿古实木地板：在《仿古木质地板行业标准》中，对仿古木质地板的定义是木质地板的表面用艺术形式通过特殊加工成具有古典风格的地板。严格意义上说，仿古地板不属于任何一种地板类型。它是地板的一种表现形式，具有艺术风格和性质。实木、实木复合、软木地板都可以做出仿古效果。但目前市场上最多用来做仿古风格的是实木复合地板（图 7.26）。

图 7.24　启口地板

图 7.25　拼花地板

图 7.26　仿古地板

2. 实木地板的优点

(1) 隔音隔热：实木地板材质较硬、木纤维结构致密、导热系数低、阻隔声音和保温等效果均优于水泥、瓷砖和钢铁。

(2) 调节湿度：实木地板的木材特性是，气候干燥，木材内部水分释出；气候潮湿，木材会吸收空气中水分。木地板通过吸收和释放水分，把室内空气湿度调节到人体较为舒适的水平。

(3) 冬暖夏凉：冬季，实木地板的板面温度要比瓷砖的板面温度高 8～10℃，人在木地板上行走无寒冷感；夏季，实木地板的居室温度要比瓷砖铺设的房间温度低 2～3℃。

(4) 绿色无害：实木地板用材取自原始森林，使用无挥发性的耐磨油漆涂装，从材质到漆面均绿色无害，不像瓷砖有辐射，也不像强化地板有甲醛，是一种天然绿色无害的地面建材。

(5) 华丽高贵：实木地板取自高档硬木材料，板面木纹秀丽，装饰典雅高贵，是中高端室内地面装饰装修的首选材料。

(6) 经久耐用：实木地板绝大多数品种，材质硬密，抗腐抗蛀性强，正常使用，寿命可长达几十年乃至上百年。

3. 实木地板的缺点

(1) 难保养：实木地板对铺装的要求较高，一旦铺装得不好，会造成一系列问题，诸如有声响等。如果室内环境过于潮湿或干燥时，实木地板容易起拱、翘曲或变形。铺装好之后还要经常打蜡、上油，否则地板表面的光泽很快就消失。

(2) 稳定性差：若室内环境过于潮湿或干燥时，实木地板容易起拱、翘曲或变形。

(3) 性价比偏低：实木地板的市场竞争力不如其他几类木地板，特别是在稳定性与耐磨性上与多层复合地板的差距较大。

7.3.4.2　实木复合地板

实木复合地板是近年来在国内装饰材料市场流行起来的一种新型、高档的地面装饰材料，尤其是国外产的复合地板，占有很大的市场份额。由于复合地板具有原木地板的天然质感，又有良好的硬度与耐磨性，且在装饰过程中无需油漆、打蜡，污染后可用抹布擦，还有较好的阻燃性，因此很受广大用户的青睐。

实木复合地板是由不同树种的板材交错层压而成，克服了实木地板单向同性的缺点，干缩湿胀率小，具有较好的尺寸稳定性，并保留了实木地板的自然木纹和舒适的脚感。实木复合地板兼具强化地板的稳定性与实木地板的美观性，而且具有环保优势。

市场上常见的实木复合地板为多层实木地板和三层实木地板。三层实木复合地板是由三层实木单板交错层压而成，其表层多为名贵优质长年生阔叶硬木；芯层由普通软杂规格木板条组成，树种多用松木、杨木等；底层为旋切单板，树种多用杨木、桦木和松木。三层结构板材用胶层压而成，多层实木复合地板是以多层胶合板为基制，以规格硬木薄片镶拼板或单板为面板，层压而成（图 7.27）。

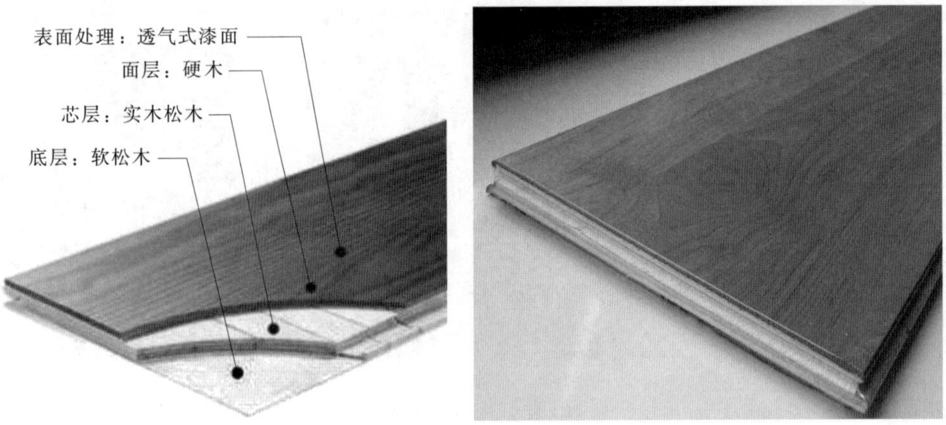

图 7.27　实木复合地板

实木复合地板既保留了实木地板木纹优美、自然的特性，又大大节约了优质珍贵木材资源。表面大多涂五遍以上的优质 UV 涂料，不仅有较理想的硬度、耐磨性、抗刮性，而且阻燃、光滑，便于清洗；芯层大多采用可以轮番砍伐的速生材料，也可用廉价的小径材料和各种硬、软杂材等来源较广的材料，而且不必考虑避免木材的各种缺陷，出材率高，成本则大为降低，其弹性、保温性等也完全不亚于实木地板。正因为实木复合地板具有实木地板的各种优点，又摒弃了强化复合地板的不足，同时还节约了大量的自然资源，所以，在欧美国家已经成为家装的主流地板，今后我国高档地板的发展趋势必然是实木复合地板。

7.3.4.3　强化复合地板

强化复合地板也称浸渍纸层压木质地板，是以一层或多层专用纸浸渍热固性氨基树脂，铺装在刨花板、高密度纤维板等人造板基材表面，背面加平衡层、正面加耐磨层，经热压成型的木地板。

1. 强化复合地板的组成

强化复合地板由四层结构组成（图 7.28）。

图 7.28　强化复合地板

第一层耐磨层：耐磨层主要由 Al_2O_3（三氧化二铝）组成，有很强的耐磨性和硬度，一些由三聚氰胺组成的强化复合地板无法满足标准的要求。

第二层装饰层：装饰层是一层经密胺树脂浸渍的纸张，纸上印刷有仿珍贵树种的木纹或其他图案。

第三层基层：基层是中密度或高密度的层压板。经高温、高压处理，有一定的防潮、阻燃性能，基本材料是木质纤维。

第四层平衡层：平衡层是一层牛皮纸，有一定的强度和厚度，并浸以树脂，起到防潮防地板变形的作用。

2. 强化复合地板优点

强化复合地板是以一层或多层专用浸渍热固氨基树脂，覆盖在高密度板等基材表面，背面加平衡防潮层、正面加装饰层和耐磨层经热压而成。铺设效果好，耐磨性能高，且阻燃性能和耐污染腐蚀能力强，抗冲击性能好，铺设方便且易于清洁和护理。

耐磨：耐磨性能约为普通漆饰地板的10～30倍以上。

美观：可用电脑仿真出各种木纹和图案、颜色。

稳定：彻底打散了原来木材的组织，破坏了各向异性及湿胀干缩的特性，尺寸极稳定，尤其适用于地暖系统的房间。

此外，还有抗冲击、抗静电、耐污染、耐光照、耐香烟灼烧、安装方便、保养简单等。

3. 强化复合地板缺点

强化复合地板由于密度较大，所以脚感稍差，强化复合地板可修复性差，一旦损坏便无法修复，必须更换。强化复合地板由于生产过程中使用甲醛系胶黏剂，存在一定的甲醛释放问题，若甲醛释放量超过一定标准，将对人身健康造成一定影响，并污染环境。

7.3.4.4 竹木复合地板

竹木复合地板是竹材与木材复合再生产物。它的面板和底板采用的是上好的竹材，而其芯层多为杉木、樟木等木材。竹木复合地板的生产制作要依靠精良的机器设备和先进的科学技术以及规范的生产工艺流程，经过一系列的防腐、防蚀、防潮、高压、高温以及胶合、旋磨等近40道繁复工序，才能制作成为一种新型的复合地板（图7.29）。

图7.29 竹木复合地板

竹木复合地板外观自然清新、纹理细腻流畅、防潮防湿防蚀以及韧性强、有弹性等；同时，其表面坚硬程度可以与木制地板中的常见材种如樱桃木、榉木等媲美。另一方面，由于该地板芯材采用了木材做原料，故其稳定性极佳，结实耐用，脚感好，格调协调，隔音性能好，而且冬暖夏凉，尤其适用于居家环境以及体育娱乐场所等室内装修。从健康角度而言，竹木复合地板尤其适合城市中的老龄化人群以及婴幼儿，而且对喜好运动的人群也有保护缓冲的作用。

7.3.4.5 木地板地面装饰构造

1. 基层处理

基层应平整、牢固、干燥、清洁、无污染，强度符合设计要求；楼房底层地面须做防潮处理。

2. 木地板的铺装方法

(1) 木龙骨铺设法。多用于实木地板的铺装，防止实木地板受潮、翘曲、变形。

1) 铺设木龙骨的间隔为 250mm 或 300mm，可根据地板长度来定，用木龙骨将地板基面调平，并用水泥钉固定木龙骨。

2) 在木龙骨的上方铺设防潮层，铺设一层 2～3mm 厚的地板专用 EPE 防潮膜和铝箔防潮膜，防潮层接缝之间要用胶带封接好，防潮层沿着墙壁要高出地面，以阻隔地面及墙壁渗出的水分。

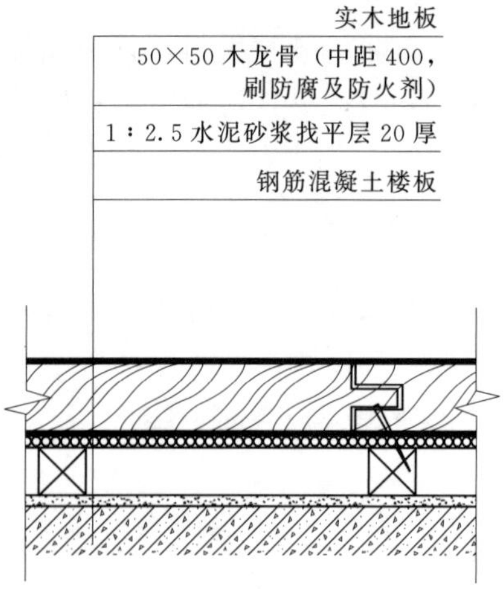

图 7.30　木龙骨铺设法

3) 铺装实木地板的时切勿使用水溶性黏合胶，不可涂抹于木龙骨、木地板的任何部位，用地板专用螺钉或气钉固定在木龙骨上即可。

4) 地板与四周墙壁接合处应预留伸缩距离 8～10mm，以防在环境湿度变化时引起木地板的膨胀。为了避免木地板的膨胀变形，北方地区冬天铺装时，在木地板的行与行之间应根据木地板含水率大小预留相应大小的防膨胀缝，在铺设地板到室内墙角时需要截断部分地板，为了保护地板表面的密封防潮性，要求地板截断处涂抹一层防水胶水或油漆（图 7.30）。

(2) 毛地板垫底法。为了改善地面平整度或改善悬浮铺设法的脚感差缺点，可采用毛地板垫底法。毛地板垫底法是指先在处理好的地面上铺设一层毛地板，在毛地板上铺设地板面层。毛地板一般选用多层胶合板、中密度纤维板、细木工板（俗称大芯板）。通常采用多层胶合板，在铺设前分成四等分或六等分，夹板应锯切成不大于 600mm×600mm 规格。

毛地板与龙骨用木螺钉或胶粘剂固定，夹板之间应留有 5～10mm 的间隙。固定好的夹板上进行防潮处理，一般刷 2～3 遍防水涂料，待干燥后，表面再加上一层防潮膜达到双重保护，以杜绝水分浸入木地板。实木复合地板用铁钉固定在胶合板上。每一块木地板装进后，用撬棒驳回，使榫与槽相互咬合紧密（图 7.31）。

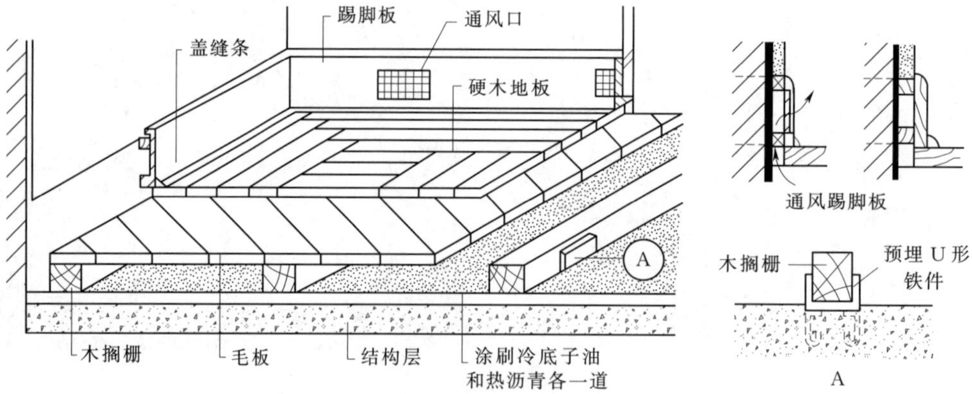

图 7.31　毛地板垫底法

(3) 悬浮铺设法。实木复合地板、强化复合地板可用此法铺设（图 7.32）。

悬浮法是先铺设防潮地垫，再在上面铺设木地板。这种施工方法要求地面一定要平整、干燥。悬浮铺设法最大的优点是，随时可调整木地板因受环境变化而引起的缝隙现象。

1) 地板下面应满铺防潮底垫（防潮隔声衬垫是聚乙烯泡沫薄膜），铺装平整，接缝处不得叠压，并用胶带固定。铺设的防潮隔声衬垫的材质和厚度应符合设计要求，两幅拼缝之间结合处不得露出基层。

2) 面层地板分为黏胶法和不黏胶法两种。黏胶悬浮铺设法在铺设时除了靠榫头和槽之间自然配合之

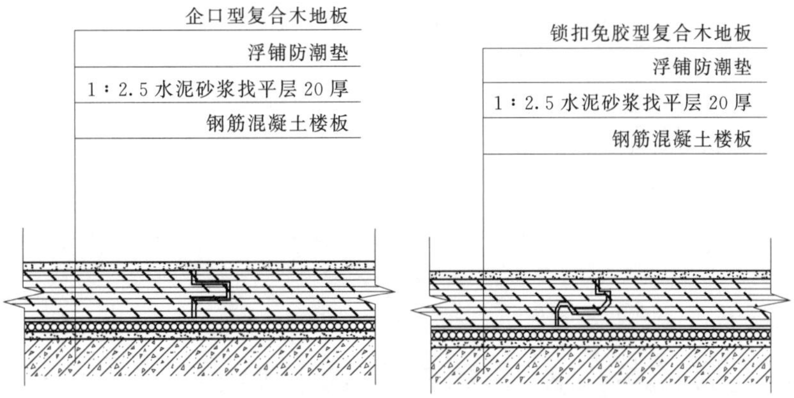

图 7.32　悬浮铺设法

外，再用胶黏剂使其配合更紧密；不黏胶法只靠榫头和槽相结合，这种铺设法更利于拆装和缝隙调整。

7.4　卷材式楼地面构造

卷材式楼地面主要使用的是地毯地面。地毯以色彩多样，图案丰富，行走舒适，可营造出富贵、华丽的氛围而在世界被广泛应用，成为重要的地面材料之一。

7.4.1　地毯材料

地毯是以棉、麻、毛、丝、草等天然纤维或化学合成纤维类原料，经手工或机械工艺进行编结、栽绒或纺织而成的高级地面装饰材料。

地毯在室内空间的应用，主要起到保温防潮、利于坐卧、增加行走舒适度、防滑、隔音、吸尘、保护地面、装饰室内环境等作用。铺设地毯的空间、相对于其他区域总是能够给人以高贵、华丽、美观、温馨、舒适的感觉，在不经意间使人们身心放松、倍感亲切。

地毯材质多样，从古代的羊毛、棉、麻、席草等天然材料编织，逐步发展到现代以化学纤维、天然纤维纺织为主。现代地毯按照材质可分为纯毛地毯、化纤地毯、混纺地毯、植物地毯、塑料地毯、橡胶地毯等多种。

（1）纯毛地毯：以羊毛或其他毛绒为主要原料，采用粗绵羊毛纺织而成，它毛质细密，具有天然的弹性，受压后能很快恢复原状。羊毛地毯具有手感柔和、弹性大、拉力强、光泽好、质地厚实、柔软舒适、保温性好、抗静电性能好、色彩鲜艳、图案优美等优点，同时羊毛地毯又具有较好的吸音能力，具有降低噪声的作用。另外，质量良好的羊毛地毯还能调节室内的干湿度，并具有一定的阻燃性能。

但纯毛地毯易腐蚀、不耐磨、易霉变、易滋生细菌、产生虫蛀，且价格较贵，是高档的地面装饰材料。多用于高级宾馆、会议厅、舞台等装饰，有富丽堂皇之感。家庭使用一般选用小块羊毛地毯进行局部铺设。根据制造工艺，羊毛地毯可分为手织与机织两种（图 7.33）。

图 7.33　纯毛地毯

（2）化纤地毯：也称合成纤维地毯，是工业化产生的一种地毯种类，同时也是现在应用最为广泛的中低端地毯，它的出现弥补了羊毛地毯不耐磨、易腐蚀、价格较高等缺点。化纤地毯常以锦纶、丙纶、腈纶等化学合成纤维为表层原料，经簇绒法与机织法等制作面层，再用麻布作背衬黏合、加工而成。化纤地毯外观和触感类似羊毛，并具有色彩鲜艳、耐磨、质量轻、弹性好、耐倒伏性好、脚感舒适等优点，若配以泡沫橡胶垫使用，更可以增加地毯的耐磨性与弹性。此种地毯可以铺摊，也能粘贴，可代替羊毛地毯使用。但化纤地毯易产生静电，容易藏匿灰尘（图 7.34）。

图 7.34　化纤地毯

（3）混纺地毯：混纺地毯品种很多，常以纯毛纤维和各种合成纤维混纺，如涤纶、尼龙等混合编织而成。混纺地毯的性能介于羊毛和化纤地毯之间。所用的合成纤维不同，其性能也不相同。常用种类为在羊毛中加入20％的尼龙纤维，这种地毯的耐磨性可比纯毛地毯提高 5 倍，同时羊毛的掺入极大地改善了化纤地毯易于产生静电、藏匿灰尘等缺点，改善了纯毛地毯易于腐蚀、不耐磨的性质。混纺地毯的装饰性、弹性、脚感与纯毛地毯类似，且价格适中，受到了市场的较好评价（图 7.35）。

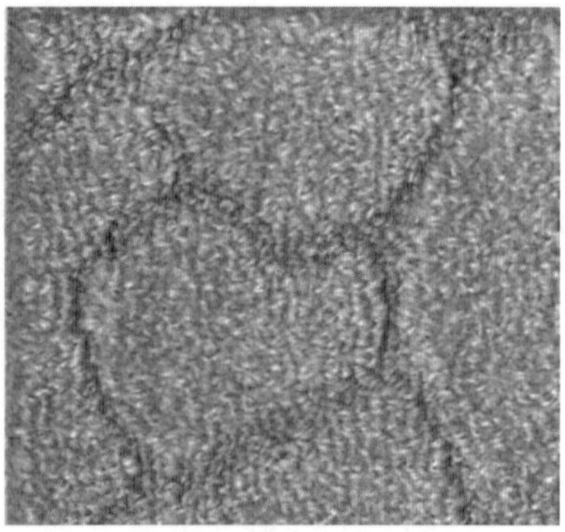

图 7.35　混纺地毯

（4）植物地毯：植物地毯是以棕、剑麻、蒲草、藤等天然纤维材料经手工编织而成，其质感较为粗糙，触感较硬、冰冷，较适合于夏天使用。此种地毯具有自然、清新、古朴的格调，适合自然、新中式等室内风格采用。植物地毯相较于其他地毯材质更为健康环保，其在室内的使用，不但不会释放化学成分，更能持续释放天然植物清香，使人们产生清新愉悦的感受。植物地毯凹凸的纹理使人们在上面行走具有较好的按摩作用，同时植物地毯清洗容易，防火、耐腐蚀（图 7.36）。

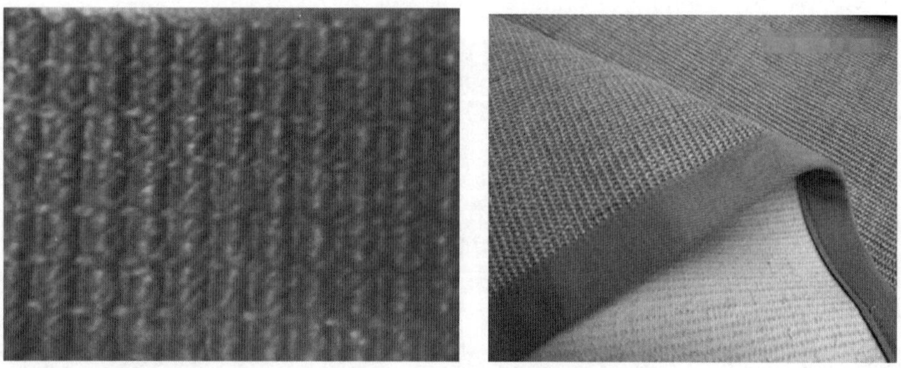

图 7.36　植物地毯

(5) 塑料地毯：以聚氯乙烯树脂为基料，加入增塑剂、填料等多种辅助材料，经混炼、塑化，并在地毯模具中成型而制成的新式地毯。塑料地毯质地柔软、质量较轻，色泽鲜艳美观、色彩多样、耐磨性能好、可水洗、经久耐用，但种类较为单一，可用于公共场所和住宅地面的一般铺装。大家所熟知的“人造草坪”即属于塑料地毯，其也被经常运用于住宅或公共空间入口处，起到清理鞋底杂物、欢迎光临的作用（图 7.37）。

(6) 橡胶地毯：橡胶地毯是以天然或合成橡胶配以各种化工原料，经热压硫化成型的卷状地毯。相较于毛绒等其他地毯厚度较薄，其弹性为橡胶材质本身提供，而非如其他地毯需经过材质编织后通过编织结构提供。橡胶地毯成卷材或块状，其在具备色彩鲜艳、柔软舒适、弹性好、耐水、防滑等特点的同时，更有耐潮、绝缘、易清洗等特点。特别适用于卫生间、浴室、游泳池、车辆及轮船走道等特殊环境。各种绝缘等级的特制橡胶地毯还广泛用于配电室、计算机房等场合（图 7.38）。

图 7.37　塑料地毯

图 7.38　橡胶地毯

7.4.2　地毯地面装饰构造

室内装饰装修中地毯可满铺也可局部铺设于地面，铺贴工艺分固定与活动两种。活动式铺贴施工简单方便，易更换，不用任何钉、胶与地面或基层面相固定。固定式铺贴是将地毯舒展拉平后，用钩挂或胶粘方式与基层固定（图 7.39）。

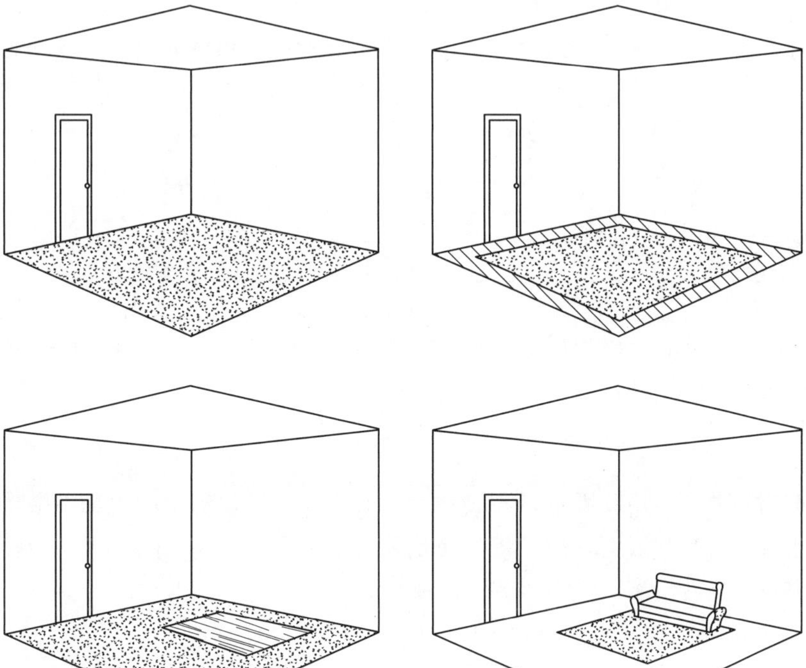

图 7.39　地毯铺装

7.4.2.1 双层倒刺钩挂固定法

(1) 处理基层：基层表面应平整，有高低不平处用水泥砂浆刮平，表面应干燥，细石混凝土和水泥砂浆面层含水率不大于 9%；表面应清洁，有落地灰等杂物铲除打扫干净，有油污用丙酮或松节油擦净。

(2) 钉木卡条（倒刺板）：木卡条沿地面周边和柱脚的四周嵌钉，板上小钉倾角向墙面，板与墙面留有适当空隙，便于地毯掩边，在混凝土、水泥地面上固定，采用钢钉，钉距宜 300mm 左右。如地毯面积较大，宜用双排木卡条，便于地毯张紧和固定（图 7.40）。

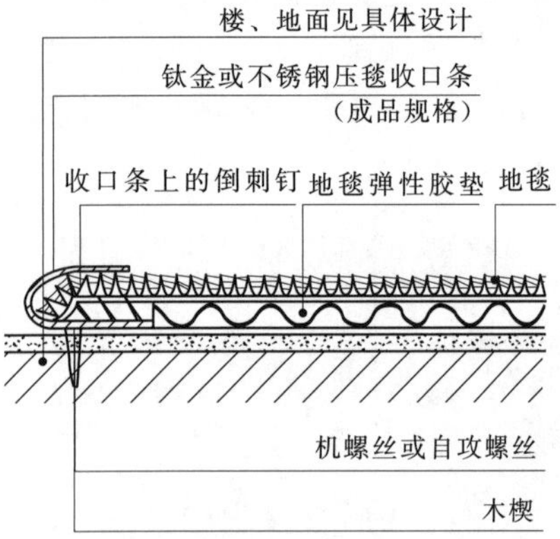

图 7.40 木钉条收口

(3) 铺衬垫：铺弹性衬垫将胶粒或波形面朝下，四周与木卡条相接宜相距 10mm 左右，拼缝处用纸胶带全部或局部黏合，防止衬垫滑移。经常移动的地毯应在基层上先铺一层纸毡以免造成衬垫与基层枯连。

(4) 剪裁地毯：地毯裁剪时，应按地面形状和净尺寸，用裁边机断下的地毯料每段要比房间长度多出 20～30mm，宽度以裁去地毯的边缘后的尺寸计算，在拼缝处先弹出地毯裁割线，切口应顺直整齐以便于拼接。

(5) 铺地毯：将选配好的地毯铺平，一端固定在木卡条上，用压毯铲将毯边塞入木卡条与踢脚之间的缝隙内。地毯的拼缝，一般采用对缝拼接。当拼完一幅地毯后，在拼缝一侧弹通线，铺设张紧的标准线。第二幅地毯经张紧后与前一幅地毯的花纹、条格对齐、吻合后，用钢钉临时固定。薄型地毯可搭接裁割，在头一幅地毯铺设张紧后，后一幅搭接 30～40mm。在接缝处弹线将直尺靠线用刀同时裁割两层地毯，扯去多余的边条后合拢严密，不显拼缝。

(6) 接缝黏合：将已经铺设好的地毯侧边掀起，在接缝中间放烫带（接缝胶带）其两端用木卡条固定，用电熨斗将烫带的胶质溶化，趁热用压铲将接缝碾平压实，使相邻的两幅连成整体。注意掌握好电熨斗烫胶的温度，如温度过低会产生黏结不牢，温度过高会损伤烫带。此外接缝也可采用缝合的方法。即把地毯两幅的边缘缝合连成整体。

(7) 毯边收口：地毯铺设后，在墙和柱的根部不同材质地面相接处门口等地毯边缘应做收口固定处理（图 7.41）。

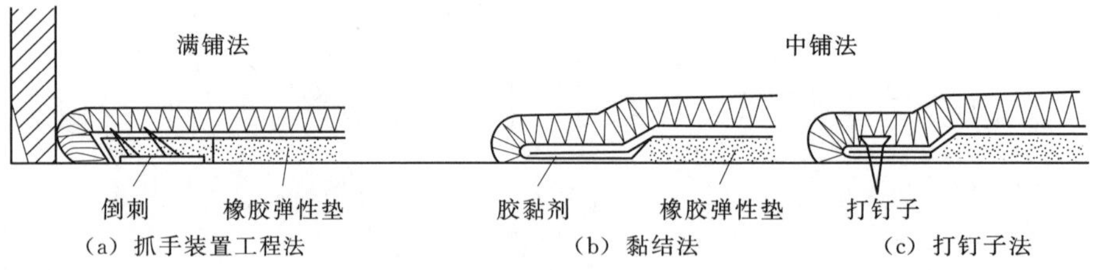

图 7.41 收口方式

7.4.2.2 单层胶粘直铺法

地毯直接铺于地面之上，用胶固定，不设垫层。适用于普通建筑空间地面的装饰装修。把胶粘剂涂刷在拼接好的地毯背面及基层上，然后将整块地毯铺于基层上，并用木褪敲击地毯表面涂胶处于，使之与地面黏结牢固。最后沿墙脚修齐并装上踢脚板即可。

7.4.2.3 活动式铺贴法

将拼接好的整片地毯直接铺于地面上即可，而不用与地面粘贴。铺设时从房间一端或中部开始往另一端或两侧均匀铺设。修齐墙脚四周地毯。此方法从结构上讲是一种单层铺贴法，多用于块状的中、低档地毯。

7.5 特种楼地面构造

随着装饰装修行业的发展，人们对地面装饰材料的要求不仅仅局限于本身的装饰性和环保性，更注重功能性，如防潮、阻燃、隔音、防静电等功能。

7.5.1 抗静电地板楼地面

抗静电地板楼地面又称为活动地板楼地面，主要用于防尘、导静电要求和管线敷设较集中的专业用房，如电子计算机房、通信枢纽、电化教室、变电所控制室、程控交换机房以及卫星地面接收站等建筑室内楼地面工程。抗静电地板具有质量轻、强度大、表面平整、尺寸稳定、面层质感良好、装饰效果佳等特点。此外，还有防火、防虫鼠侵害、耐腐蚀等性能。

7.5.1.1 抗静电地板的分类

抗静电地板通常为三层结构，包括面层、基材和底层，其中面层采用 1.5mm 厚的抗静电材料，基材采用 25mm 厚的刨花板、水泥刨花板或者硫酸钙，底层为 1mm 厚的镀锌钢板。四周侧边用塑料板封闭，或用镀锌钢板包裹并以胶条封边（图 7.42）。

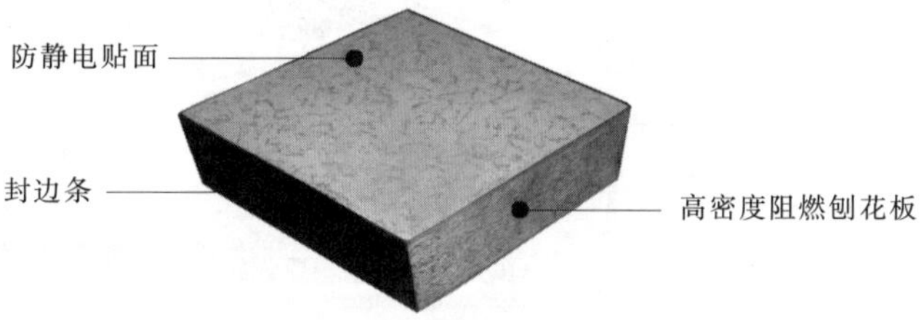

图 7.42　抗静电地板结构

抗静电地板块包括标准板和异形板，异形板有旋流风口地板、可调风口地板、大通风量地板和走线口地板。抗静电地板块标准板的常用规格有 600mm×600mm 和 500mm×500mm 两种。

目前抗静电地板产品质量市场差距很大，高档的复合地板是国内外高档机房的首选。国内抗静电地板表面粘贴的面层一般有 4 种，分别是：三聚氰胺面，新型 PVC 面，永久性 PVC 防静电面，防静电陶瓷砖。

（1）三聚氰胺面。三聚氰胺面耐磨好，在我国南方地区使用效果好，北方气候干燥，有开裂的现象，目前国内三聚氰胺生产厂家也不能完全保证不开裂，推荐使用厚度大于 1.0mm 的三聚氰胺面。

（2）新型 PVC 面。新型 PVC 面是目前国内大部分厂家使用的防静电地板贴面，优点不开裂，但是耐磨和耐脏不如三聚氰胺面，防静电指数差，是一款普通机房选择的产品。

（3）永久性 PVC 防静电面。永久性 PVC 防静电面的地板外观酷似大理石花纹，具有较好的装饰效果。且具有耐磨，防静电效果好，防静电性能持久，耐老化，发尘量低等特点，为电子厂等防静电要求高的场地选用产品。

（4）抗静电陶瓷砖面。抗静电陶瓷砖面利用防静电瓷砖作为面层，粘贴在全钢地板板基或者复合板基上（刨花板、水泥刨花板、硫酸钙板等）加工而成的一种架空地板，通过搭配相应的支架横梁，广泛应用于各种高档机房（图 7.43）。这种地板具有良好的耐磨性、抗静电性、抗污染性以及装饰性，易清洁、阻燃。

7.5.1.2 抗静电地板的构造

抗静电地板是由可调支架、桁条及面板组成，支架一般有金属、钢丝杆、铝合金、铸铁或优质冷轧钢板等，其结构组成如图 7.44 所示。支架有联网式和全钢式，支架高度分高架（1000mm）和低架（200mm、300mm、350mm）。桁条有角钢、锌板、优质冷轧钢板等。

（1）活动地板面层的金属支架应支承在水泥类基层上，混凝土应为整浇的，基层板应是现浇混凝土板，不应采用预制空心楼板。对于小型计算机系统房间，其混凝土强度等级不应小于 C30。

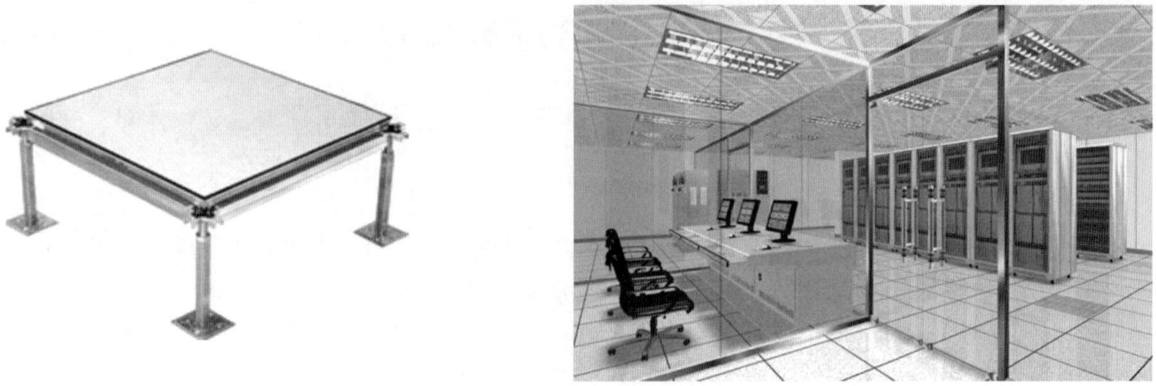

图 7.43　抗静电陶瓷砖面地板

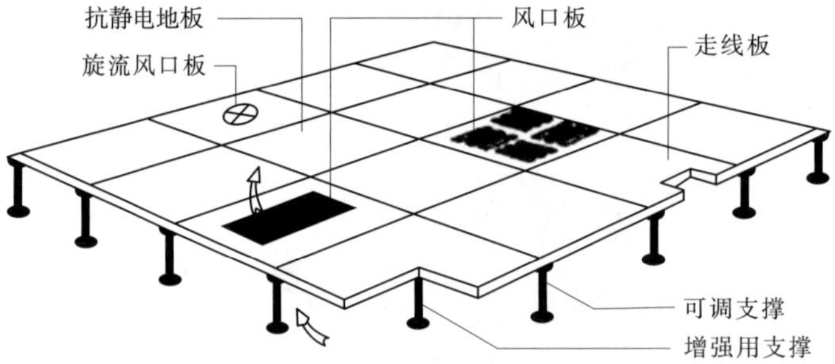

(a)

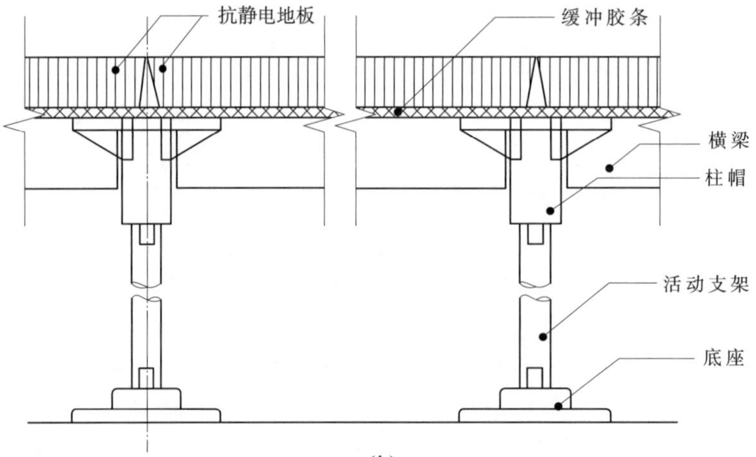

(b)

图 7.44　抗静电地板的结构组成

（2）基层表面应平整、光洁、干燥并不起灰。根据需要，在基层表面涂刷 1～2 遍清漆或防尘漆。

（3）支座与基层面之间应灌注环氧树脂并连接牢固，也可用膨胀螺栓或射钉连接（图 7.45）。

（4）活动地板与墙边的接缝处，宽缝宜采用木条镶嵌，窄缝宜采用泡沫塑料镶嵌（图 7.46）。

（5）当铺设的活动地板不符合模数时，其不足部分可根据实际尺寸将板面切割后镶补，并配装相应的可调支撑和横梁。

（6）经切割加工后的活动地板的切割边应打磨平整，采用防潮腻子封边，亦可采用铝型材镶嵌，以防止板块吸水、吸潮，造成局部膨胀变形。

（7）金属活动地板应有接地线，以防静电积聚和触电。

（8）当活动地板上有重物时，地板下部应加设增强用支撑。

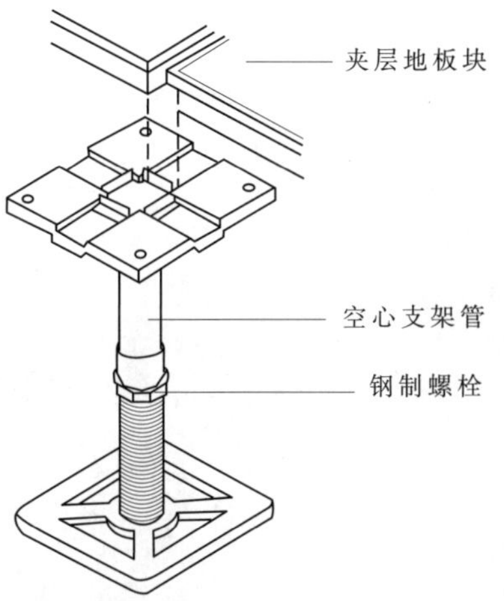

1. 用于小面积房间的典型支架
2. 从基层到装修地板面的高度可在 50mm 范围内调节
3. 有重量限制
4. 可连接电器插座

(a) 拆装式支架

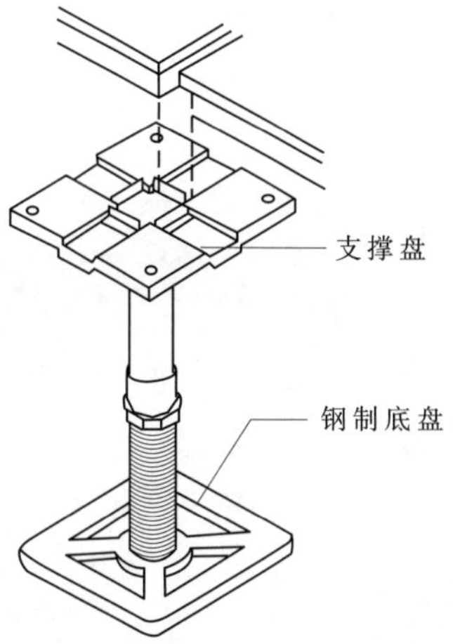

1. 无龙骨，每块板直接固定在支撑盘上
2. 用于普通荷载的办公室
3. 用于非电子计算机房的其他房间

(b) 固定式支架

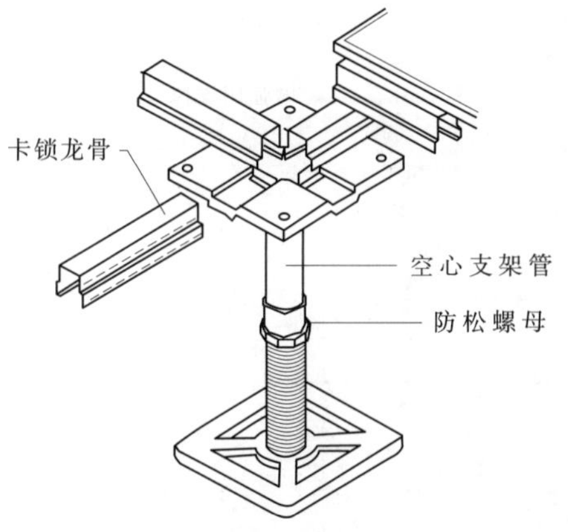

1. 龙骨卡锁在支撑盘上
2. 使用这种格栅便于地板块的任意拆装

(c) 卡锁格栅式支架

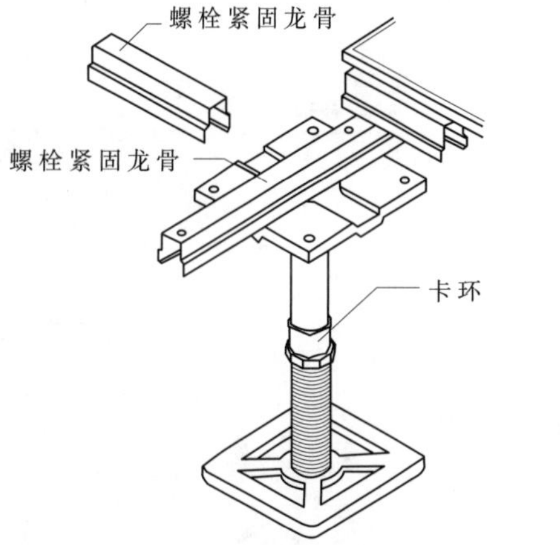

1. 1830mm 的主龙骨跨在支撑盘上用螺栓直接固定
2. 用于陈放重量较大设备的房间

(d) 刚性龙骨支架

图 7.45　支架与地面之间的固定方式

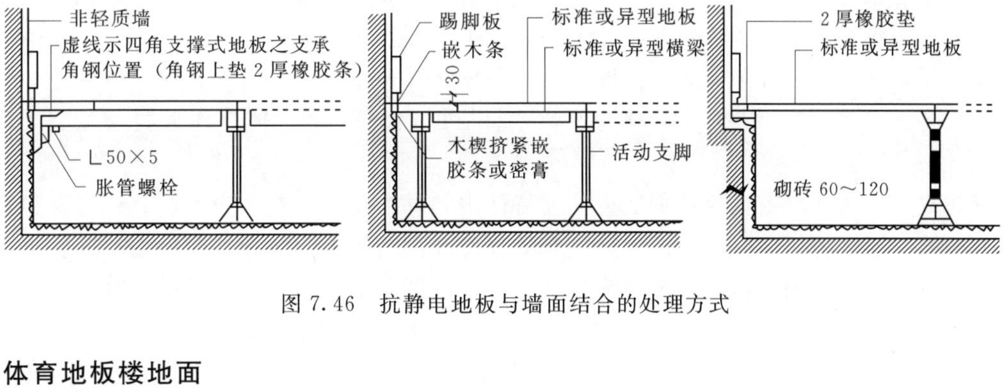

图 7.46　抗静电地板与墙面结合的处理方式

7.5.2　体育地板楼地面

体育地板是指专门在体育馆及健身房等运动场所使用的地板。体育地板不同于家用地板，其强度、滑动摩擦系数、冲击吸收等指标以及铺装方法等都有专门的要求。

7.5.2.1 体育馆用木地板

体育地板常用的木材有水曲柳、栎木、枫木、山毛榉等高强度、弹性好的木材。体育地板必须具备三大功能特性，即运动功能、保护功能、基本技术功能（图 7.47）。

图 7.47 体育地板

体育地板的六大功能性指标包含滑动摩擦系数、球的反弹率、滚动载荷、冲击吸收率、标准垂直变形和相对垂直变形率（图 7.48），具体如下：

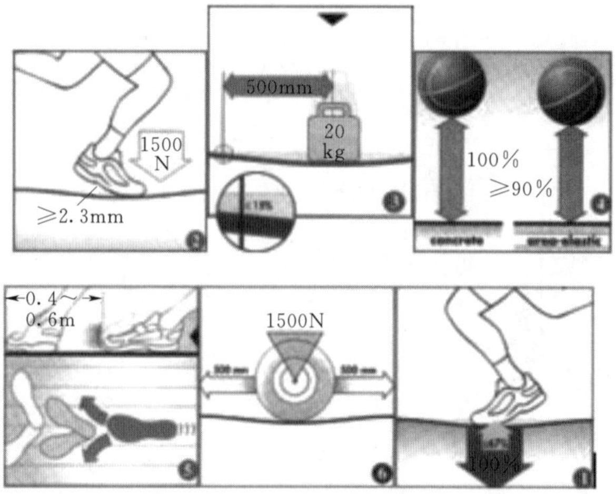

图 7.48 功能指标示意图

（1）滑动摩擦系数：此项指标反映运动员在地板上的运动稳定性。体育地板的滑动摩擦系数要适中，其取值范围为 0.4～0.6。如果滑动摩擦系数太大，运动员在运动中突然停止运动时，就很容易摔倒，以致受伤，也易增加运动员肌肉负荷，使运动员极易疲劳；反之太小，运动员在运动中就难以停止运动，易滑出场外，失去了体育地板的运动和保护功能。

（2）球的反弹率：利用标准篮球从距地面 1.8m 处自由下落，分别测量篮球在体育地板和坚实地面上的反弹高度，并将两者比较，即为球的反弹率。根据 DIN18032，体育地板要求球的反弹率必须不小于 90%。

（3）滚动载荷：滚动载荷反映体育地板三大特性中的基本技术功能。当人员、体育器械和装置在体育地板上移动、运输时，地板应长期保持应有的强度和刚度等运动、保护及使用功能。

（4）冲击吸收率：该项指标要求体育地板要有良好的震动吸收功能，当运动员跳起回落到地板表面时，至少要有 53%的冲量被地板吸收、使运动员免于受伤、降低疲劳度。

（5）标准垂直变形：当地板承受 1500N 力的冲击时，在承力点上体育地板的振幅应少于 2.3mm。此项指标表明体育地板应具有一定“韧性”。

（6）相对垂直变形率：当地板承受1500N力的冲击时，在距离标准垂直变形点500mm范围内地板的振幅应不大于承力点振幅的15%。此项指标表明体育地板在具备一定“韧性”的同时，也应具备一定的“刚性”。

7.5.2.2 体育馆用木地板构造

为了满足不同程度的竞技要求，体育地板有单层龙骨、双层龙骨等不同的结构形式。不同层级间用弹性胶垫连接，起到缓冲效果。其中橡皮垫块用得最多，橡皮垫块及木垫块尺寸为100mm×100mm，厚度分别为7mm和30mm，采用这种橡皮垫块时应将三块重叠使用，垫块中距约1200mm，其上再架设木格栅。其他还有成型橡皮垫块、钢弓、木工等。

结构Ⅰ：面板＋毛地板＋龙骨＋弹性胶垫＋龙骨＋弹性胶垫。满足竞赛用体育木地板结构型式见图7.49。

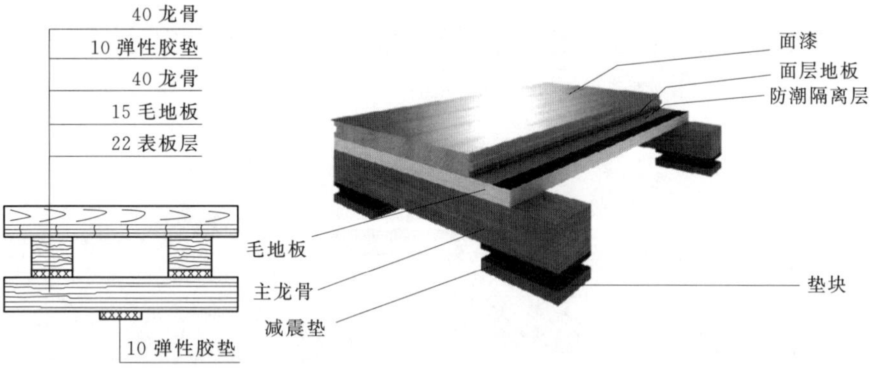

图7.49 竞赛用体育木地板构造

结构Ⅱ：面板＋毛地板＋弹性胶垫＋龙骨＋弹性胶垫。满足训练、教学用体育木地板结构型式见图7.50。

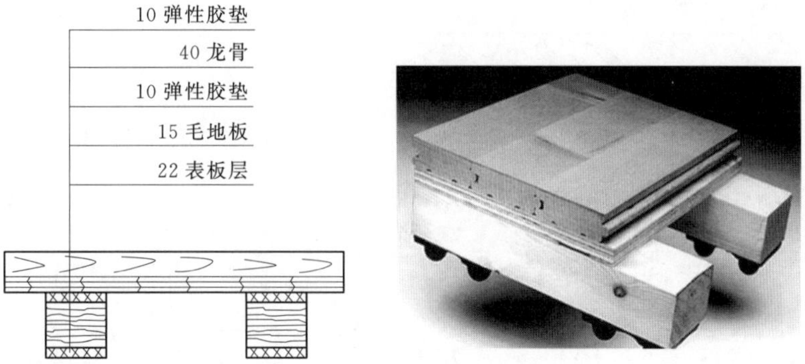

图7.50 训练、教学用体育木地板构造

结构Ⅲ：面板＋毛地板＋弹性胶垫。简易体育木地板结构型式见图7.51。

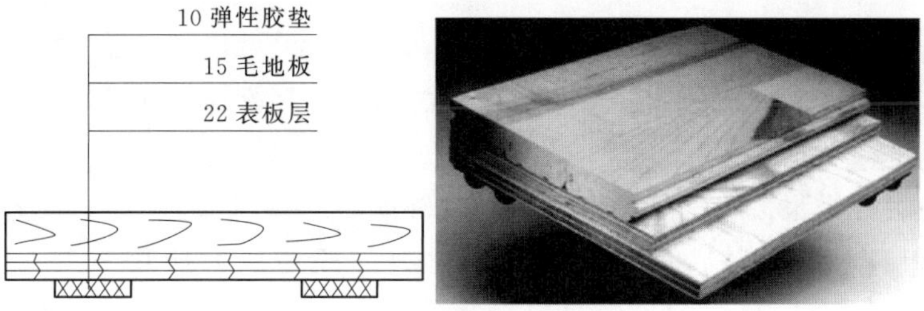

图7.51 简易体育木地板构造

7.6 特殊部位的装饰构造

7.6.1 交接处理构造

不同材质楼地面之间的交接处，应采用坚固材料做边缘构件，如硬木、铜条、铝条、等做过渡交接处理，避免产生起翘或不齐现象，常见不同材质地面交接处理构造见图 7.52。

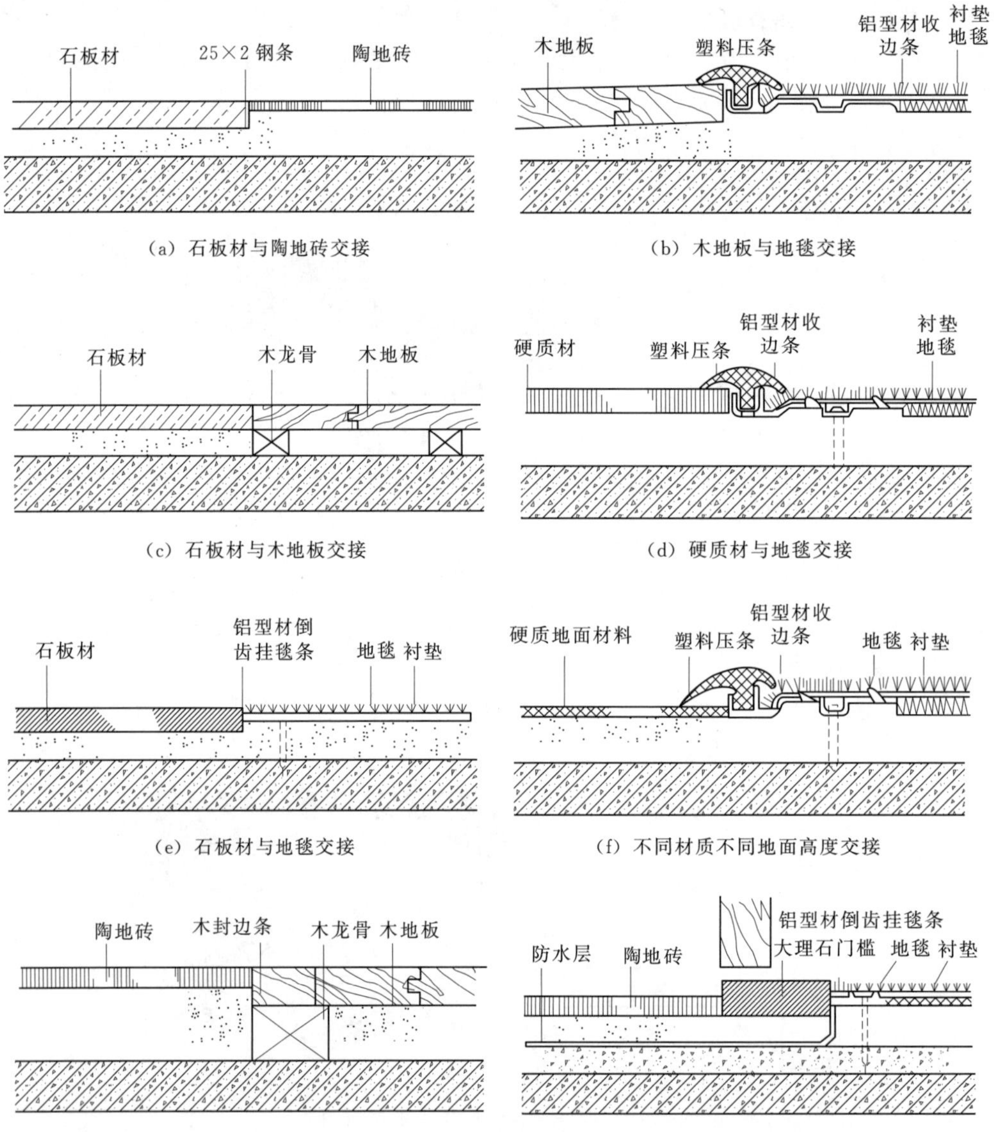

(a) 石板材与陶地砖交接　(b) 木地板与地毯交接

(c) 石板材与木地板交接　(d) 硬质材与地毯交接

(e) 石板材与地毯交接　(f) 不同材质不同地面高度交接

(g) 陶地砖与木地板交接　(h) 卫生间地面门槛处理

图 7.52 交接处理构造

7.6.2 踢脚板构造

踢脚板是指楼地面和墙面交接处的构造处理。它的主要作用是掩盖楼地面与墙面的接缝，保护墙面的根部及墙面的清洁。

踢脚板所用的材料种类很多，常见的有水泥砂浆踢脚板、现制或预制水磨石踢脚板、陶板踢脚、石板踢脚、木踢脚和塑料踢脚等。踢脚板所用的材料一般与地面所用材料一致，其高度一般为100～150mm。

踢脚板的构造处理，主要解决两个问题：一是踢脚板的固定；二是踢脚板与地面、墙面或墙裙相交处的艺术处理。其构造方式有三种：与墙面相平、凸出及凹进（图 7.53）。

踢脚板可按材料进行分类。

（1）天然石材踢脚（图 7.54）。

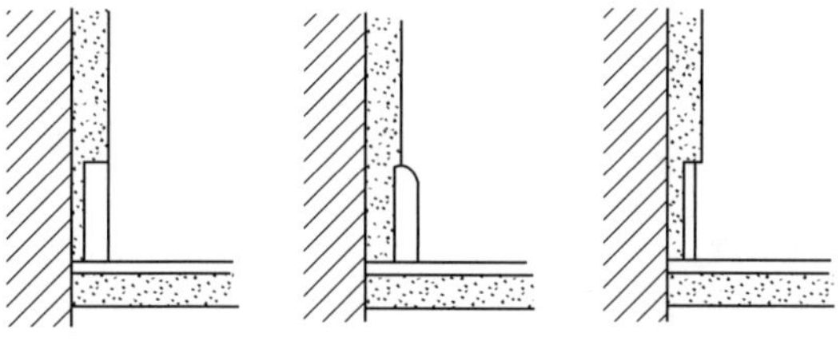

（a）相平　（b）凸出　（c）凹进

图 7.53　踢脚板的形式

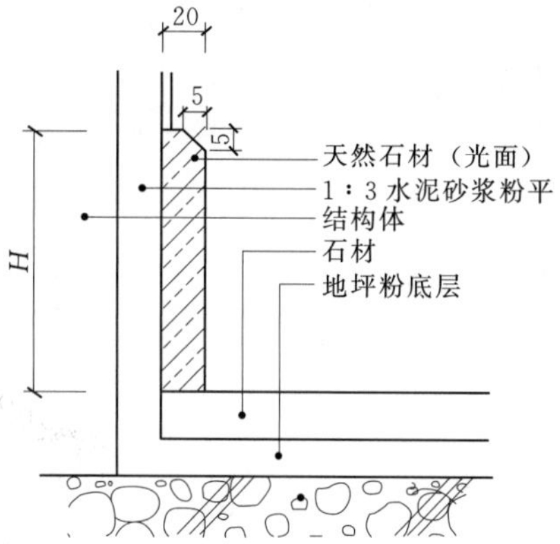

图 7.54　天然石材踢脚

（2）瓷砖踢脚（图 7.55）。

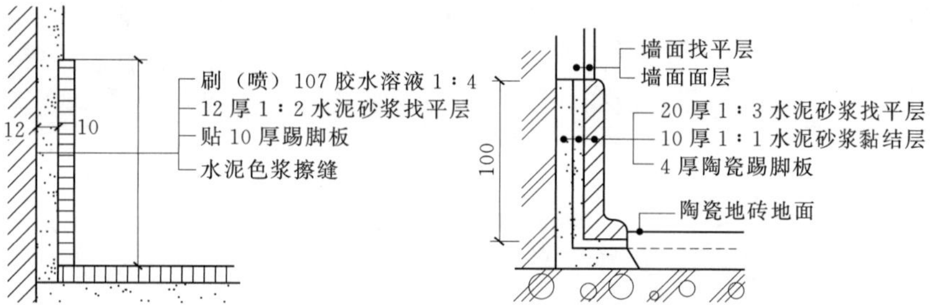

图 7.55　瓷砖踢脚

（3）玻化砖踢脚（图 7.56）。

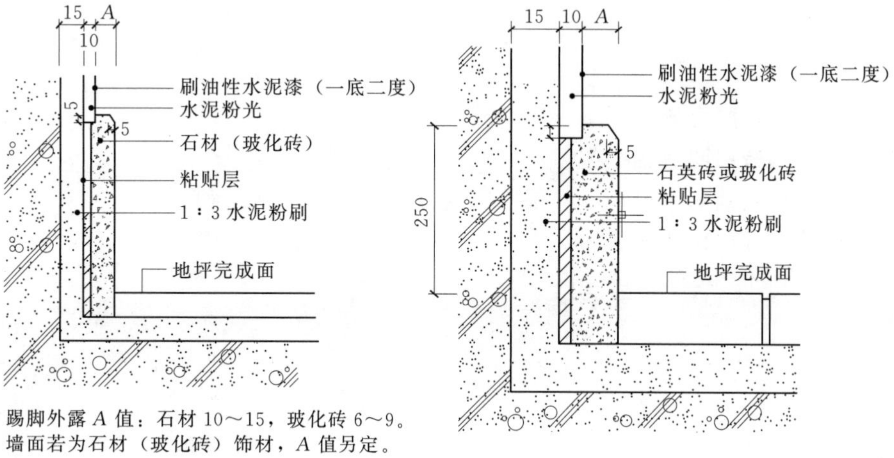

注：1. 踢脚外露 A 值：石材 10～15，玻化砖 6～9。
2. 墙面若为石材（玻化砖）饰材，A 值另定。

图 7.56　玻化砖踢脚

(4) 木踢脚（图 7.57）。

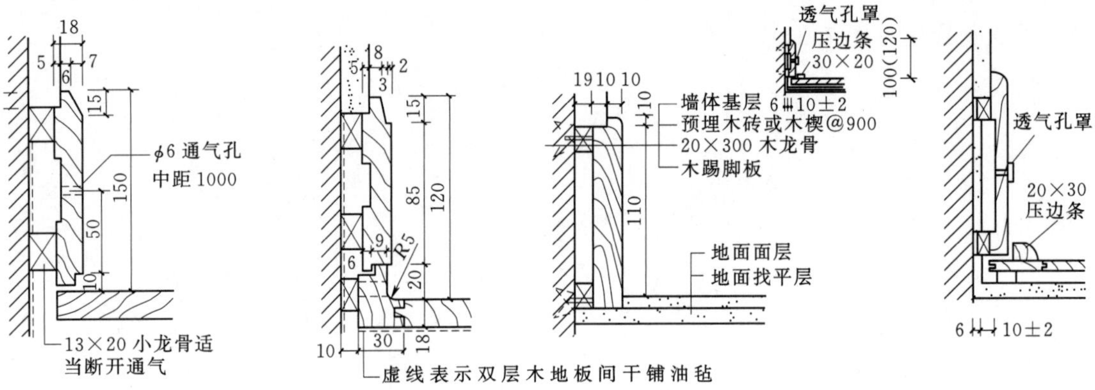

图 7.57 木踢脚

(5) PVC 踢脚（图 7.58）。

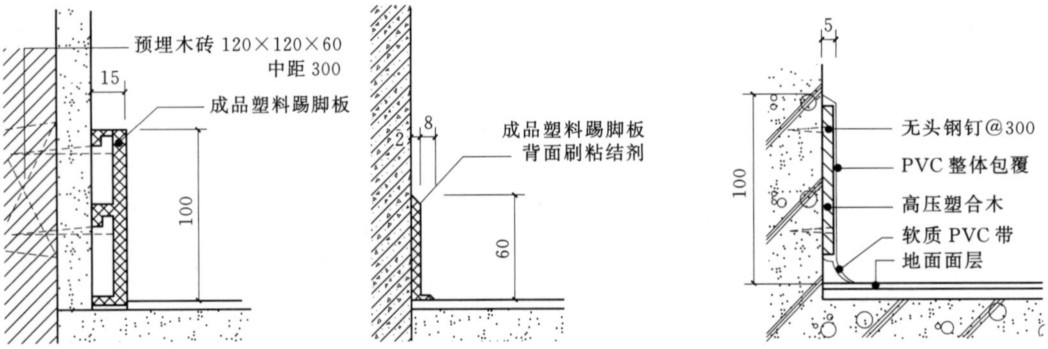

图 7.58 PVC 踢脚

【本章重点】 楼地面装饰功能及要求、楼地面基本构造；水泥砂浆地面、水磨石楼地面、涂布楼地面；板块式楼地面：陶瓷地面砖楼地面、陶瓷锦砖（马赛克）楼地面、石材楼地面、木质地板楼地面；活动地板楼地面、体育木地板楼地面、楼地面特殊部位构造。

思考题

1. 楼地面的构造层次有哪些？
2. 木楼地面按构造不同有哪些类型？
3. 地毯采用固定式铺贴方式时，有哪些固定方式？各有何特色和要求？
4. 简述踢脚线细部构造的方法。

第8章

装饰构造案例

【教学目标】

◇ 巩固已学的相关装饰构造原理与方法

◇ 正确选择装饰材料与构造方案

◇ 提高识图和绘制装饰施工图的能力

室内装饰材料与构造是一门实践性很强的课程，需要通过大量的实践活动加深对构造理论的理解。本章提供了一个福特汽车4S店展厅的构造设计实例，以增强学习效果。该实例是标准化模式，其内容丰富，装饰构造做法具有一定的代表性。

8.1 装饰施工图的组成及作用

装饰施工图是用于表达建筑物室内装饰美化要求的图样，是以透视效果图为主要依据，采用正投影等投影法反映建筑的装饰结构、装饰造型、饰面处理，以及反映家具、陈设、绿化等布置内容。

1. 装饰施工图的组成

图纸目录；装饰装修工艺说明；装饰平面布置图；地面铺装图；顶棚平面图；装饰立面图；效果图；装饰详图（也称为大样图）；主材表。

2. 装饰施工图的作用

（1）图纸目录的主要作用：一是显示该套图所包含的全部图纸和文字资料；二是显示各图纸所在的页次顺序；三是便于使用者快捷查找。

（2）装饰装修工艺说明用以表达图样中未能详细标明或图样不易标明的内容。

（3）装饰平面布置图主要作用是表明建筑室内外各种装饰布置的平面形状、位置、大小关系和所用材料；表明这些布置图与建筑结构主体之间，以及各种布置之间的相互关系等。

（4）地面铺装图主要是表明建筑室内外各种地面的造型、色彩、位置、大小、高度图案和地面所用材料；表明房间固定位置与建造主体结构之间，以及各种布置与地面之间、不同地面之间的相互关系。

（5）顶棚平面图主要作用是表明顶棚装饰的平面形式、尺寸和材料，以及灯具及其他室内顶部设施的位置和大小等。

（6）装饰立面图用于反映室内空间垂直方向的装饰设计形式、尺寸与做法、材料与色彩的选用等内容，是装饰工程中的主要图样之一，是确定墙面做法的主要依据。

（7）效果图则是从整体或局部以实物形式反映装饰装修设计和施工最终达到的效果图样。

（8）装饰详图也称为大样图，包括装饰构配件详图和装饰节点详图，其作用是把在平面布置图、地面铺装图、顶棚布置图、装饰立面图等图样中无法表示清楚的部分放大比例表示出来。

（9）主材表主要列举施工过程中用到的主要装饰装修材料的品种、规格、数量等，为施工组织与管理提供基础资料，为施工结算提供基础资料。

8.2 装饰施工图的特点

装饰施工图是在建筑施工图的基础上，结合环境艺术设计的要求，更详细地表达了建筑空间的装饰做法及整体效果。

装饰施工图与建筑施工图的图示方法、尺寸标注、图例代号等基本相同。反映了墙、地、顶棚三个界面的装饰结构、造型处理和装修做法，又图示了家具、织物、陈设、绿化等的布置，乃至制作详图。常用建筑装饰材料图例，见表8.1；室内装饰常用平面图图例，见表8.2；常用水电图例，见表8.3～表8.6。

表8.1 **常用建筑装饰材料图例**

序号	名　称	图　例	备　注
1	自然土壤	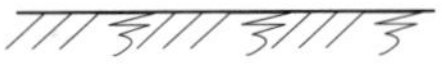	包括各种自然土
2	夯实土壤		
3	砂、灰土		靠近轮廓线绘较密的点
4	砂砾土、碎砖三合土	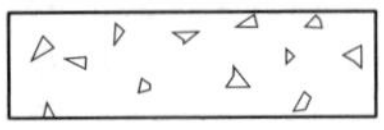	
5	石材	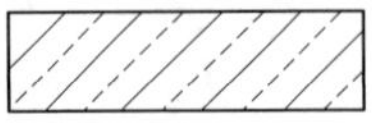	
6	毛石	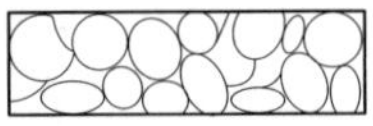	
7	普通砖	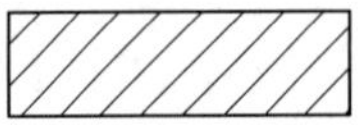	包括空心砖、多孔砖、砌块等砌体，断面较窄不易绘出图例线时，可涂红
8	耐火砖	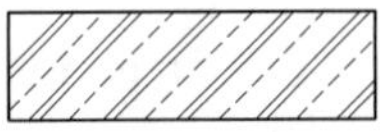	包括耐酸转等砌体
9	空心砖	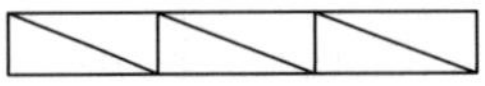	指非承重砖砌体
10	饰面砖	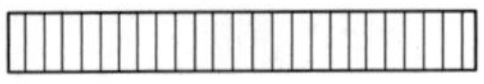	包括铺地砖、陶瓷锦砖、人造大理石等
11	焦渣、矿渣	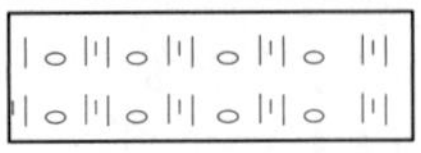	包括与水泥、石灰等混合而成的材料
12	混凝土	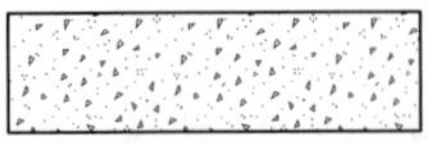	本图例指能承重的混凝土及放进混凝土，包括各种强度等级、骨料、外加剂的混凝土；在剖面图上画出钢筋时，不画图例线，断面图形小，不易画出图例线时，可涂黑
13	钢筋混凝土	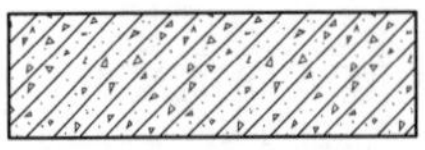	
14	多孔材料	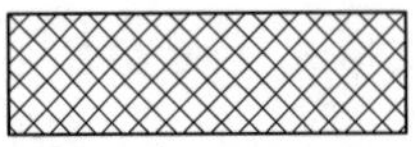	包括水泥珍珠岩、沥青珍珠岩、泡沫混凝土、非承重加气混凝土、软土等

续表

序号	名　　称	图　　例	备　　注
15	纤维材料	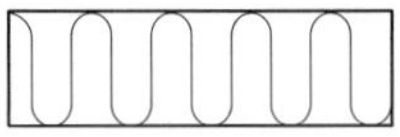	包括矿棉、岩棉、玻璃棉、麻丝、木丝板、纤维板等
16	泡沫塑料材料	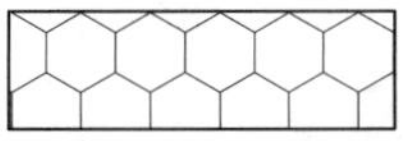	包括聚苯乙烯、聚乙烯、聚氨酯等多孔聚合物类材料
17	木材	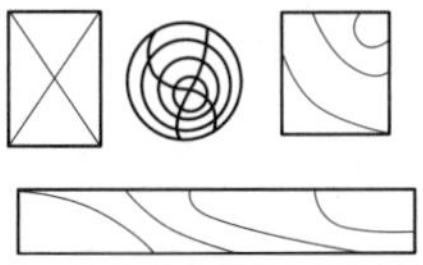	(1) 上右图为横截面，上左图为垫木、木砖或木骨架； (2) 下图为纵断面
18	胶合板		应注明为X层胶合板
19	石膏板	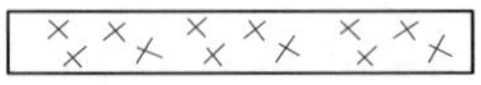	包括圆孔、方孔石膏板、防水石膏板等
20	金属	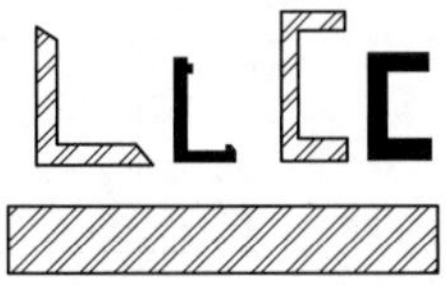	(1) 包括各种金属； (2) 图形小时，可涂黑
21	网状材料		(1) 包括金属、塑料等网状材料； (2) 应注明具体材料名称
22	液体	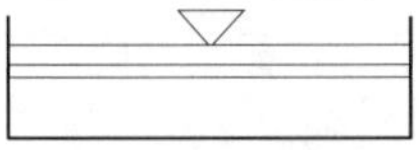	应注明液体名称
23	玻璃	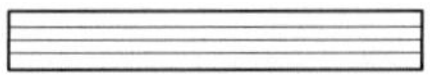	包括平板玻璃、磨砂玻璃、夹丝玻璃、钢化玻璃、中空玻璃、夹层玻璃、镀膜玻璃等
24	橡胶	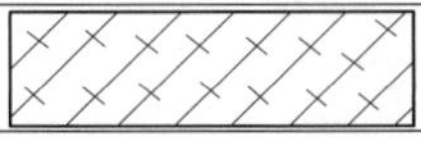	
25	塑料	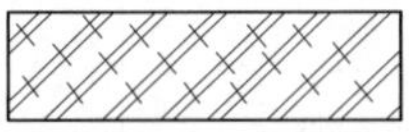	包括各种软、硬塑料有机玻璃等
26	防水材料		构造层次多或少比例大时，采用上面图例
27	粉刷		本图例采用较稀的点

表 8.2　　室内装饰常用平面图图例

名称	图　　例	名称	图　　例	名称	图　　例
双人床	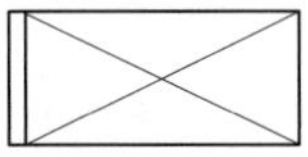	浴盆	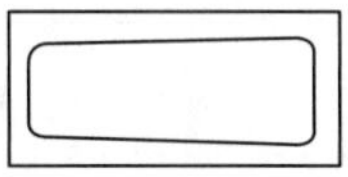	灶具	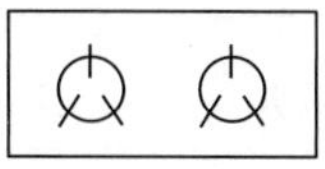
单人床	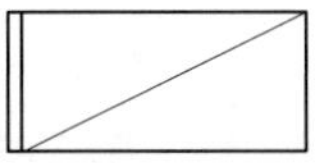	蹲便器	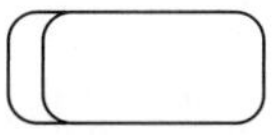	洗衣机	
沙发	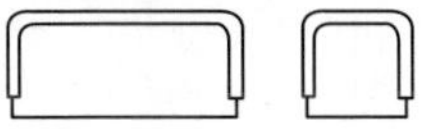	坐便器		空调器	
凳、椅		洗手盆		吊扇	
桌、茶几		洗菜盆		电视机	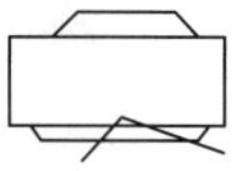

名称	图　　例	名称	图　　例	名称	图　　例
地毯	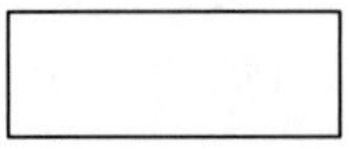	拖布池		台灯	
花卉、树木	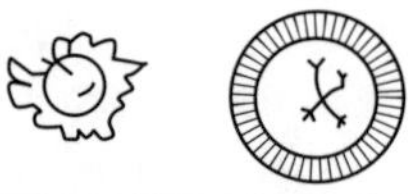	淋浴器	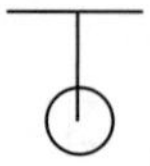	吊灯	
衣橱	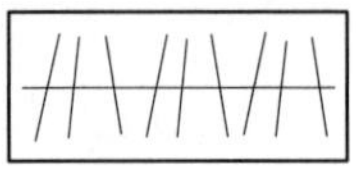	地漏		吸顶灯	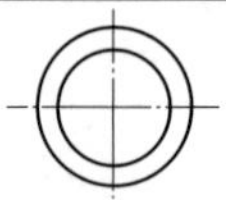
吊柜	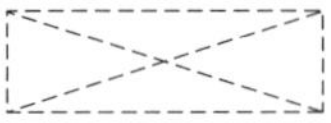	帷幔	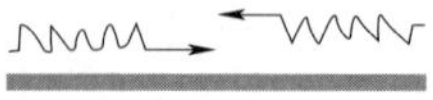	壁灯	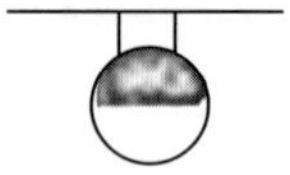

表 8.3　　**常用给排水图例**

名　　称	图　　例	名　　称	图　　例
给水管		地漏	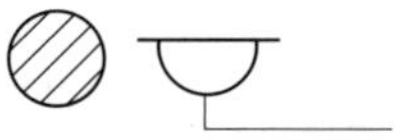
污水管		清扫口	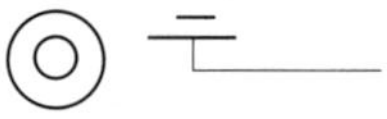
水龙头	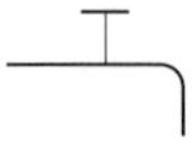	立管	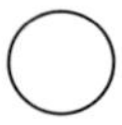
截门	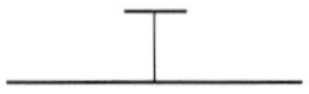	立管编号	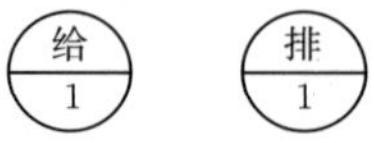
流量表		水管坡度	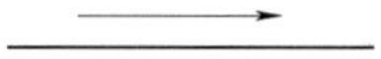
检查口		闸阀	
单向阀	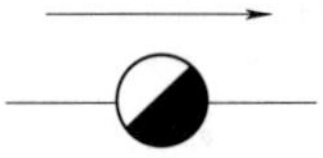	水泵	

表 8.4　　**常用电气图例**

序号	图　　例	说　　明	序号	图　　例	说　　明
1		灯一般符号 可根据需要在靠近符号处标出颜色、类型、种类	7		带保护接点插座
2		单管荧光灯	8		开关一般符号
3		双管荧光灯	9		明装单极开关
4	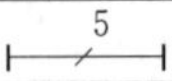	五管荧光灯	10		暗装单极开并
5		暗装插座	11		暗装双极开关
6		暗装双联插座	12		暗装三极开关

续表

序号	图　例	说　明
13	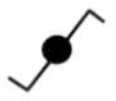	单线三级双控开关
14		按钮
15		带有指示灯的按钮
16		三根导线
17	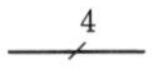	四根导线
18		避雷线
19		向上引、配线
20		向下引、配线
21	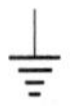	接地，一般符号
22		隔离开关
23	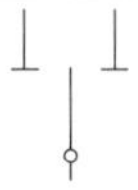	双向隔离开关
24		断路器
25		单线表示的多极断路器
26	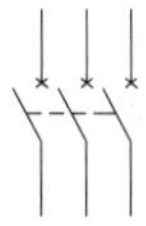	多线表示的多极断路器
27		电流表
28		电压表
29	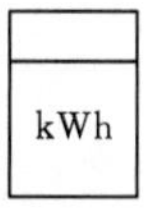	电能表（千瓦时计）

表 8.5　　常用电线、电缆代号

序号	代号	说　明	序号	代号	说　明
1	B	平形（扁形）	5	Y	聚乙烯绝缘
2	R	软电缆（电线），软结构	6	YJ	交联聚乙烯绝缘
3	V	聚氯乙烯绝缘或护套	7	ZR	阻燃型
4	P	屏蔽	8	NH	耐火型

表 8.6　　线路敷设部位常用代号

序　号	表 达 内 容	标 注 代 号	
		英 文 代 号	汉 语 拼 音 代 号
1	沿屋架或屋架下弦敷设	BE	LM
2	沿柱敷设	CLE	ZM
3	沿墙敷设	WE	QM
4	沿天棚敷设	CE	PM
5	暗敷在梁内	BC	LA
6	暗敷在柱内	CLC	ZA
7	暗敷在屋面或顶板内	CC	PA
8	暗敷在地面或地板内	FC	DA
9	暗敷在墙内	WC	QA
10	暗敷在不能进入的吊顶内	AC	PNA

8.3　装饰施工图设计审核要点

装饰施工图是建筑装饰装修施工的主要技术资料，在实施之前，装饰施工图必须经过有关主管部门进行严格审查。装饰施工图审核机构必须经过建设主管部门认定的审查机构，按照有关法律、法规，对施工图以及施工图涉及到的公共利益、公众安全等强制性标准的内容进行审核。

8.3.1　设计说明审核要点

（1）各专业施工图的张数、编号与图纸目录是否相符。

（2）物料、电气、消防、水暖图是否与图纸标注相符。

（3）图纸的编制概况、特点；图纸中出现的符号、绘制方法、特殊图例等说明。

（4）装饰设计在遵循防火、生态环保等规范方面的说明。

（5）对设计中所采用的新技术、新工艺、新设备和新材料的情况说明。

（6）装饰设计在结构和设备等技术方面对原有建筑进行改动的情况说明。

（7）工程可能涉及到的声、光、电、防潮、防尘、防腐蚀、防辐射等特殊工艺的设计说明。

（8）施工用料和做法的说明。

8.3.2　平面图审核要点

（1）轴线编号、轴线间尺寸与原有建筑条件图是否保持一致；是否注明各功能空间地面、主要楼梯平台的标高。

（2）立面索引位置是否与立面图相符。

1）平面开线图。

a. 装饰设计新发生的室内外墙体和管井等的定位尺寸、墙体厚度与材料种类。

b. 装饰设计新发生的室内外门窗洞口定位尺寸、洞口宽度与高度尺寸、门窗编号等。

c. 装饰设计新发生的楼梯、自动扶梯、平台、台阶、坡道等的定位尺寸、设计标高、其他必要尺寸、材料种类。

d. 固定隔断、固定家具、装饰造型、栏杆等的定位尺寸、其他必要尺寸及材料。

2）平面布置图。

a. 功能分区图：各功能空间的名称、面积。

b. 家具布置图：所有可移动的家具和隔断的位置、布置方向、柜门开启方向，家具上摆放物品的位置、定位尺寸、其他必要尺寸。

c. 洁具布置图：所有洁具、洗涤池、上下水立管、排污孔、地漏等位置与定位尺寸。

d. 电气布置图：电源插座、通讯和电视信号插孔、开关等的位置、定位尺寸。

e. 绿化布置图：盆景、绿化、草坪、假山、喷泉、踏步和道路的位置；绿化品种、定位尺寸和其他必要尺寸。

f. 消防布置图：防火分区、消防通道、消防监控中心、防火门、消防前室、消防电梯、疏散楼梯、防火卷帘、消火栓、消防按钮、消防报警等的位置、定位尺寸和其他必要尺寸。

3）地面铺装图。

a. 装饰材料的种类、拼接图案、不同材料的分界线。

b. 装饰构成的定位尺寸、标准和异形材料的单位尺寸。

c. 装饰嵌条、台阶和梯段防滑条的定位尺寸、材料种类。

8.3.3　顶平面图审核要点

（1）轴线编号、轴线间尺寸应保持与原有建筑条件图一致；各功能空间天花的标高。

（2）详图索引位置是否与节点大样图相符。

（3）造型布置图：天花造型、天窗、构件、装饰垂挂物及其他装饰配置的位置、定位尺寸、材料。

（4）灯具及设施布置图：明装和暗藏的灯具、发光顶棚、空调风口、喷头、探测器、扬声器、防火卷帘、疏散和指示标志牌等的位置、定位尺寸。

8.3.4 剖立图审核要点

（1）详图索引位置是否与节点大样图相符。

（2）天花剖切部位的定位尺寸、相关控制尺寸；地面标高、天花标高。

（3）墙面和柱面、装饰造型、固定隔断、固定家具、装饰配置和部品、广告灯箱、门窗、栏杆、台阶等的位置、定位尺寸及相关控制尺寸。

（4）立面和天花剖切部位的装饰材料、材料分块尺寸、材料拼接线和分界线定位尺寸等。

（5）立面上的灯饰、电源插座、通信和电视信号插孔、开关、按钮、消火栓等的位置、定位尺寸。

（6）剖切部位装饰结构各组成部分以及这些组成部分与建筑结构之间的关系，详细尺寸、标高、材料、连接方式。

（7）可视墙柱面的定位尺寸、其他相关尺寸及材料。

（8）天花、天窗等剖切部分的位置和关系，定位尺寸、其他相关尺寸及材料。

（9）地面高差处的位置，定位尺寸、其他相关尺寸及标高。

8.3.5 节点详图审核要点

（1）节点内部的结构形式，原有建筑结构、面层装饰材料、隐蔽装饰材料、支撑和连接材料及构件、配件以及它们之间的相互关系，材料、构件、配件等的详细尺寸、名称。

（2）面层装饰材料之间的连接方式、连接材料、连接构件等，面层装饰材料的收口、封边、详细尺寸以及名称。

（3）装饰面上的设备和设施安装方式及固定方法，收口、收边方式及详细尺寸。

8.3.6 物料表审核要点

（1）物料表：物料编号、名称、品牌、规格、厂家、式样及使用区域。

（2）订货明细表：面饰材料明细表；门窗订货和制作明细表；家具、灯具订货明细表；卫生洁具与配件订货明细表。

（3）配置明细表：装饰配置和部品明细表。

以上是装饰施工图审核的主要内容，在实际工作中，审核装饰施工图按照表 8.7 所列内容进行，经审核合格后方可使用。

表 8.7　　装饰施工图设计审查要点

项目名称：

<table>
<tr><td colspan="2">项目</td><td>审　查　内　容</td><td colspan="3">意见</td></tr>
<tr><td rowspan="2">规范标准</td><td>规范</td><td></td><td colspan="3"></td></tr>
<tr><td>标准</td><td></td><td colspan="3"></td></tr>
<tr><td rowspan="12">技术文件</td><td>审图重点</td><td colspan="4">各专业施工图的张数、编号与图纸目录是否相符；施工图纸与施工图设计说明有无矛盾；立面、剖面及大样节点索引是否与指引位置相符；物料、电气、消防、水暖图是否与图纸标注相符；平、立、剖及节点大样的尺寸、材料、标高之间有无矛盾；电施、水施、设施与装施有无冲突</td></tr>
<tr><td rowspan="2">项目</td><td rowspan="2">审　图　要　点</td><td colspan="2">成果评价</td><td rowspan="2">简评</td></tr>
<tr><td>满足</td><td>不满足</td></tr>
<tr><td rowspan="8">设计说明</td><td>图纸的编制概况、特点；图纸中出现的符号、绘制方法、特殊图例等说明</td><td></td><td></td><td></td></tr>
<tr><td>各专业施工图的张数、编号与图纸目录是否相符</td><td></td><td></td><td></td></tr>
<tr><td>物料、电气、消防、水暖图是否与图纸标注相符</td><td></td><td></td><td></td></tr>
<tr><td>装饰设计在遵循防火、生态环保等规范方面的说明</td><td></td><td></td><td></td></tr>
<tr><td>对设计中所采用的新技术、新工艺、新设备和新材料的情况说明</td><td></td><td></td><td></td></tr>
<tr><td>装饰设计在结构和设备等技术方面对原有建筑进行改动的情况说明</td><td></td><td></td><td></td></tr>
<tr><td>工程可能涉及到的声、光、电、防潮、防尘、防腐蚀、防辐射等特殊工艺的设计说明</td><td></td><td></td><td></td></tr>
<tr><td>施工用料和作法的说明</td><td></td><td></td><td></td></tr>
</table>

续表

	项目	审图要点	成果评价		简评
			满足	不满足	
技术文件	平面图	轴线编号、轴线间尺寸与原有建筑条件图是否保持一致；是否注明各功能空间地面、主要楼梯平台的标高			
		立面索引位置是否与立面图相符			
		平面开线图			
		装饰设计新发生的室内外墙体和管井等的定位尺寸、墙体厚度与材料种类			
		装饰设计新发生的室内外门窗洞口定位尺寸、洞口宽度与高度尺寸、门窗编号等			
		装饰设计新发生的楼梯、自动扶梯、平台、台阶、坡道等的定位尺寸、设计标高、其他必要尺寸、材料种类			
		固定隔断、固定家具、装饰造型、栏杆等的定位尺寸、其他必要尺寸及材料			
		平面布置图			
		功能分区图：各功能空间的名称、面积			
		家具布置图：所有可移动的家具和隔断的位置、布置方向、柜门开启方向，家具上摆放物品的位置、定位尺寸、其他必要尺寸			
		洁具布置图：所有洁具、洗涤池、上下水立管、排污孔、地漏等位置与定位尺寸			
		绿化布置图：盆景、绿化、草坪、假山、喷泉、踏步和道路的位置；绿化品种、定位尺寸和其他必要尺寸			
		电气布置图：电源插座、通讯和电视信号插孔、开关等的位置、定位尺寸			
		消防布置图：防火分区、消防通道、消防监控中心、防火门、消防前室、消防电梯、疏散楼梯、防火卷帘、消火栓、消防按钮、消防报警等的位置、定位尺寸和其他必要尺寸			
		地面铺装图			
		装饰材料的种类、拼接图案、不同材料的分界线			
		装饰构成的定位尺寸、标准和异形材料的单位尺寸			
		装饰嵌条、台阶和梯段防滑条的定位尺寸、材料种类			
	天棚图	轴线编号、轴线间尺寸应保持与原有建筑条件图一致；各功能空间天花的标高			
		详图索引位置是否与节点大样图相符			
		造型布置图：天花造型、天窗、构件、装饰垂挂物及其他装饰配置的位置、定位尺寸、材料			
		灯具及设施布置图：明装和暗藏的灯具、发光顶棚、空调风口、喷头、探测器、扬声器、防火卷帘、疏散和指示标志牌等的位置、定位尺寸			
	剖面图	详图索引位置是否与节点大样图相符			
		天花剖切部位的定位尺寸、相关控制尺寸；地面标高、天花标高			
		墙面和柱面、装饰造型、固定隔断、固定家具、装饰配置和部品、广告灯箱、门窗、栏杆、台阶等的位置、定位尺寸及相关控制尺寸			
		立面和天花剖切部位的装饰材料、材料分块尺寸、材料拼接线和分界线定位尺寸等			
		立面上的灯饰、电源插座、通信和电视信号插孔、开关、按钮、消火栓等的位置、定位尺寸			
		剖切部位装饰结构各组成部分以及这些组成部分与建筑结构之间的关系，详细尺寸、标高、材料、连接方式			
		可视墙柱面的定位尺寸、其他相关尺寸及材料			
		天花、天窗等剖切部分的位置和关系，定位尺寸、其他相关尺寸及材料			
		地面高差处的位置，定位尺寸、其他相关尺寸及标高			

续表

<table>
<tr><td rowspan="2"></td><td rowspan="2">项目</td><td rowspan="2">审 图 要 点</td><td colspan="2">成果评价</td><td rowspan="2">简评</td></tr>
<tr><td>满足</td><td>不满足</td></tr>
<tr><td rowspan="11">技术文件</td><td rowspan="3">节点详图</td><td>节点内部的结构形式，原有建筑结构、面层装饰材料、隐蔽装饰材料、支撑和连接材料及构件、配件以及它们之间的相互关系，材料、构件、配件等的详细尺寸、名称</td><td></td><td></td><td></td></tr>
<tr><td>面层装饰材料之间的连接方式、连接材料、连接构件等，面层装饰材料的收口、封边、详细尺寸以及名称</td><td></td><td></td><td></td></tr>
<tr><td>装饰面上的设备和设施安装方式及固定方法，收口、收边方式及详细尺寸</td><td></td><td></td><td></td></tr>
<tr><td rowspan="8">物料表</td><td>物料表：物料编号、名称、品牌、规格、厂家、式样及使用区域</td><td></td><td></td><td></td></tr>
<tr><td>面饰材料明细表</td><td></td><td></td><td></td></tr>
<tr><td>家具货明细表</td><td></td><td></td><td></td></tr>
<tr><td>灯具订货明细表</td><td></td><td></td><td></td></tr>
<tr><td>卫生洁具与配件订货明细表</td><td></td><td></td><td></td></tr>
<tr><td>门窗订货和制作明细表</td><td></td><td></td><td></td></tr>
<tr><td>装饰配置和部品明细表</td><td></td><td></td><td></td></tr>
<tr><td>特殊设备和设施订货明细表</td><td></td><td></td><td></td></tr>
<tr><td colspan="2">综合意见</td><td></td><td></td><td></td><td></td></tr>
</table>

8.4 识图的程序与方法

阅读一套施工图纸时，如果不注意方法，不分先后，不分主次，就无法快速准确获取图纸的信息和内容。根据实践经验，识图的方法一般是：从整体到局部，再由局部到整体，互相对照，逐一核实。按照以下程序进行。

(1) 先看图纸目录，了解本套图纸的设计单位、建设单位及图纸类别和图纸数量。

(2) 按照图纸目录检查各类图纸是否齐全，图纸编号与图名是否符合，是否使用标准图，标准图的类别等。

(3) 通过设计说明，了解工程概况和工程特点，并应掌握和了解有关的技术要求。

(4) 阅读建筑装饰施工图，在看图之前，一般应先看懂施工图，大中型装饰工程还有必要对照结构施工图、设备施工图的有关内容。

(5) 装饰平面图：平面图中的技术信息很多，应首先了解房屋的长度、宽度、轴线设置位置、轴线间尺寸（开间与进深等）、平面形状、各房间相邻关系等，然后以平面图为主，对照看立面图和剖面图，搞清楼层标高、门窗标高、顶棚标高以及各结构构件和装饰构件的形状、尺寸、材料等。通过阅读建筑装饰施工图，想象出建筑装饰的规模和轮廓。

(6) 装饰立面图：首先识读图名、比例，与装饰平面图进行对照，明确视图投影关系和视图位置。其次，与装饰平面图进行对照，了解室内家具、陈设、壁挂等里面造型，根据图中尺寸、文字说明，了解室内家具、陈设、壁挂等规格尺寸、位置尺寸、装饰材料和工艺要求。最后，了解内墙面的装饰造型式样、饰面材料、色彩和工艺要求；了解吊顶顶棚的断面形式和高度尺寸；注意详图索引符号。

(7) 装饰详图：根据图名，在平面图、立面图中找到相应的剖切符号或索引符号，搞清楚剖切或索引的位置及视图投影方向。在详图中了解有关构件、配件和装饰面的连接形式、材料、截面形状和尺寸等内容。

8.5 案例主要图纸

图案主要图纸如图 8.1～图 8.31 所示。

【本章重点】 本章主要内容为装饰施工图的内容、特点和审核要点；装饰施工图识读的程序与方法；实际工程项目案例。

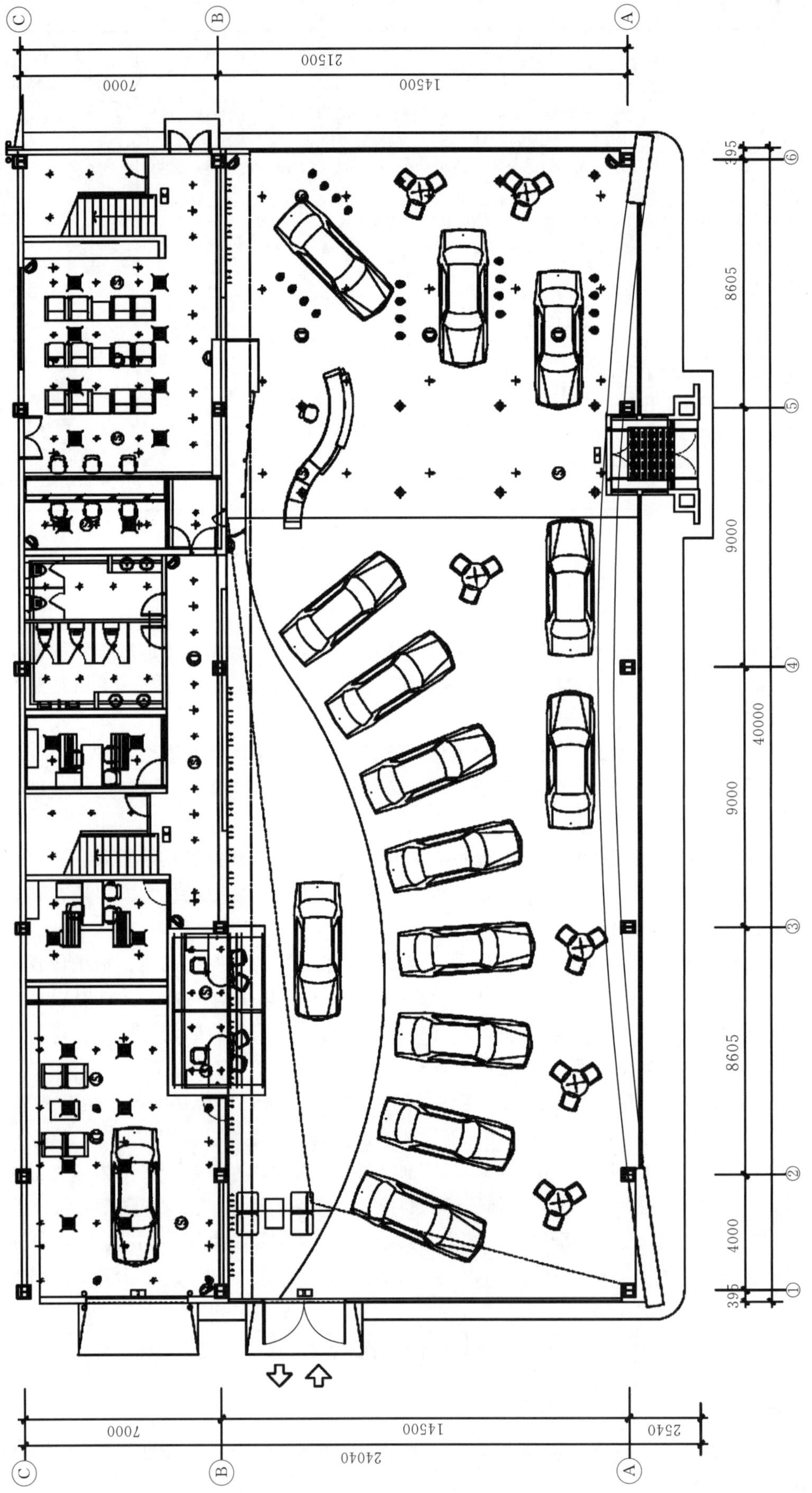
A
B
C
21500
14500
7000
24040
2540
1
2
3
4
5
6
395
4000
8605
9000
40000

图 8.1 首层平面图

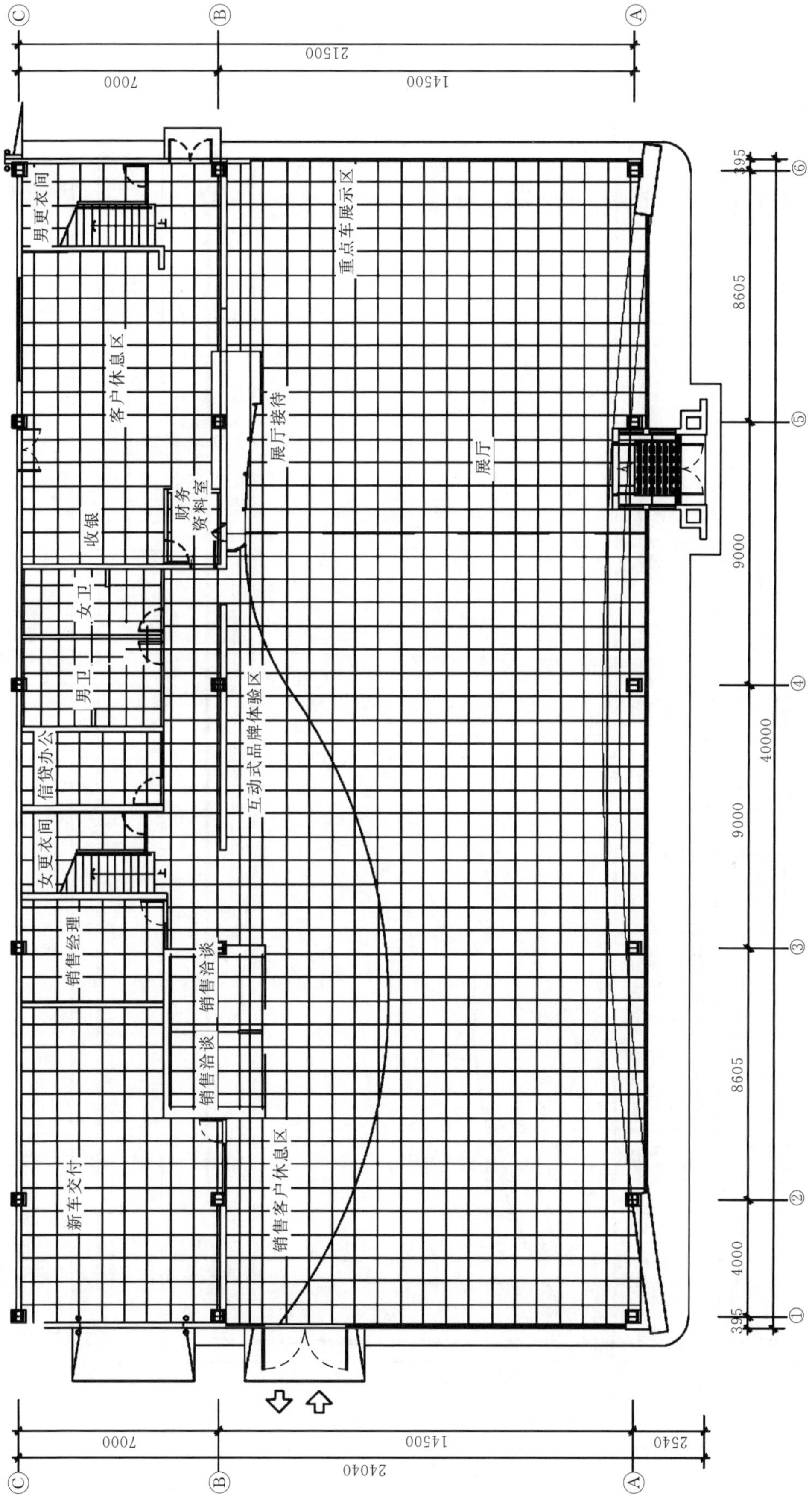
男更衣间
重点车展示区
客户休息区
展厅接待
展厅
财务资料室
收银
女卫
男卫
信贷办公
互动式品牌体验区
女更衣间
销售经理
销售洽谈
销售洽谈
新车交付
销售客户休息区
21500
7000
14500
24040
2540
395
8605
9000
40000
9000
8605
4000
395

图 8.2 地面铺装图

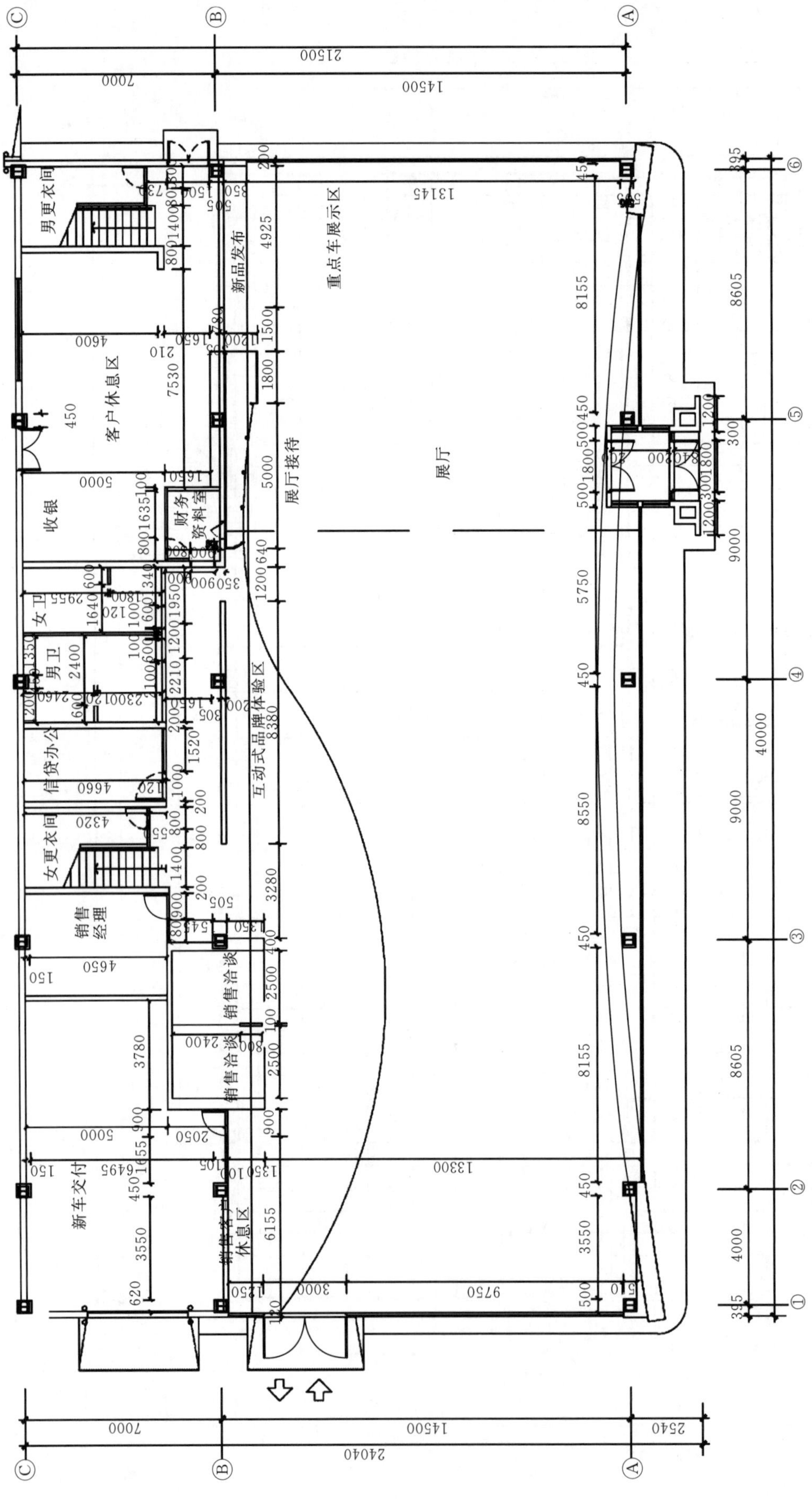
男更衣间
新品发布
重点车展示区
客户休息区
收银
财务资料室
女卫
男卫
信贷办公
女更衣间
销售经理
销售洽谈
销售洽谈
新车交付
展厅接待
展厅
互动式品牌体验区
21500
7000
14500
24040
2540
40000

图 8.3　墙体尺寸图

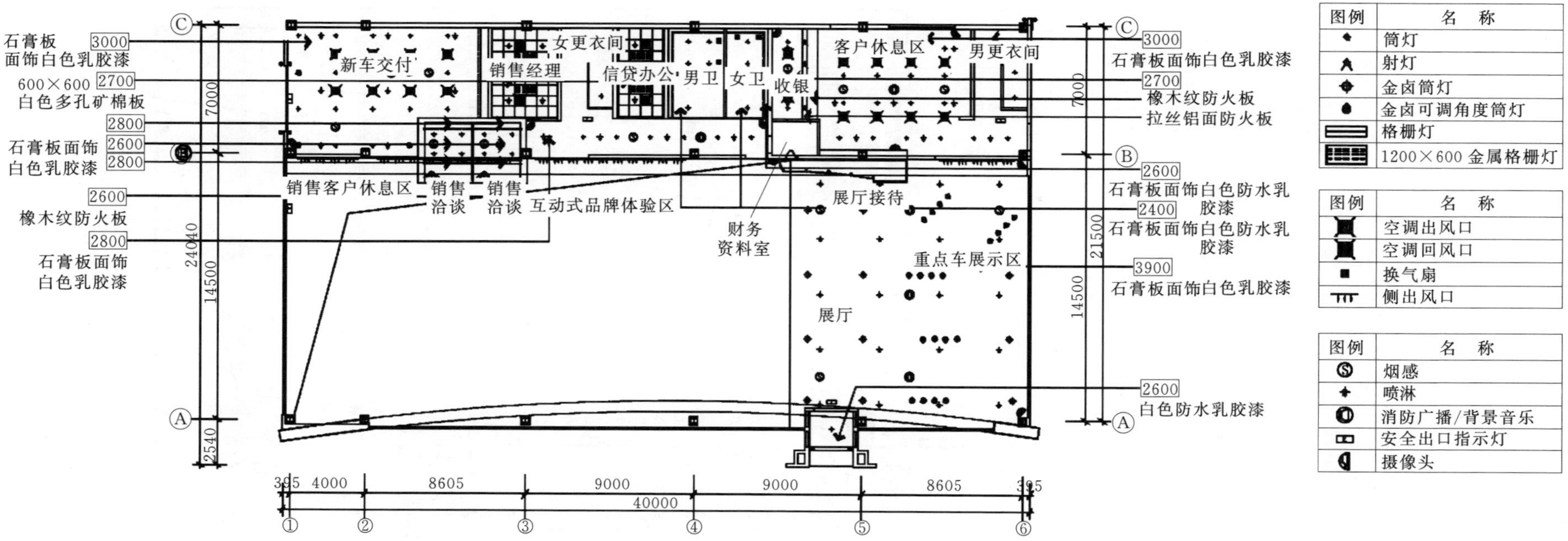
石膏板面饰白色乳胶漆 3000
600×600 白色多孔矿棉板 2700
2800
石膏板面饰白色乳胶漆 2600 2800
橡木纹防火板 2600
石膏板面饰白色乳胶漆 2800
新车交付
销售经理
女更衣间
信贷办公
男卫
女卫
收银
客户休息区
男更衣间
销售客户休息区
销售洽谈
销售洽谈
互动式品牌体验区
财务资料室
展厅接待
重点车展示区
展厅
3000 石膏板面饰白色乳胶漆
2700 橡木纹防火板
拉丝铝面防火板
2600 石膏板面饰白色防水乳胶漆
2400 石膏板面饰白色防水乳胶漆
3900 石膏板面饰白色乳胶漆
2600 白色防水乳胶漆
7000
14500
24040
2540
21500
395 4000 8605 9000 9000 8605 395
40000
图例 名称
筒灯
射灯
金卤筒灯
金卤可调角度筒灯
格栅灯
1200×600 金属格栅灯
空调出风口
空调回风口
换气扇
侧出风口
烟感
喷淋
消防广播/背景音乐
安全出口指示灯
摄像头

图 8.4 综合天花布置图

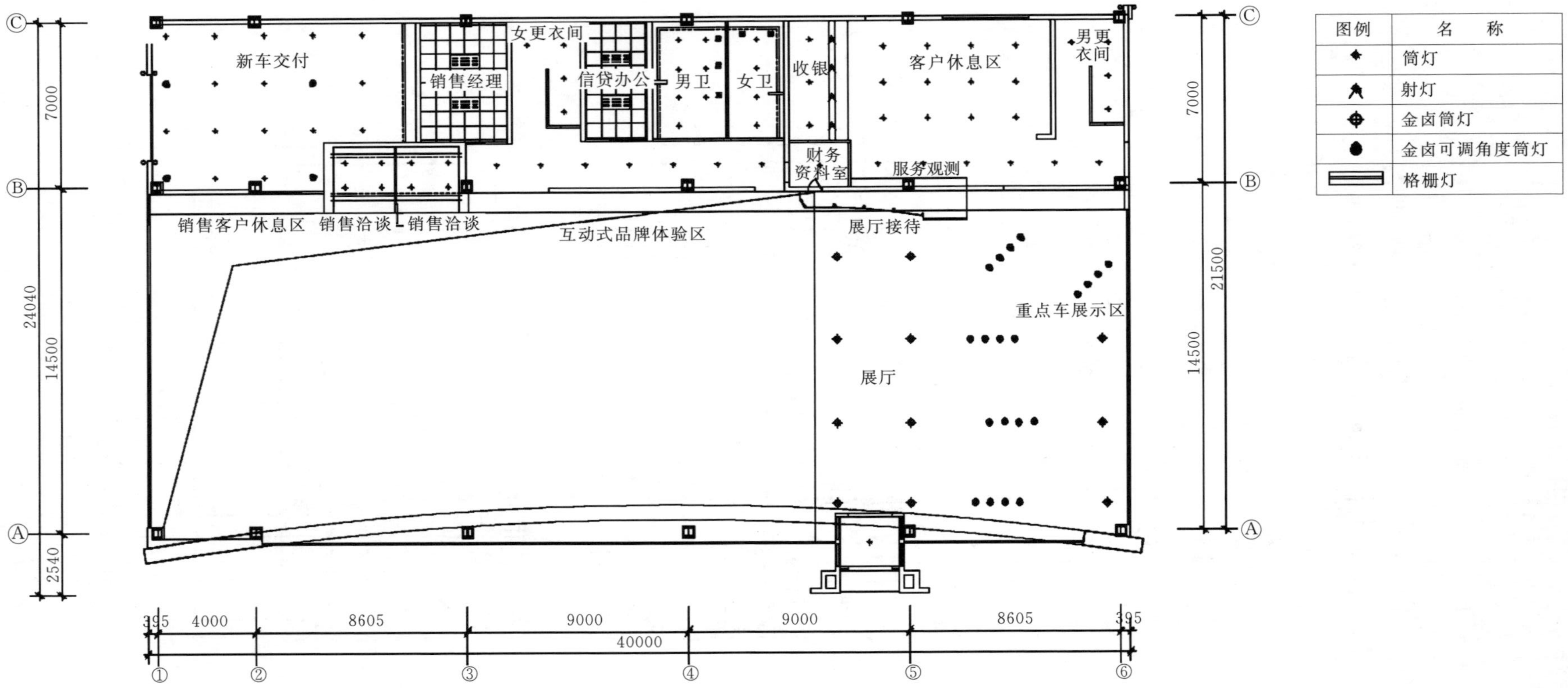
图例
名　称
筒灯
射灯
金卤筒灯
金卤可调角度筒灯
格栅灯
新车交付
销售经理
女更衣间
信贷办公
男卫
女卫
收银
客户休息区
男更衣间
财务资料室
服务观测
销售客户休息区
销售洽谈
销售洽谈
互动式品牌体验区
展厅接待
重点车展示区
展厅
7000
14500
24040
2540
21500
395
4000
8605
9000
9000
8605
395
40000

图 8.5　灯具尺寸图

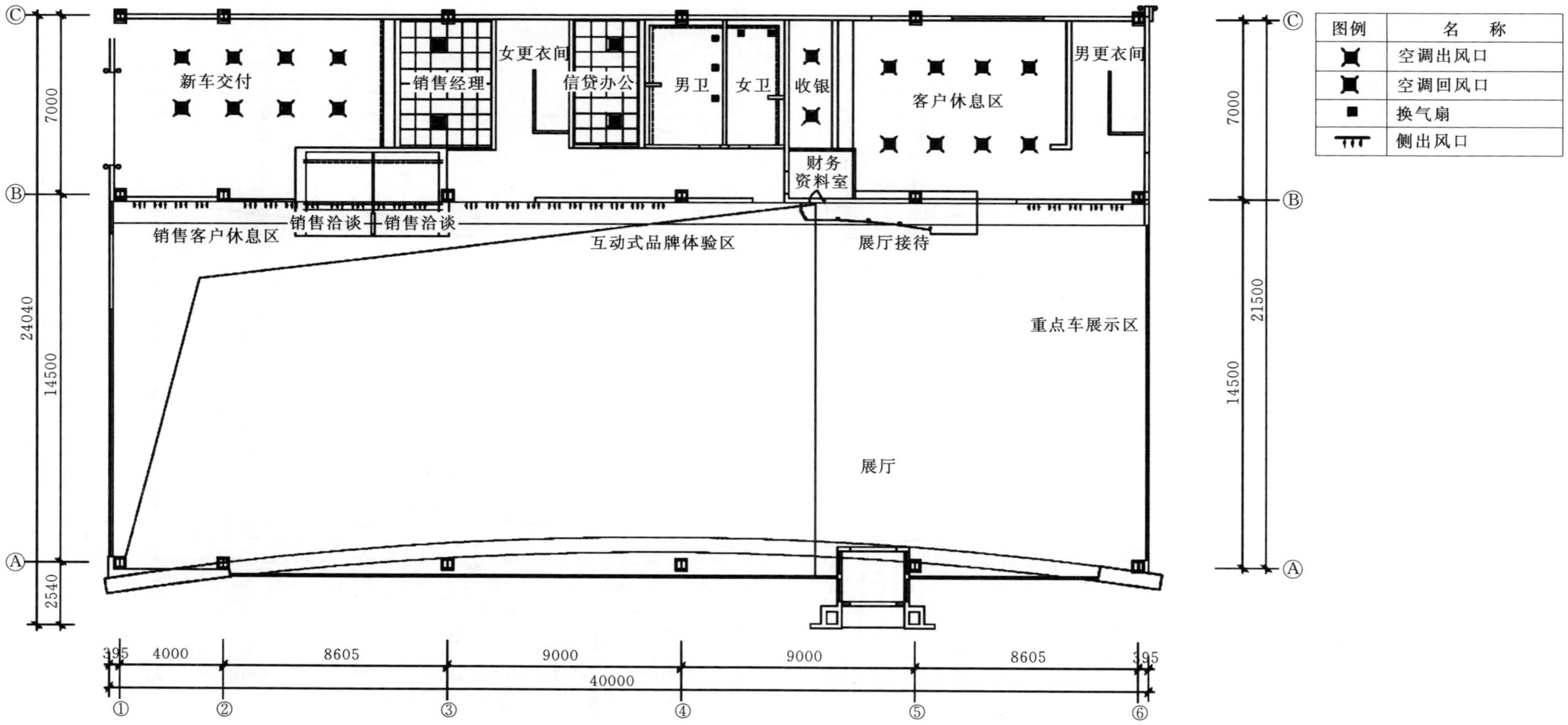
新车交付
销售经理
女更衣间
信贷办公
男卫
女卫
收银
客户休息区
男更衣间
财务
资料室
销售客户休息区
销售洽谈
销售洽谈
互动式品牌体验区
展厅接待
重点车展示区
展厅
7000
14500
24040
2540
21500
395
4000
8605
9000
9000
8605
395
40000
图例
名 称
空调出风口
空调回风口
换气扇
侧出风口

图 8.6 通风天花布置图

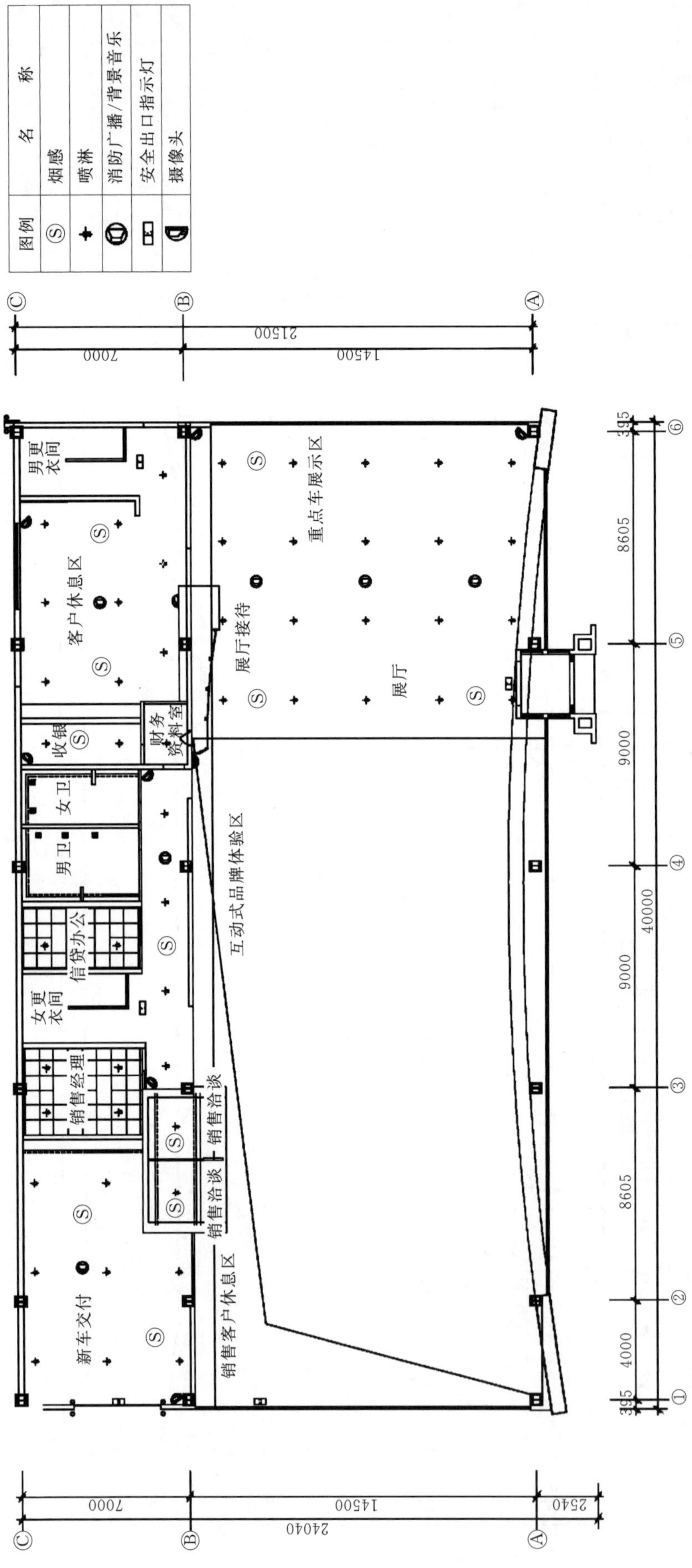
图例
名称
烟感
喷淋
消防广播/背景音乐
安全出口指示灯
摄像头
7000
14500
21500
男更衣间
客户休息区
重点车展示区
展厅接待
展厅
收银
财务资料室
女卫
男卫
信贷办公
互动式品牌体验区
女更衣间
销售经理
销售洽谈
销售洽谈
新车交付
销售客户休息区
395
8605
9000
9000
8605
4000
395
40000
2540
24040

图 8.7 消防天花布置图

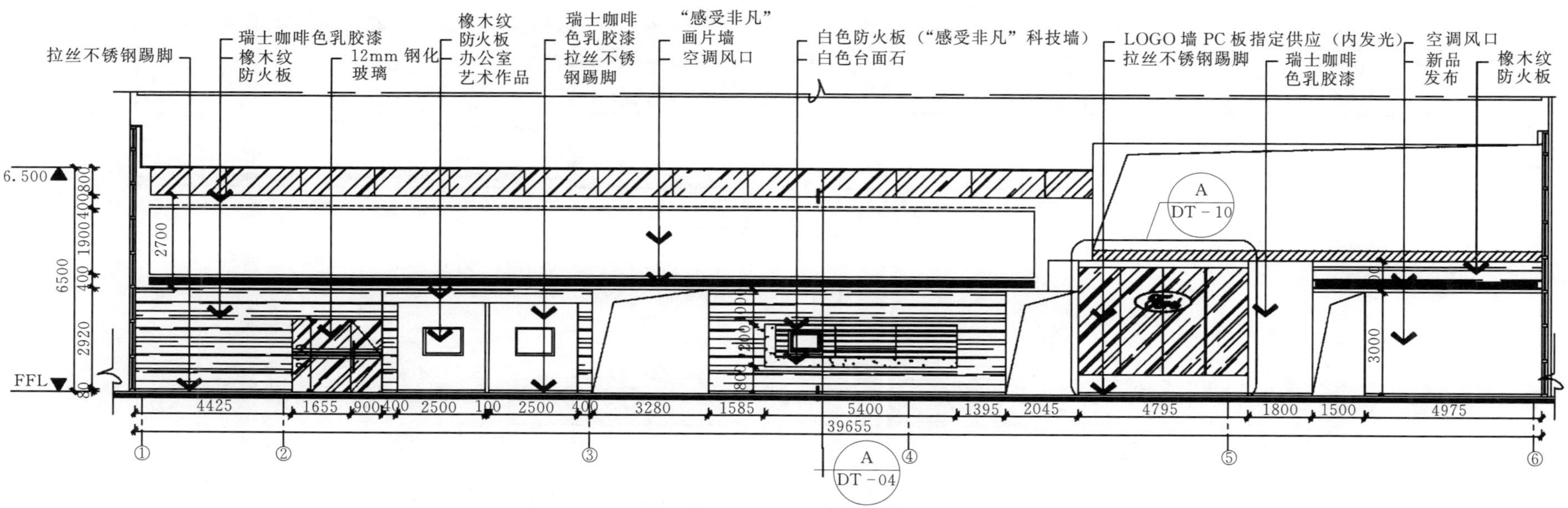
拉丝不锈钢踢脚
瑞士咖啡色乳胶漆
橡木纹
防火板
12mm 钢化玻璃
橡木纹
防火板
办公室
艺术作品
瑞士咖啡
色乳胶漆
拉丝不锈
钢踢脚
“感受非凡”
画片墙
空调风口
白色防火板（“感受非凡”科技墙）
白色台面石
LOGO 墙 PC 板指定供应（内发光）
拉丝不锈钢踢脚
瑞士咖啡
色乳胶漆
空调风口
新品
发布
橡木纹
防火板
6.500
FFL
6500
2920
400
1900
400
800
80
2700
3000
4425
1655
900
400
2500
100
2500
400
3280
1585
5400
1395
2045
4795
1800
1500
4975
39655
A
DT－04
A
DT－10
图 8.8　展厅 A 立面

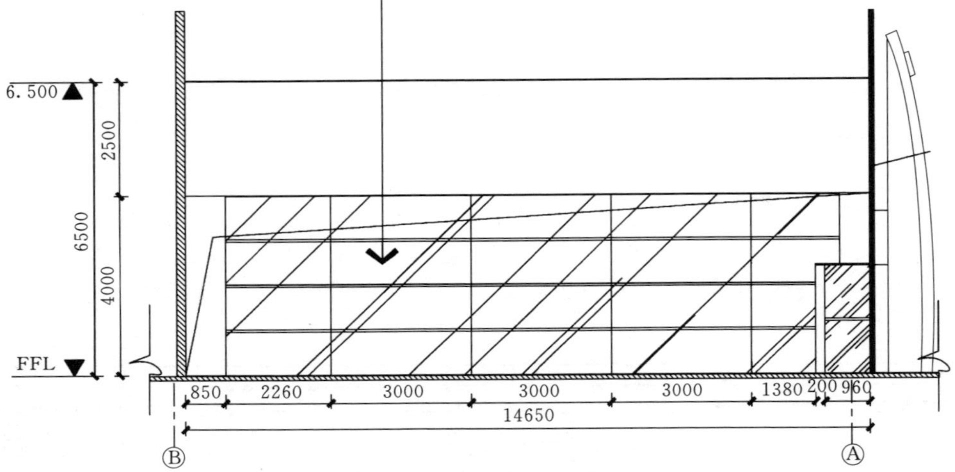

图 8.9　展厅 B 立面

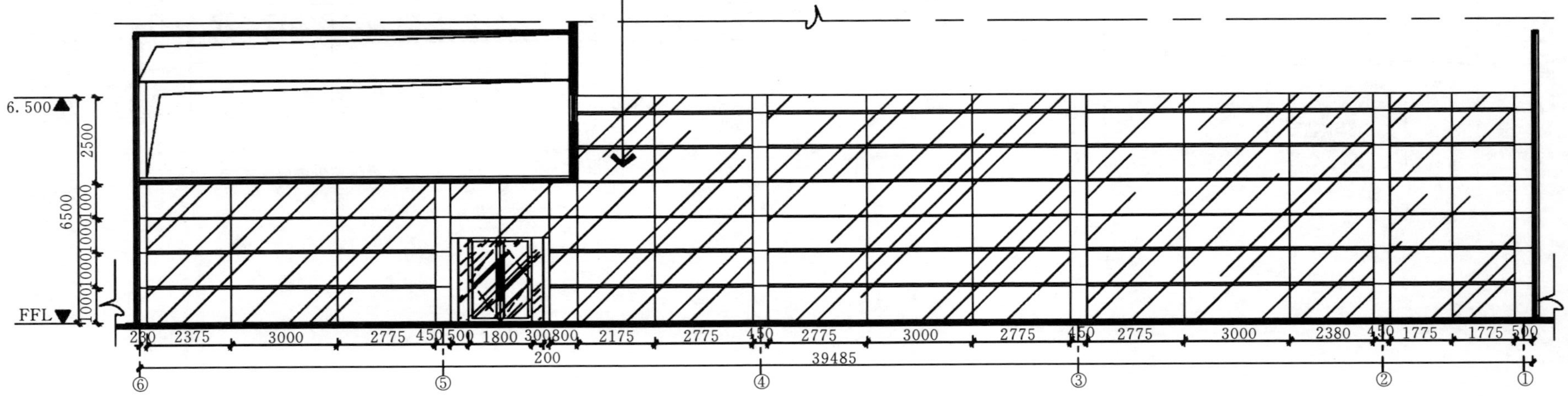

图 8.10　展厅 C 立面

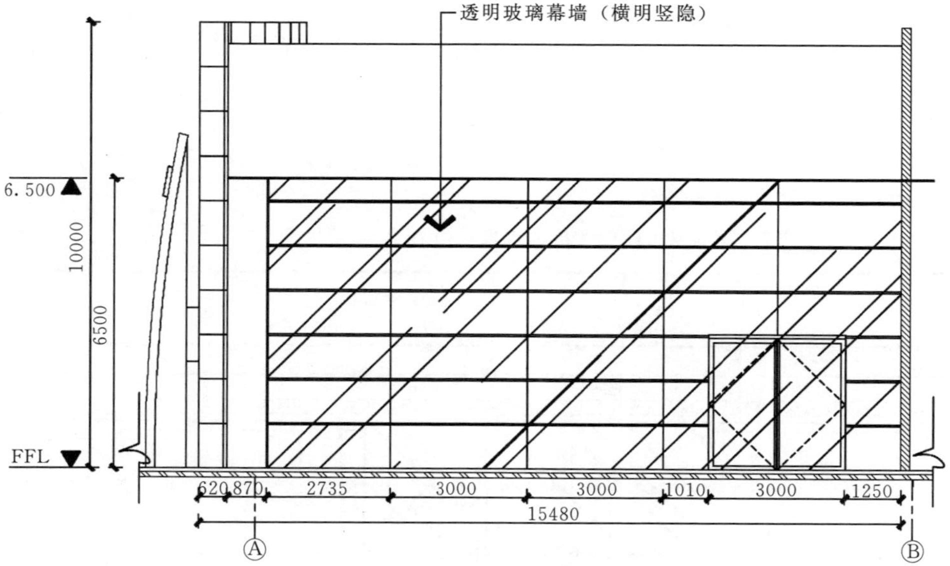

图 8.11　展厅 D 立面

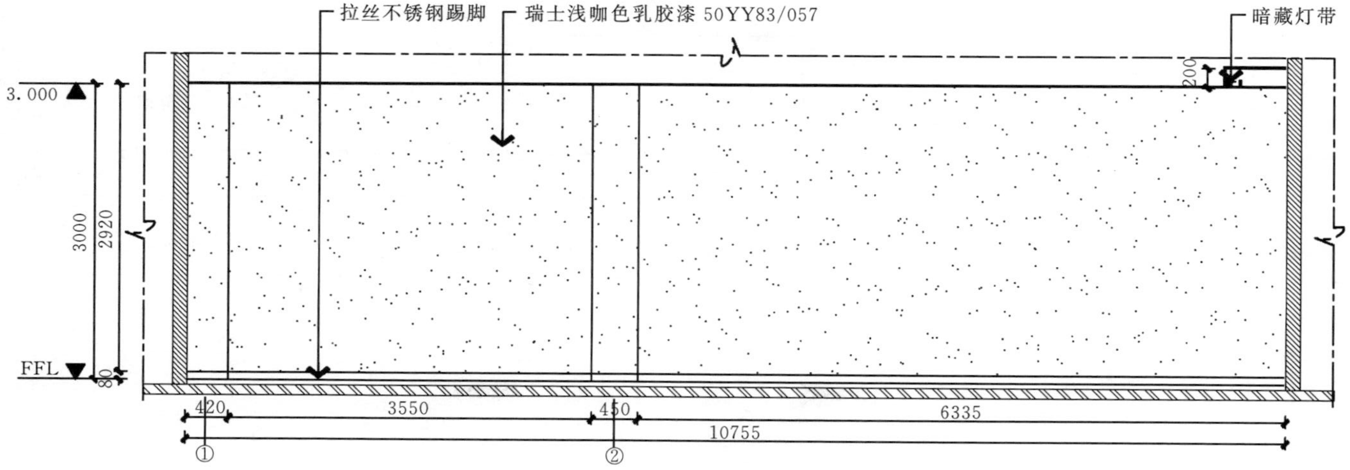

图 8.12　新车交付 A 立面

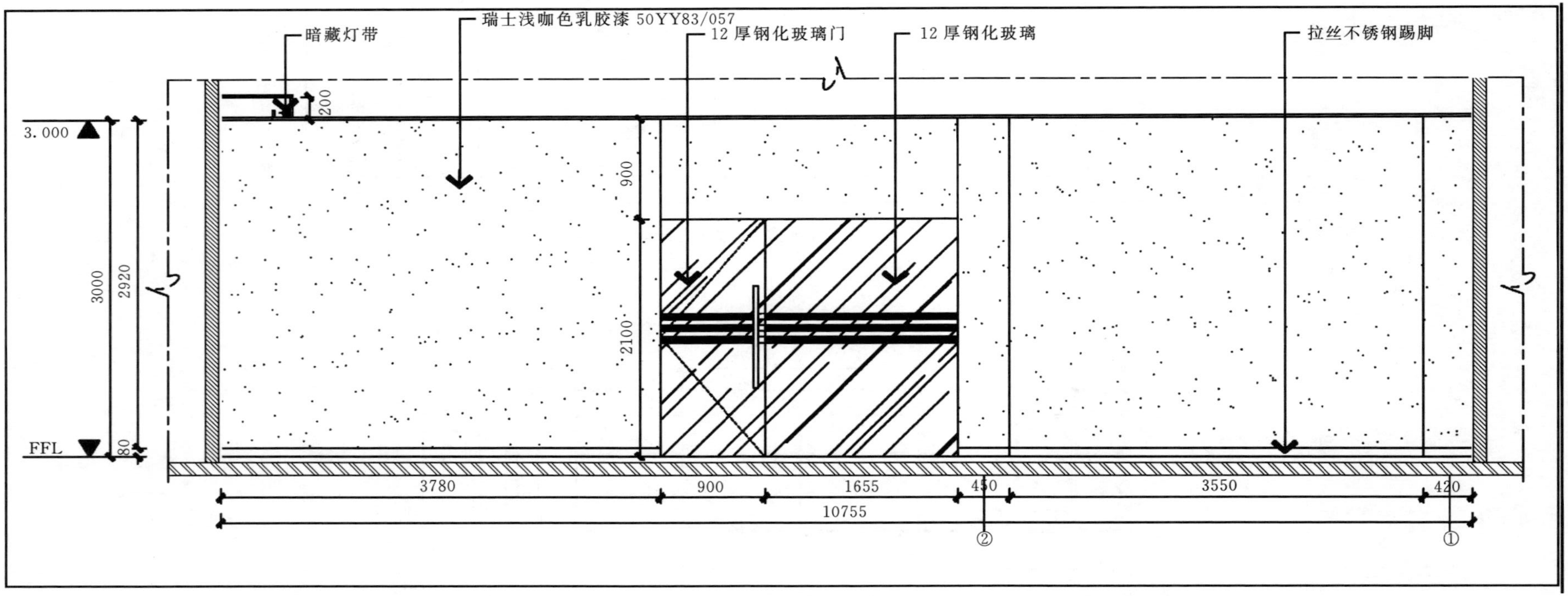

图 8.13 新车交付 C 立面

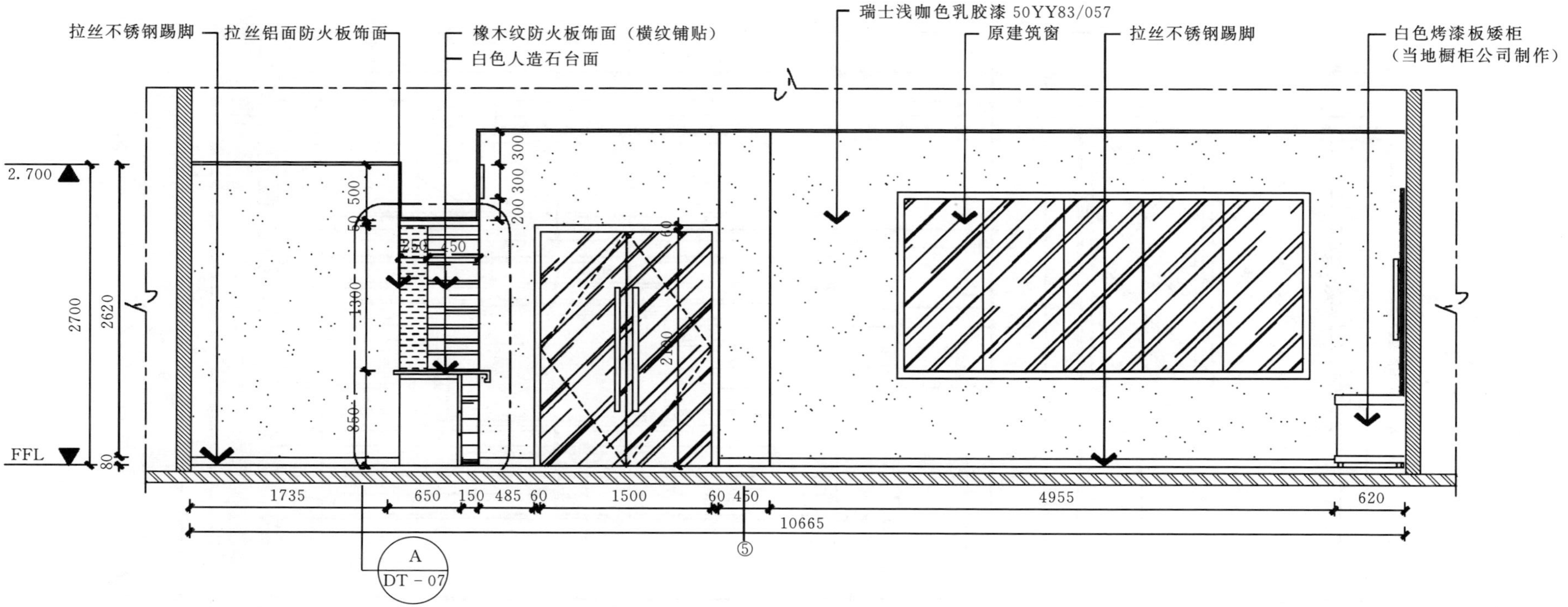

图 8.14　客户休息区立面 A

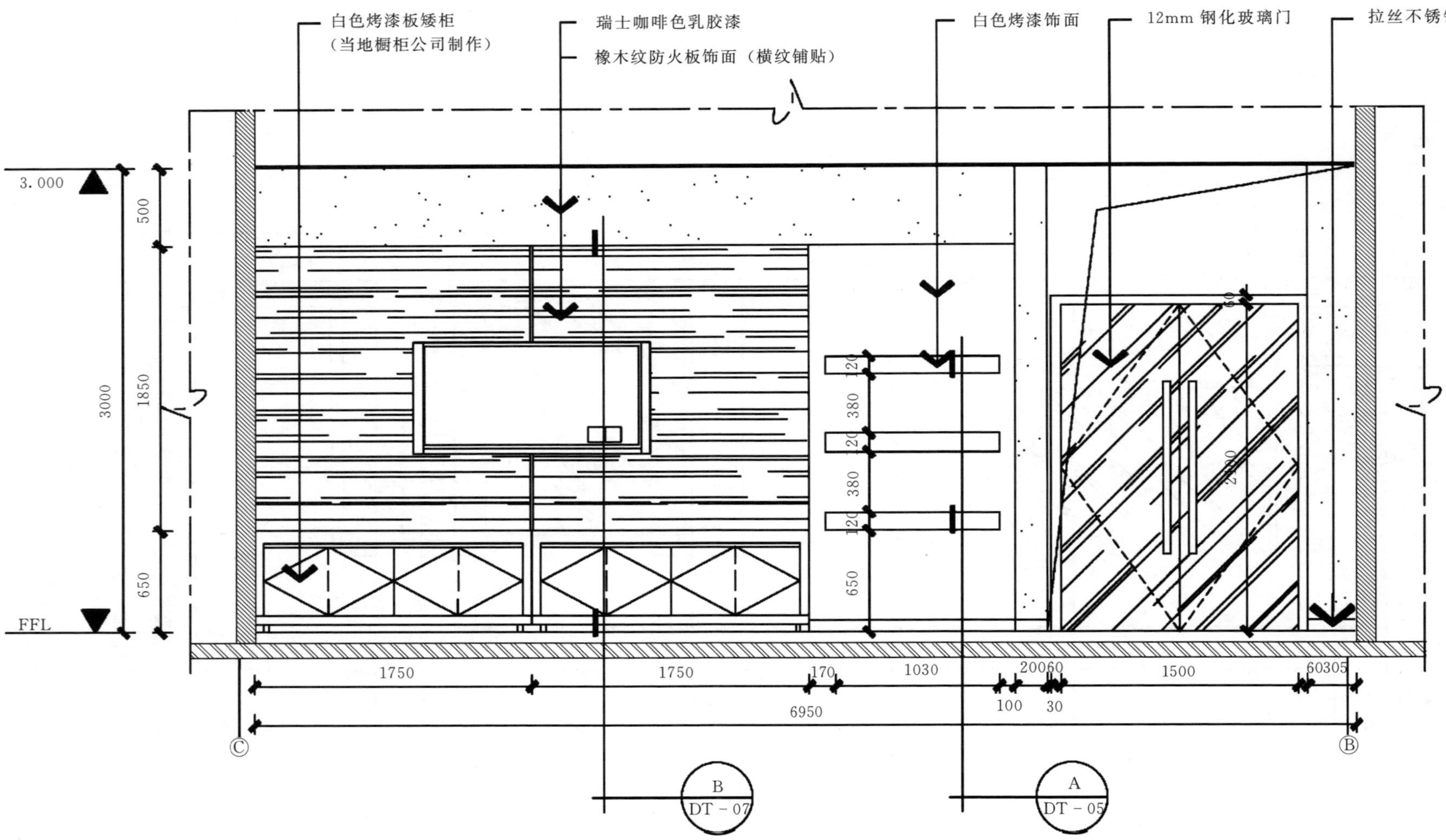

图 8.15　客户休息区立面 B

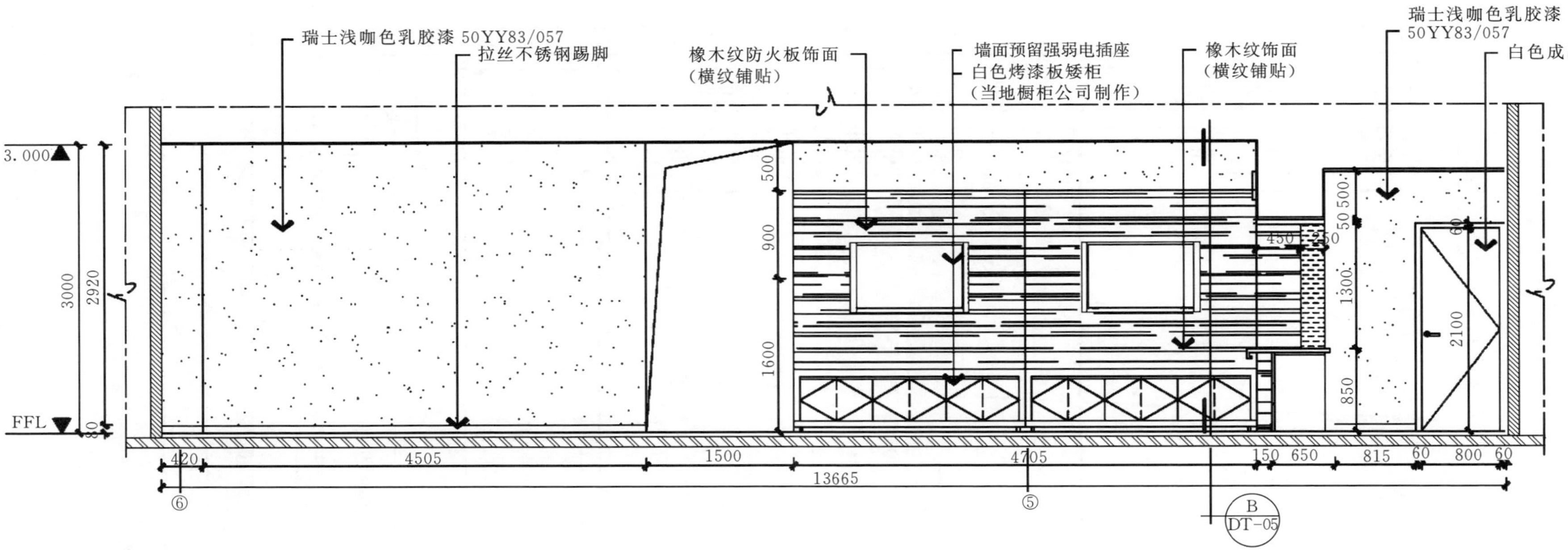

图 8.16 客户休息区立面C

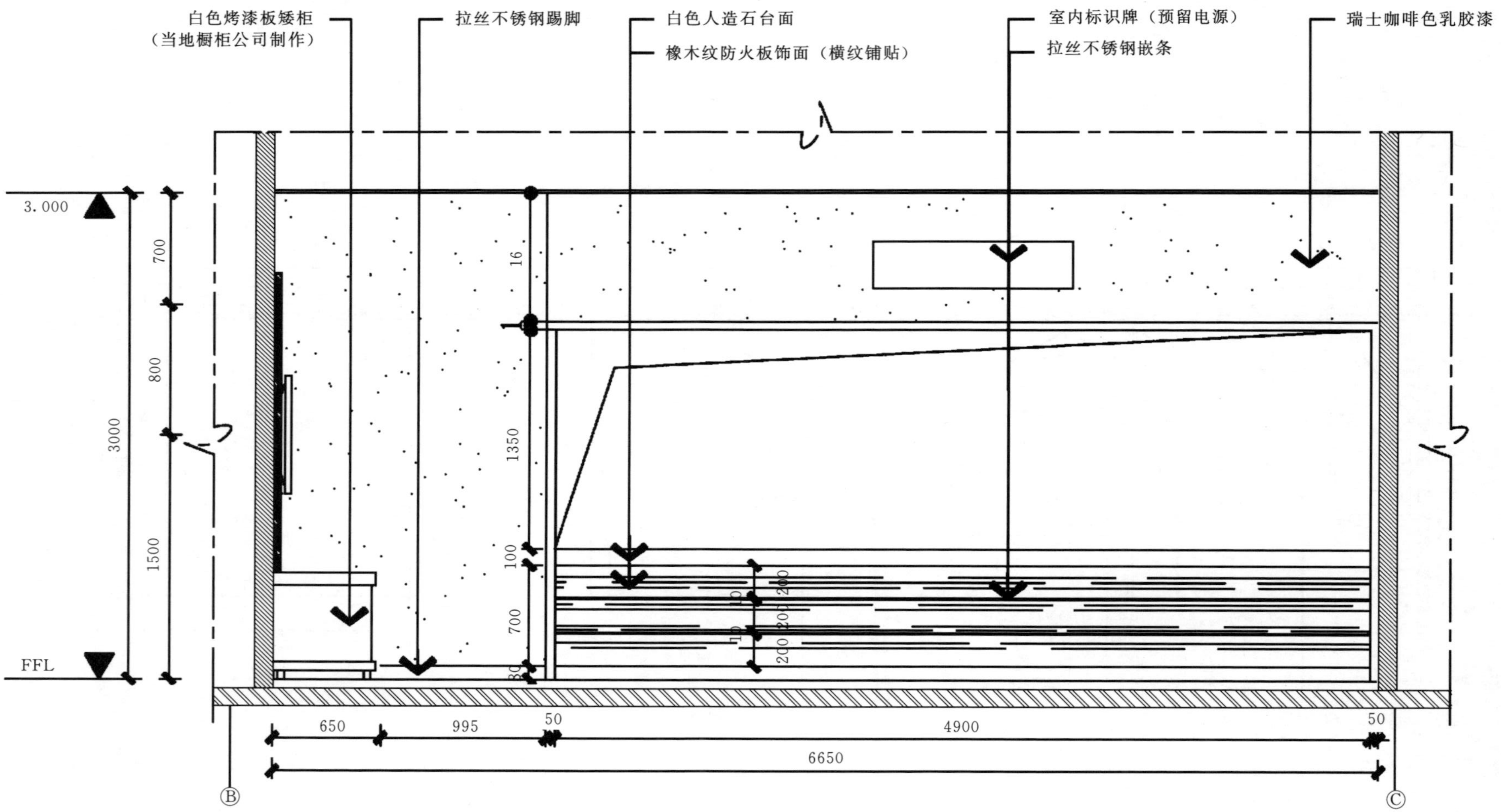

图 8.17　客户休息区立面 D

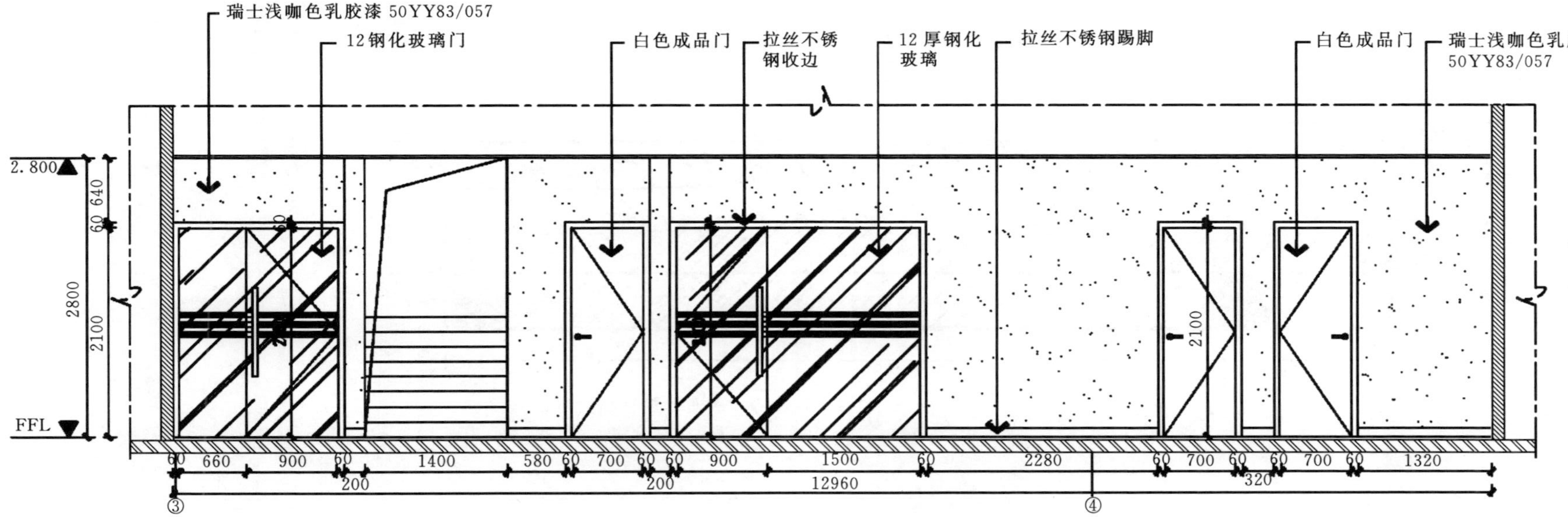

图 8.18　过道立面（一）

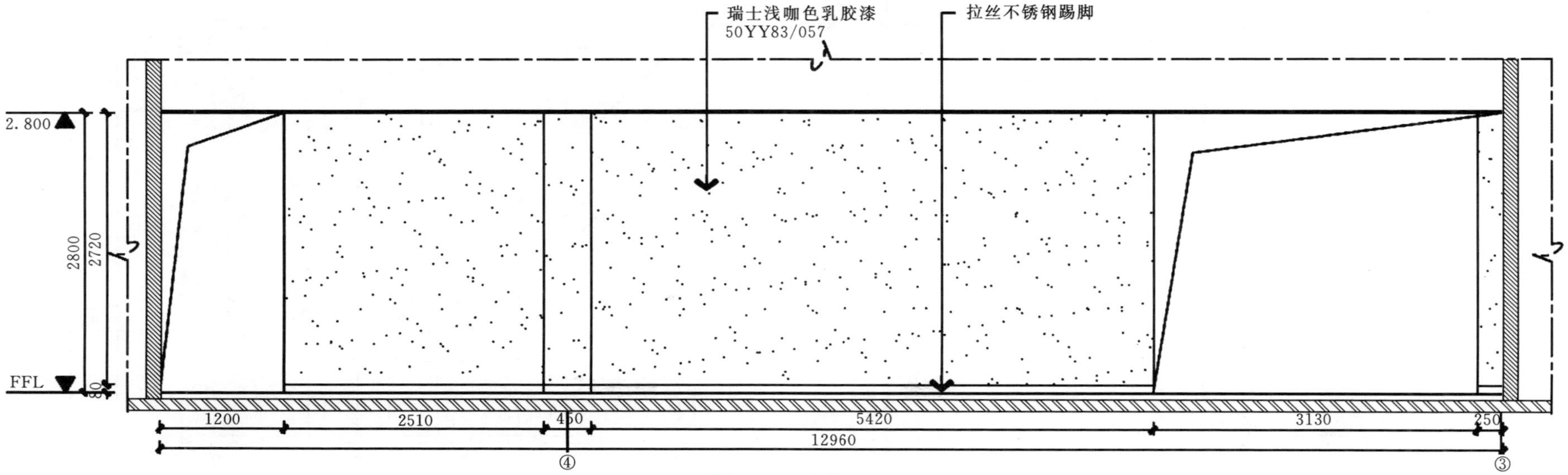

图 8.19　过道立面（二）

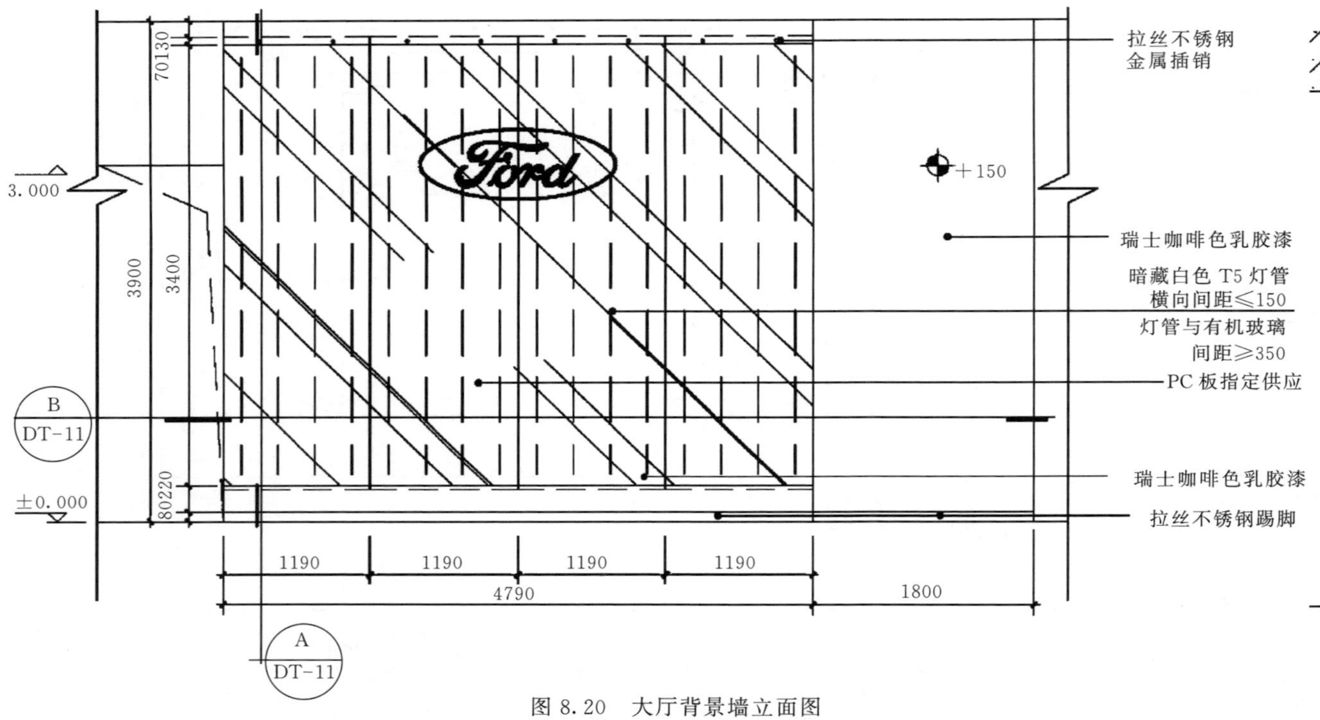

图 8.20 大厅背景墙立面图

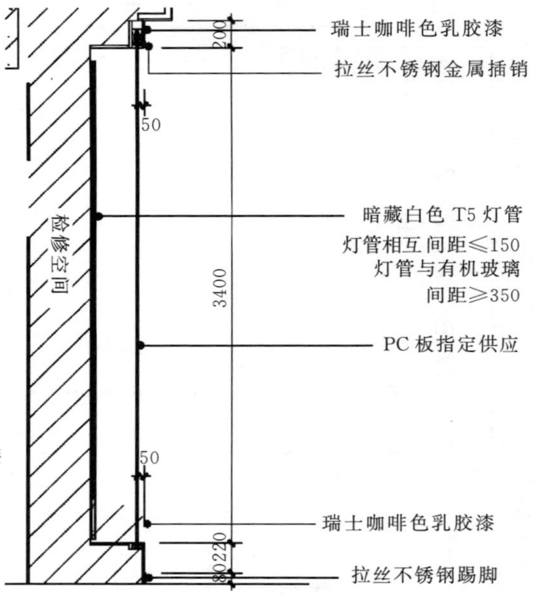

图 8.21 大厅背景墙节点详图(一)

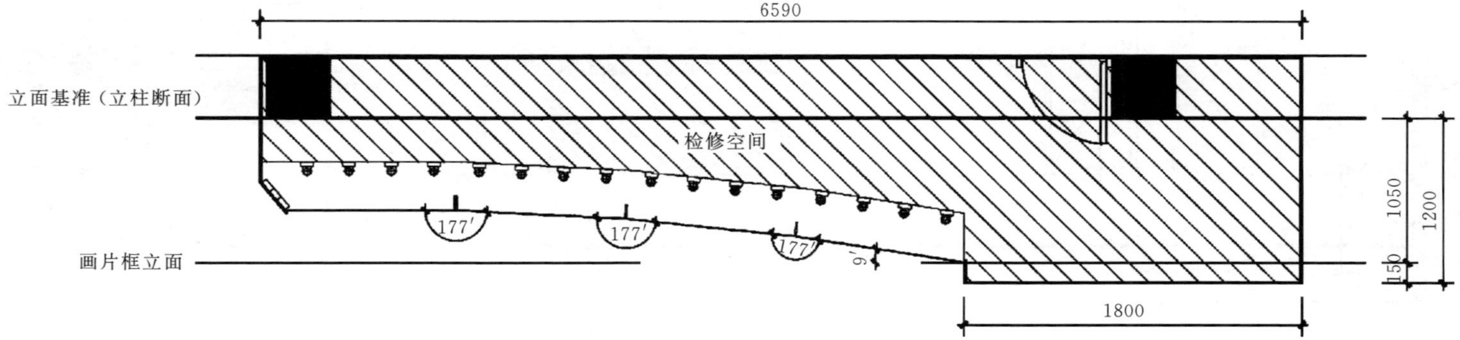

图 8.22 大厅背景墙节点详图(二)

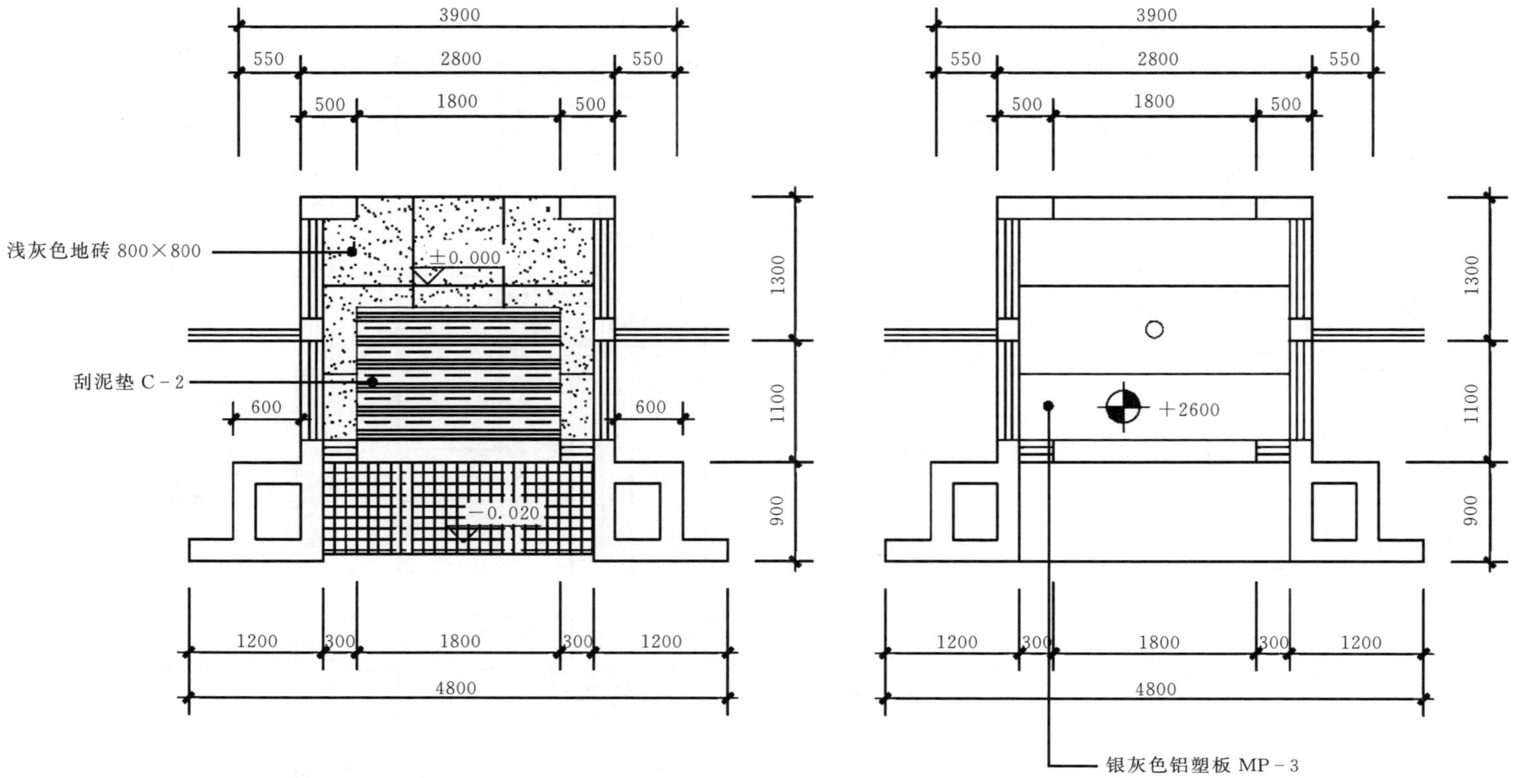

图 8.23　门厅地面与门厅天花

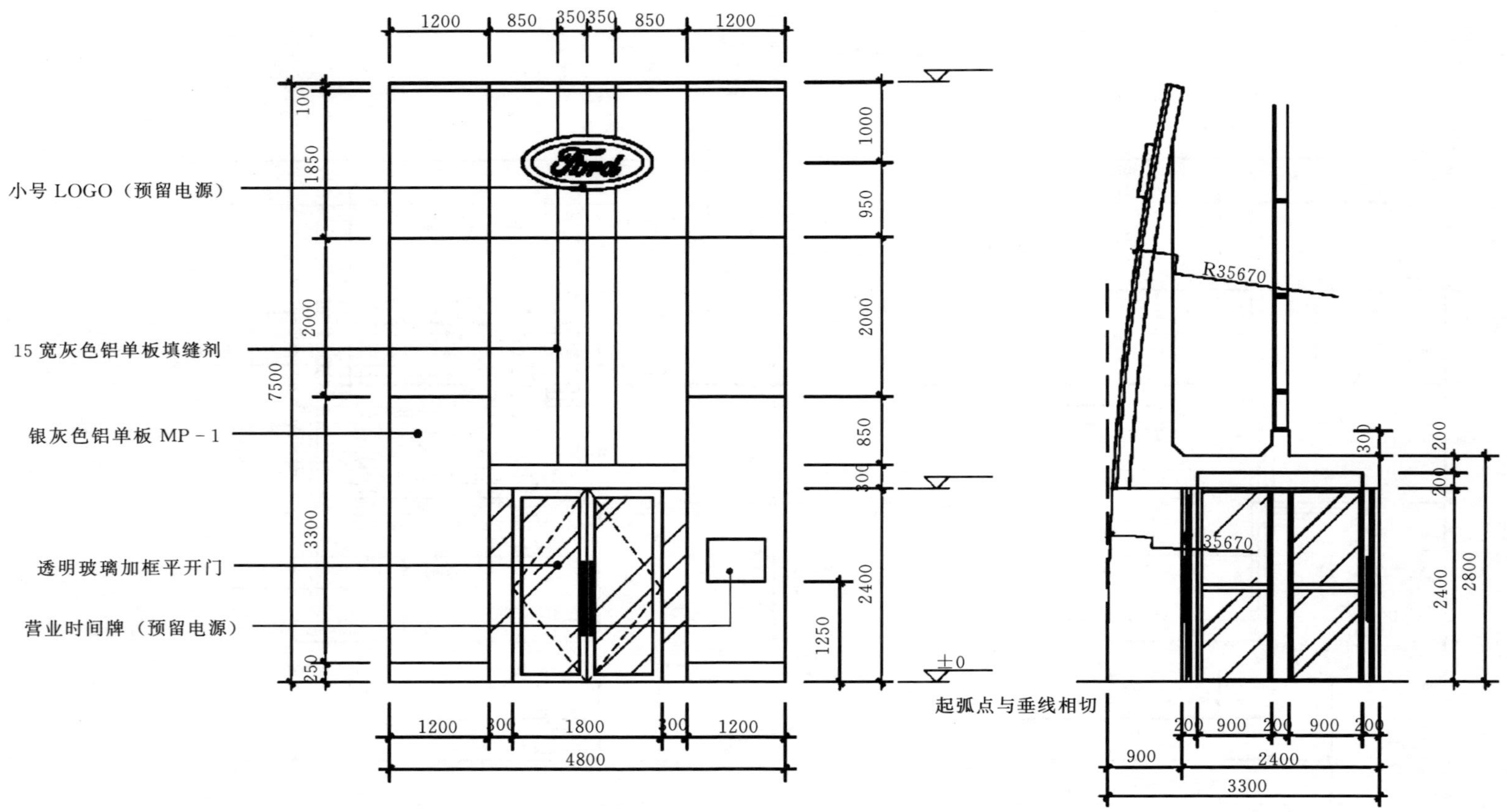

小号 LOGO（预留电源）
15 宽灰色铝单板填缝剂
银灰色铝单板 MP－1
透明玻璃加框平开门
营业时间牌（预留电源）
1200
850
350
350
850
1200
100
1850
2000
3300
250
7500
1000
950
2000
850
300
2400
1250
±0
1200
300
1800
300
1200
4800
R35670
35670
起弧点与垂线相切
300
200
200
2400
2800
200
900
200
900
200
900
2400
3300

图 8.24　门楼外立面图

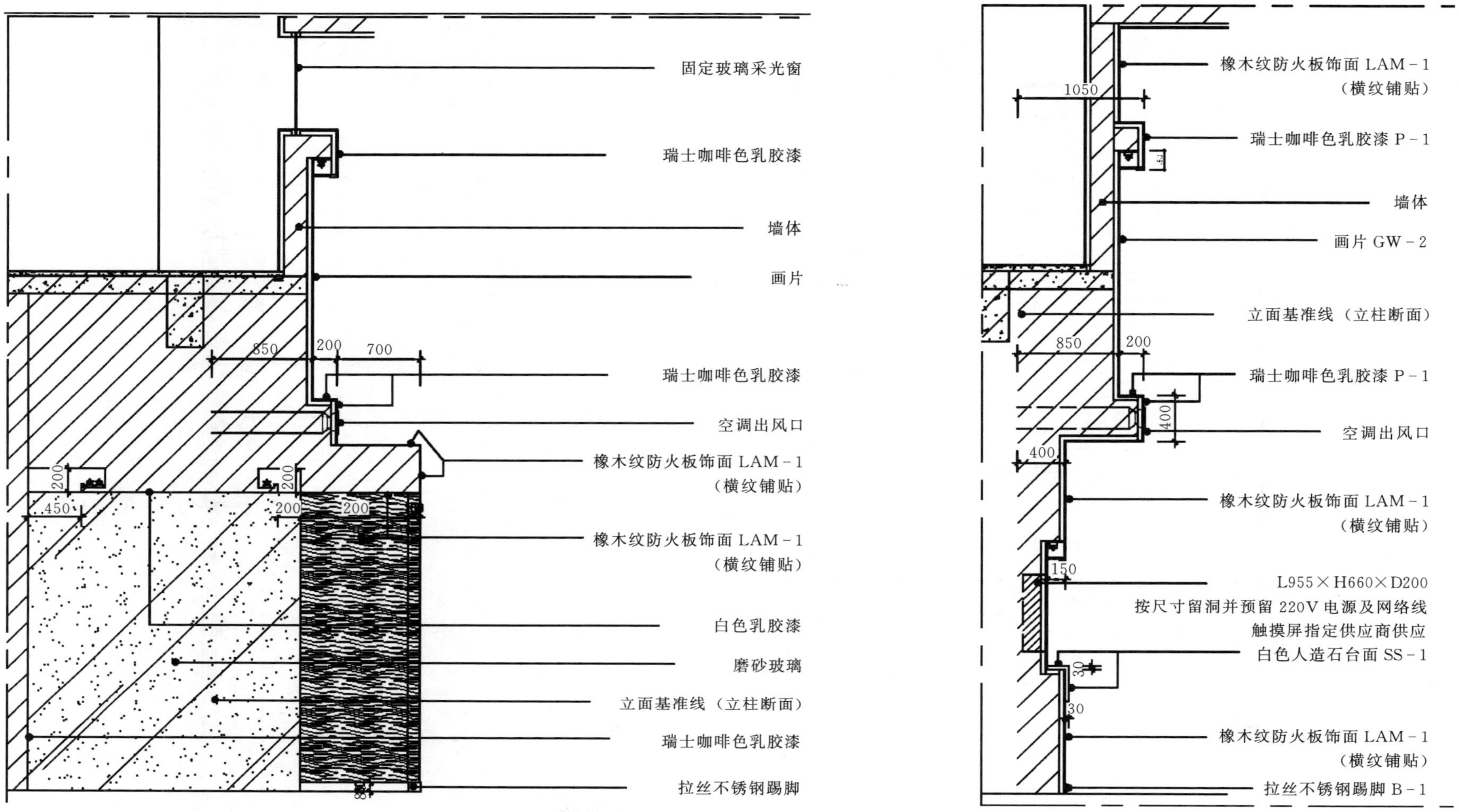

图 8.25　展厅媒体墙节点详图

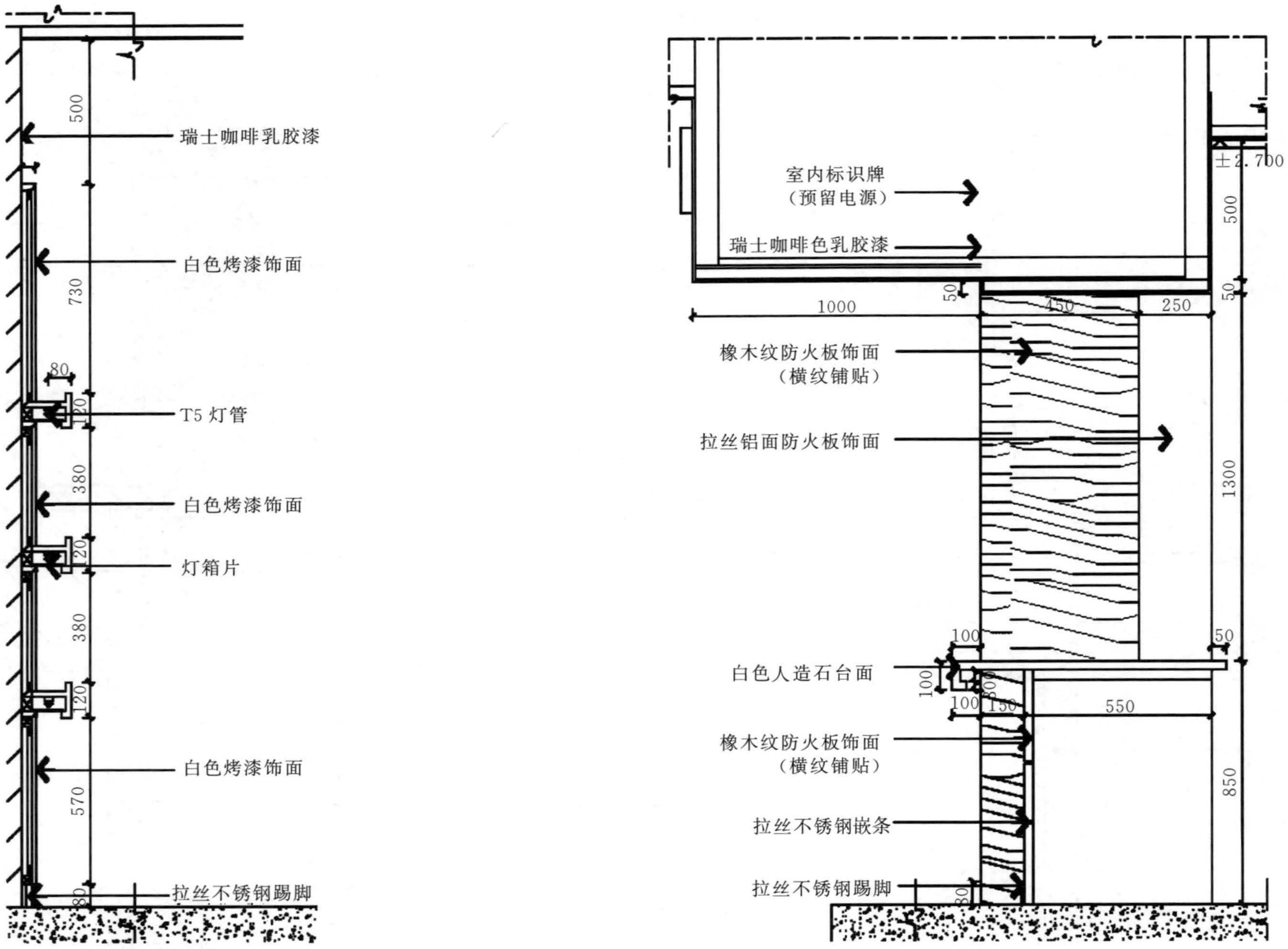

图 8.26　收银台节点详图

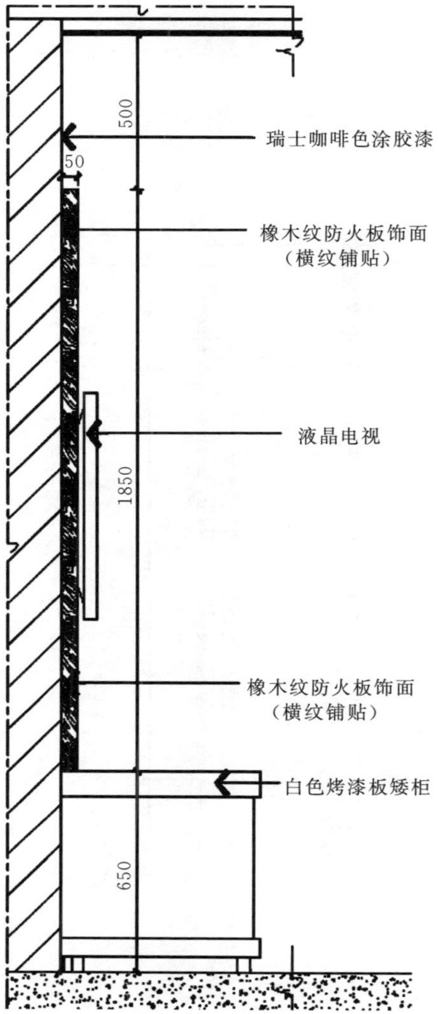

图 8.27　客户休息区媒体墙

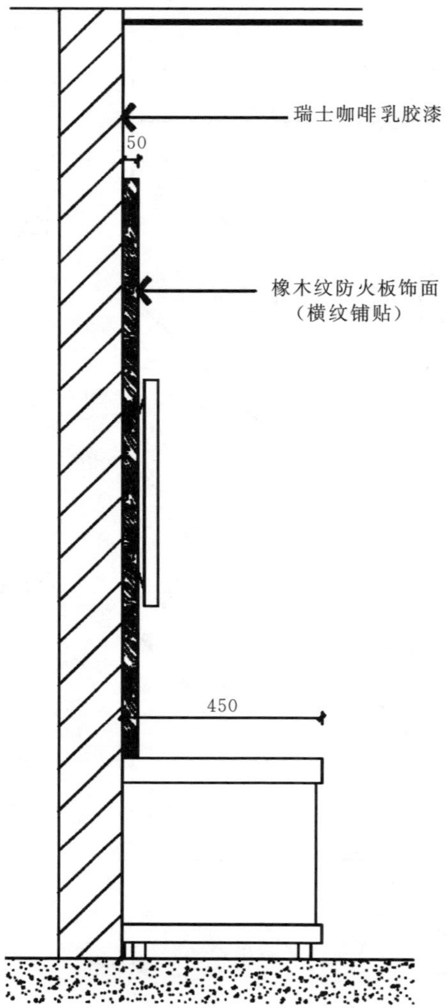

图 8.28　客户休息区观测墙

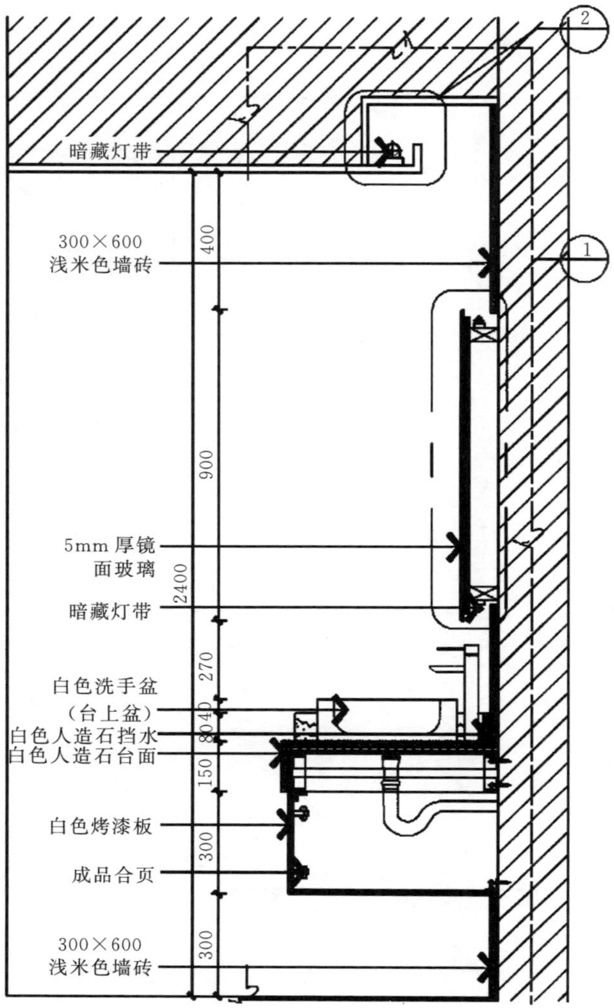

图 8.29　卫生间节点详图（一）

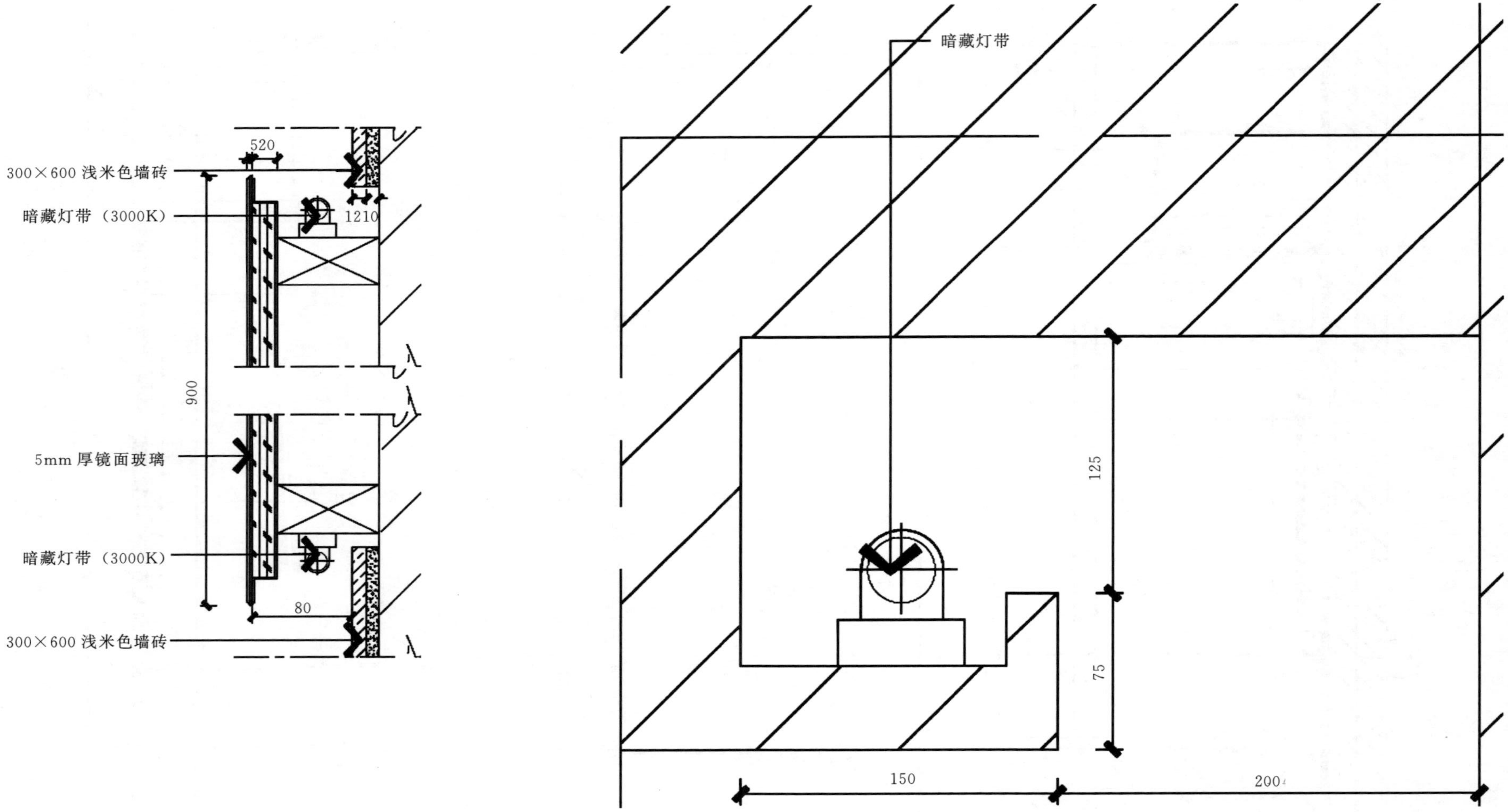

图 8.30　卫生间节点详图(二)

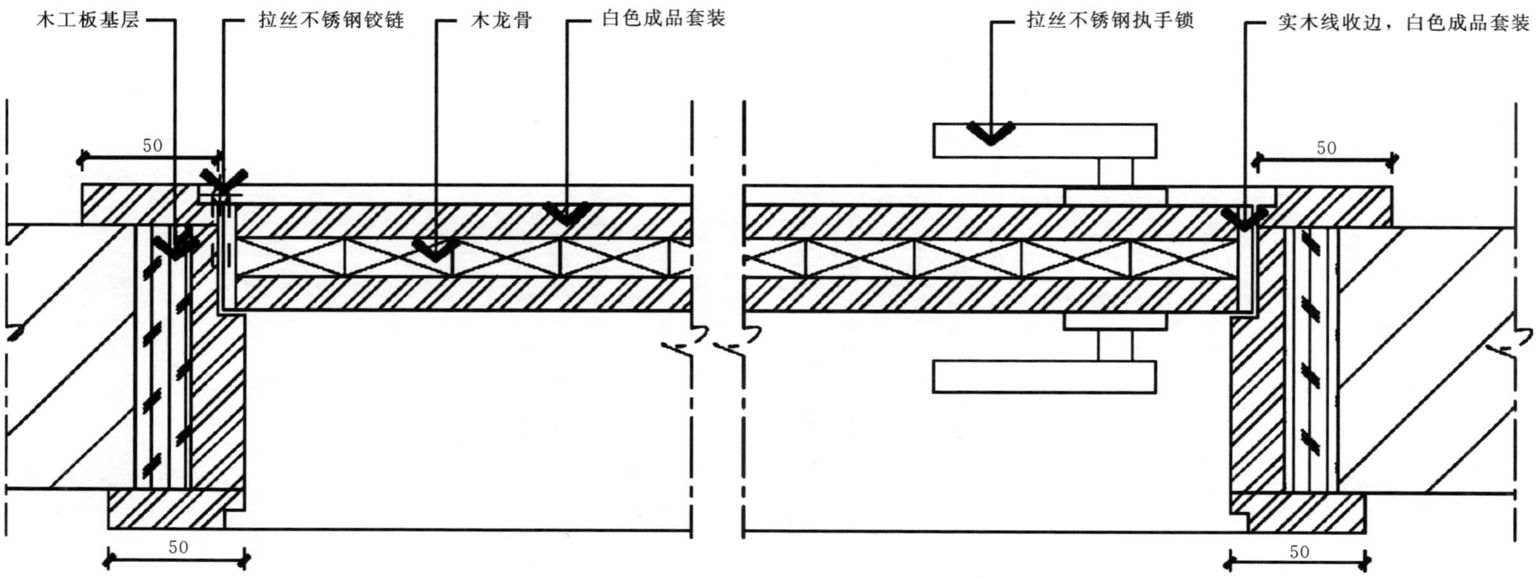

图 8.31　成品门

主要参考文献

[1] 张倩．室内装饰材料与构造［M］．重庆：西南师范大学出版社，2012.
[2] 崔丽萍．建筑装饰与装修构造［M］．北京：清华大学出版社，2011.
[3] 王萱，王旭光．建筑装饰构造（第二版）［M］．北京：化学工业出版社，2012.
[4] 周长亮．室内装饰材料与构造（第三版）［M］．武汉：华中科技大学出版社，2013.
[5] 孙晓红．建筑装饰材料与施工工艺［M］．北京：机械工业出版社，2013.
[6] 郭洪武，沈化林，刘毅，王红英．室内装饰材料［M］．北京：中国水利水电出版社，2013.
[7] 郭洪武．室内装饰工程施工技术［M］．北京：中国水利水电出版社，2013.
[8] 陈雪杰．室内装饰材料与装修施工实例教程［M］．北京：人民邮电出版社，2013.
[9] 张宗森．建筑装饰构造［M］．北京：中国建筑工业出版社，2006.
[10] 张长江，陈晓蔓．材料与构造［M］．北京：中国建筑工业出版社，2006.
[11] 李宏伟．装饰装修工程设计施工实用图集［M］．北京：机械工业出版社，2008.
[12] 陈世霖，刘洪瑞．建筑工程设计施工详细图集：装饰工程 2［M］．北京：中国建筑工业出版社，2002.
[13] 刘经强．装饰隔墙与隔断工程［M］．北京：化学工业出版社，2009.
[14] 赵肖丹．门窗构造与安装技术［M］．北京：机械工业出版社，2011.
[15] 赵全初．建筑装饰构造［M］．北京：中国电力出版社，2003.
[16] 芮乙轩．楼梯文化［M］．上海：文匯出版社，2010.
[17] 中国建筑标准设计研究院．12J5022 内装修室内吊顶［M］．北京：中国计划出版社，2013.
[18] 中国建筑标准设计研究院．13J5021 内装修墙面装修［M］．北京：中国计划出版社，2013.
[19] 中国建筑标准设计研究院．13J502－3 内装修-楼（地）面装修［M］．北京：中国计划出版社，2013.
[20] 郭洪武，刘毅．室内装修常见问题速查［M］．北京：中国水利水电出版社，2012.
[21] 向仕龙，张秋梅，张求慧．室内装饰材料［M］．北京：中国林业出版社．2003
[22] 谭守侠，周定国．木材工业手册［M］．北京：中国林业出版社，2007.
[23] 王勇．室内装饰材料与应用（第二版）［M］．北京：中国电力出版社，2012.
[24] 林金国．室内与家具材料应用［M］．北京：北京大学出版社，2011.